纺织服装面料设计与应用

张守运　著

中国纺织出版社有限公司

内 容 提 要

本书立足于纺织服装面料设计的理论和实践应用两个方面,首先对纺织服装面料及纺织材料的概念与发展进行了概述,对纺织服装面料设计的原则、流程及工艺方法进行了梳理;并对不同生产工艺、不同用途的面料设计及功能性改性进行分析,同时对面料的艺术再造设计进行了探讨。

本书可供纺织、服装领域从事面料设计与产品开发的人员参考和借鉴。

图书在版编目(CIP)数据

纺织服装面料设计与应用／张守运著. --北京：中国纺织出版社有限公司,2023.3
ISBN 978-7-5229-0281-4

Ⅰ.①纺… Ⅱ.①张… Ⅲ.①服装面料—设计②机织物—设计 Ⅳ.①TS941.41②TS105.1

中国版本图书馆 CIP 数据核字(2022)第 249123 号

责任编辑：沈 靖 孔会云 特约编辑：蒋慧敏
责任校对：高 涵 责任印制：王艳丽

中国纺织出版社有限公司出版发行
地址：北京市朝阳区百子湾东里 A407 号楼 邮政编码：100124
销售电话：010—67004422 传真：010—87155801
http://www.c-textilep.com
中国纺织出版社天猫旗舰店
官方微博 http://weibo.com/2119887771
三河市宏盛印务有限公司印刷 各地新华书店经销
2023 年 3 月第 1 版第 1 次印刷
开本：710×1000 1/16 印张：15
字数：269 千字 定价：88.00 元

前　言

　　随着科技水平的提高与人类文明的进步，艺术的设计方式也在不断发展。人类用服装表达自我、修饰自己，在这个信息飞速传播的时代，服装正冲破传统形态的禁锢，以千姿百态的形式释放出来。服装设计生产的过程，也是设计师和生产者对潜在的着装者进行艺术表达和寻求审美认同的过程，而着装者也正是通过服饰的选择，达到与设计者在艺术风格和审美情趣上的默契与沟通。服装设计作为一种现代设计，需要全面考虑和分析消费者的不同需求，使服装同时具有艺术价值和商业价值，体现功能与美学的统一。随着世界绿色经济浪潮的兴起以及现代高新技术的发展，纺织服装行业在服装面料生产、染织工艺改进、加工工艺的进步、设计理念的创新、消费理念的更新等方面都发生了巨大变化。社会经济发展的迫切需求，要求人们在服装设计和生产实践中，必须主动去适应绿色经济发展的需求，以绿色设计为先导，吸收国际先进的纺织服装产业绿色设计研究成果，把国际生态纺织品技术标准和绿色设计方法融入设计实践中，进而促进我国生态纺织服装绿色设计的发展。服装行业发展瞬息万变，市场上的普通面料已不能满足服装的个性化审美要求，面料再造设计正是迎合了时代的需要，为服装增添了新的魅力和个性。服装面料再造的过程彰显了设计师对时尚的理解和认知，更充分地表达了设计师的设计理念与思想。

　　本书从纺织服装面料设计的理论和实践应用两个方面着手，首先对服装面料及纺织材料的概念与发展进行简要概述；然后对纺织服装面料设计的原则及工艺技法的相关问题进行梳理，并对不同制作工艺及不同用途的服装面料设计展开了论述分析；最后对面料的艺术再造设计进行了探讨。

　　在本书的撰写过程中，作者参阅、借鉴了国内外同行的一些观点和成果。

各位同仁的研究奠定了本书的学术基础，对纺织服装面料设计与应用的展开提供了理论基础，在此表示衷心的感谢。

由于作者水平有限，书中难免存在不妥和疏漏之处，敬请读者批评指正。

杭州职业技术学院

达利女装学院　张守运

2023 年 1 月

目 录

第一章　服装与面料构成基础

第一节　服装构成基础

一、服装的分类

服装的种类很多，由于服装的基本形态、品种、用途、制作方法、原材料的不同，各类服装也表现出不同的风格与特色，可谓变化万千，十分丰富。服装的分类可以按照服装的起源、服装的造型、服装的形态、气候与环境、结构形式、服装特性、着装顺序、民族种类、特种服装、着装场合等分类。不同的分类方法，导致人们对服装的称谓也不同。按服装的穿着组合、用途、面料工艺、穿着对象的年龄和性别、穿着季节的不同，一般有以下几类。

（一）按服装穿着组合分类

（1）整件装。上下两部分相连的服装，如连衣裙等。因上装与下装相连，服装整体形态感强。

（2）套装。上衣与下装分开的衣着形式，有两件套、三件套、四件套。

（3）外套。穿在衣服最外层，有大衣、风衣、雨衣、披风等。

（4）背心。穿至上半身的无袖服装，通常短至腰、臀之间，为修身的款式。

（5）裙。是一种遮盖下半身的服装，有一步裙、A字裙、圆台裙、裙裤等。

（6）裤。是一种从腰部向下至臀部后分为裤腿的衣着形式，穿着行动方便，有长裤、短裤、中裤。

（二）按服装用途分类

服装按用途可分为内衣和外衣两大类。内衣紧贴人体，起护体、保暖、整形的作用。外衣由于穿着场所不同，用途各异，品种类别很多，又可分为社交服、日常服、职业服、运动服、室内服、舞台服等。

（1）生活服装。便装或便服，即日常生活中穿着的服装，包括男女老少、春夏秋冬所穿的服装。

（2）制式服装。简称制服，是按照统一制式设计和制作的服装，供专门人员穿着。

（3）工作服装。按照不同工种的需要，予以专门选料和设计，具有劳动防护和标识作用的服装。

（4）礼仪服装。简称礼服，是各种正式礼仪活动所穿的服装。

（5）运动服装。又称体育服装或竞技服装。

（6）舞台服装。指文艺演出时，所穿着的服装总称。

（7）特种服装。凡具有特殊用途的服装都称为特种服装。

（三）按服装面料与工艺分类

按服装面料与工艺可将服装分为：呢绒服装、丝绸服装、棉布服装、毛皮服装、针织服装、羽绒服装、刺绣服装、编结服装、裘皮服装、化纤服装等。

（四）按服装穿着对象的年龄和性别分类

（1）按穿着对象年龄的不同，可分为：成人服（青年服、中年服、老年服）、儿童服（婴儿服、幼儿服、少年服）。

（2）按穿着对象性别的不同，可分为男服、女服。

（五）按服装穿着季节分类

（1）春秋装。春秋穿着的服装衣料应比夏季服装厚、比冬季服装薄，春装的色彩可以鲜艳多彩一些，秋装稍微暗雅一些。

（2）夏装。夏季服装衣料要求轻薄、柔软、透气性和吸湿性好，色调宜淡雅清秀，应选择丝绸、棉或麻织物。

（3）冬装。对于冬装，在选料和配色方面与夏季服装应相反。

（六）按民族分类

按民族不同分类，主要有民族服装、民俗服装等。

二、服装的功能

人类的着装行为具有多重意义，也就产生了服装的各种功能和作用。服装的许多功能在人类漫长的发展历程中，随着文明的进步和文化形态的变迁，不断得以发展和丰富，从而形成了复杂多样的衣生活形态。

人类的生存需求可归纳为面对严酷的自然环境而保存自身的生理需求以及面对复杂的社会环境表现自己、改变自己的心理需求。服装的功能也可以归纳为生理需求与心理需求两个方面，前者是人类在自然环境中生存所必需的，后者是人类作为社会人为适应人文环境而必需的，换言之，服装的功能可以分为自然功能和社会功能两大类。具体表现在服装的实用、美化、遮羞等方面。

（一）服装的实用功能

实用功能是服装的首要功能，也是基本功能，它是指服装对人体的保温、保护和适应肢体活动的生理性功能。具体包括三个方面。

1. 御寒隔热，适应气候变化

与人类着装有关的气候要素有温度、湿度、风、辐射、雨、雪等，其中气温与人体表面散热有着极为密切的关系。气候有冷热寒暑之别，季节有春夏秋冬之分。人类为了适应气候的变化，服装也有春夏秋冬的不同。根据不同的气候、气温，人们分别选择不同的服装以适应其变化。

2. 保护皮肤清洁，有利于身体健康

人们生活或工作在自然界里，尘埃和病菌会污染人的皮肤。服装则起到了隔离尘埃和病菌的作用。

3. 遮蔽人体，不受伤害

通过衣物来保护人体不受外物伤害是服装狭义上的护身功能，它可以分为对自然物象的防护和对人工物象的防护，前者除了对自然气候的适应外，还有对人类接触外物时肌体遭到碰撞、摩擦引起的伤害和其他动物攻击的防护。由于人类进化失去体毛，也就是失去了对皮肤的防护，因此，包裹在人体皮肤之外的这个保护层——衣物，就充当着皮肤的防护职责和功能。一些针对来自人造环境伤害的防护服就应运而生，如劳动保护服、体育保护服、战争保护服和日常保护服等。

总之，服装的实用功能就是保护人体不受伤害，满足人们参加各种活动时的穿着需要。进一步讲，人们穿着服装是为了征服自然、改造客观世界、促进人类社会不断地发展与进步。

（二）服装的美化功能

服装的起源学说中有服装具有美化功能一说。俗话说，佛靠金装，人靠衣装，三分长相，七分打扮。这些均体现了服装的美化作用。

服装的审美包含两个方面的含义：一方面是衣物本身的材质美、制作工艺美和造型美；另一方面是着装后衣与人浑然一体、高度统一而形成的某种状态美。只有当这两方面相互协调，高度统一时，才能彰显出服装的美化功能。

1. 适体美观，给人以美的享受

服装的穿着是一门美化人体的艺术，能为人增光添彩。尤其是现代服装非常重视人体某些部位的突出与表现，结合穿着者的年龄、体型、性别、性格、肤色等，使服装与人体、和谐，从而带来美感。

2. 修饰人体体型，弥补体型不足

人体体型存在差异与不足，可以在服装设计、制作与穿着过程中加以弥补与改善。

三、服装的构成

服装的构成包括服装的款式造型、色彩构成、材料质地和工艺制作等因素，这些构成因素是相互联系、相互作用的整体。

（一）款式造型

服装设计是人类通过服装来表现他们对时代精神、物质、科学、技术、文化、审美的理解和应用。服装设计的对象是人，不仅满足人们保护自我、表现自我、标志自我的需要，且美化、装饰人体，通过选用一定的材料，运用一定的技法来完成具有特定功能的服装款式。

服装的款式千变万化、丰富多彩，无论多么复杂的服装造型都是由服装造型要素组成的。服装造型设计是运用美的形式法则将服装造型要素运用在实际的设计中。

1. 服装造型要素

服装属于艺术设计和产品设计的范畴，其构成元素与艺术设计的构成元素有许多共同之处。服装造型由点、线、面、体、材质和肌理等要素构成，这些要素在服装设计上既有其各自的独立个性，又是无法分割的整体，它们相互作用、相互关联。

2. 服装廓型

服装廓型是对服装总体概括之后形成的外观。廓型是千变万化的，指衣服与人体结合以后，其整体外轮廓在逆光下所呈现的形态。它表示对立体形态的服装进行抽象概括后形成的服装外轮廓线所具有的特征。如一件窄肩阔摆无收腰的大衣，其廓型可以概括为 A 型；宽肩、阔摆、收腰的大衣，其廓型可以概括为 X 型。服装的廓型不仅表现了服装的造型风格，而且是服装设计中表达人体美的主要因素，尤其是对腰、臀等人体主要部位的夸张和强调，更加突出人体美。

3. 服装部件

服装造型设计作为一种视觉形态，除廓型外，还有其各个局部的组合设计，包括使服装产生立体感的收省、分割，达到宽松目的的余量设计、褶饰设计，体现活泼优雅的波浪设计，饰带设计，绳边设计，饰品设计，以及纽扣、口袋、领形、袖形、门襟设计等。这些局部的组合设计实现了服装局部与整体的统一与协调。

（二）色彩构成

服装构成的四要素中，色彩是最生动、最醒目的要素。

1. 服装的配色

在生活中，从穿衣配饰到家居环境，无时无刻不存在着配色问题。是否能够灵活巧妙地运用色彩，取决于配色的调和与统一。例如，明度配色是服装中不同明暗程度的色彩组合、配置的一种方法。好的明度配色使色彩的立体感、空间感、层次感得以凸显。明亮的颜色，给人以轻感、软感、冷感、弱感、明快感、兴奋感、华丽感；深暗的颜色，则给人以重感、硬感、暖感、强感、忧郁感、沉静感、质朴感。色彩的组合能形成明度调性与对比差。如果服装色彩中的明度差异大，则会出现一种动的活跃感；如果服装中色彩的明度差异小，则会出现静而柔弱感。

2. 服饰色彩的象征作用

服装能反映一个时代的特点、文化、社会环境等，色彩也是如此，不同的社会赋予了色彩不同的含义。自古以来，无论是东方、西方，色彩都是民族和身份的象征。掌握色彩的象征意义是服装色彩学不可或缺的功课。服饰色彩的象征意义是由于人们的习惯、风俗和国家、民族、宗教的需要，而给某种颜色赋予特定的含义。这也是色彩会折射出时代特性的原因。

（三）材料质地

构成服装的材料很多，就材料的作用而言，以服装面料为主要材料，其他材料称为辅助材料。而服装面料的组成主要是纤维制品。由于纺织纤维的种类不同，纤维性能不同，所构成的面料质地差异很大。

面料质地指纤维、纱线织成的面料纹理结构和性质，包括面料的软硬、厚薄、轻重、粗细、光泽等，不同纤维构成的面料，其质地也随之不同。有人将面料比作服装的皮肤，可见面料的质地直接影响人们对服装美感的认知。

常见的服装面料种类以及特性如下。

1. 棉织物

棉织物由天然棉纤维纺织而成，具有良好的吸湿性、透气性，穿着柔软舒适，保暖性好，服用性能优良，染色性能好，色泽鲜艳，色谱齐全，耐碱性强，耐热性和耐光性能较好，弹性较差，易褶皱，易生霉，但抗虫蛀。

棉织物是最理想的内衣面料，也是物美价廉的大众外衣面料。常见的棉纤维面料有：平纹组织的平纹布、府绸、麻纱；斜纹组织的斜纹布、卡其、华达呢、哔叽；缎纹组织的横贡缎、直贡缎；色织面料有毛蓝布、劳动布、牛津布、条格布、线呢；起绒类面料有绒布、灯芯绒、平绒；起皱类面料有泡泡纱、绉布等。其中府绸是棉布中兼有丝绸风格的高档品种，是较好的衬衫面料，它用20tex以上的棉纱织成，织物组织为平纹，经密大约为纬密的2倍，绸面光洁，手感滑爽，面料挺括，光泽丰润。

2. 麻织物

由麻纤维纱线织成的织物称为麻织物。目前，主要采用的麻纤维有亚麻、苎麻等。麻织物的共同特点是结实、粗犷、凉爽、吸湿性好，但抗皱性差，适用于夏季服装。

代表品种有土法生产的夏布、苎麻布、亚麻布等。其中苎麻细纺以及亚麻细纺织物具有细密、轻薄、挺括、滑爽、透气的风格特征，价格介于棉织物与丝绸织物之间，产品很受人们的喜爱。同时，利用麻与其他纤维混纺或交织的麻型织物，在服用性能方面有显著提高，产品既可以制作高档的时装也可以制作自然朴实的休闲服装。随着人们越来越注重服装以及面料的环保、舒适性，麻类织物必将越来越受到消费者的追崇。

3. 丝绸织物

以桑蚕丝为代表的丝绸织物是天然纤维织物中的精华，色彩艳丽、富丽堂皇，是纺织品中的佼佼者。主要特点为色彩纯正、光泽柔和、手感凉爽光滑，质地富有弹性、有优良的丝鸣感，服用舒适。品种有双绉、真丝缎、电力纺等。丝绸织物还包括以柞蚕丝、绢纺丝为原料加工的面料，柞蚕丝面料的特点是色彩较暗，外观较桑丝面料粗犷些，服用舒适，牢度较大，富有弹性，易产生水渍；绢纺丝是将真丝切断后纺纱而成的短纤维制品，其面料一般采用平纹组织结构，面料光泽柔和、手感柔软、富有弹性，穿着舒适、吸湿性好，易泛黄、起毛。其他还有以蚕丝为主或蚕丝与化纤长丝交织而成的面料。

4. 毛织物

毛织物的应用范围较广，主要适用于春秋装和冬季服装。毛织物的原料有羊毛、兔毛、骆驼毛、人造毛等，其中以羊毛为主要原料。毛织物弹性好，挺括，抗皱，耐磨耐穿，保暖性好，美观舒适，色彩纯正。

毛织物一般根据织物加工工艺的不同，可分为精纺呢绒和粗纺呢绒两类。粗纺呢绒由粗梳毛纱织成。粗梳毛纱是采用品质支数较低的羊毛或等级毛，通过粗梳整理纺成具有一定粗细的纱，一般为单股纱。粗梳毛纱的毛纤维长短、粗细不匀，而且没有完全平行伸直，所以毛纱外表有许多长短不齐的毛羽，纱支较粗，织成的织物粗厚，正反面都有一层绒毛，织纹不显露，保暖性极好，而且结实耐用耐脏。主要产品有：银枪大衣呢、拷花大衣呢、麦尔登、制服呢、女式呢、法兰绒、粗花呢、大众呢等。其中麦尔登是高档粗纺产品之一，织物表面经重缩绒处理，属于匹染织物，其特点是呢面丰满，细节平整，光泽好，质地挺实，富有弹性，表面不起球、不露底，是粗纺呢绒中最畅销的品种，多用于男女大衣面料。

精纺呢绒由精梳毛纱织成。精梳毛纱是采用品质支数较高的羊毛，经加捻合成股线后，再进行织造。精纺呢绒质地紧密，呢面平整光洁，织纹清晰，色泽纯真柔和，手感丰满而富有弹性，耐磨耐用。代表品种有：凡立丁、派力司、哔叽、华达呢、花呢、啥味呢、板丝呢、贡呢、马裤呢、女衣呢等。其中派力司由混色精梳毛纱织制而成，纱支较细，采用平纹组织，重量轻，是精纺呢绒中重量最轻的一个品种，表面具有雨丝条状花纹。

5. 化学纤维面料

由人造纤维和合成纤维组成的化学纤维。近年来，其应用呈明显上升趋势，化学纤维面料是纺织品中的一个大类。

黏胶纤维是使用较多的一种人造纤维，可分为棉型、毛型。其中，棉型黏胶纤维面料有人造棉、黏/棉平布（黏胶短纤维为人棉）；毛型黏胶纤维面料有黏/锦华达呢、哔叽。

由于合成纤维成本低、产量大，研究由合成纤维所构成的面料已经成为服装面料开发的主要途径，目前市场上主要以涤纶、锦纶、腈纶、氨纶等加工的面料为主，人们正在不断地通过各种工艺条件改善合成纤维面料的服用性能与外观。

总体而言，合成纤维面料的优点主要表现为强度高、结实耐穿、缩水率小、易洗涤、易干燥、易保管，缺点是透气性和透湿性差。应用最广泛的涤纶面料具有以下特点：

①挺括、抗皱、尺寸稳定性好；

②易洗易干，具有洗可穿性；

③不霉不蛀、易保管、牢度大、耐穿；

④吸湿性差、透气性差、舒适感差；

⑤易起毛起球，产生静电。

为了改善涤纶面料的服用性能，在纤维加工时可采用多种措施，如细旦化、混纤化、接枝、交织、异形化等，使涤纶面料的吸湿性、悬垂性增加，手感柔软、抗静电；或者将合成纤维与其他天然纤维、人造纤维混纺，取长补短，以达到良好的服用性能。涤纶面料品种很多，有棉型、中长型、毛型、长丝型等，形成织物品种繁多，如涤/棉混纺织物、涤/棉府绸、麻纱、泡泡纱、混纺巴拿马、仿麻织物、低弹仿毛织物、涤/黏混纺织物、涤/腈混纺织物、涤纶轧光、轧花、涤/麻混纺、涤/毛混纺，特纶皱、涤丝皱、涤爽绸、华春纺等。

采用超细纤维的差别化涤纶新产品有：

①仿桃皮绒织物。用涤纶超细纤维原料，经过织造、后处理和磨毛处理而成，表面具有细微、均匀、浓密的茸毛，似桃皮效应，手感柔软，丰满细腻，

有弹性。

②仿真丝织物。采用超细涤纶长丝或多种不同性能与品质的单丝混合而成。

③仿毛产品。采用差别化纤维织制而成，将两种纺丝液从同一喷丝头的不同喷丝孔喷出，染色加工后可得到异色长丝，制成仿毛产品具有很好的异色效应。

④ 仿麻产品。采用涤纶超细纤维制作而成。

6. 裘皮与皮革面料

动物的毛皮经加工处理可成为珍贵的服装材料，如裘皮与皮革。裘皮以动物皮带毛鞣制而成，皮革是由动物毛皮经加工处理而成的光面皮板或绒面皮板。

毛皮为直接从动物身上剥下的生皮。经浸水、洗涤、去肉、毛皮脱脂、浸酸软化后，对毛皮进行鞣制加工，并经过染色处理，即可获得较为理想的毛皮制品，其柔软、防水、不易腐烂、无异味。

一般将裘皮分为：

①小毛细皮：毛短而珍贵；

②大毛细皮：毛长而价格较贵的毛皮；

③粗毛皮：毛较长的中档毛皮；

④杂毛皮：皮质差、产量高的低档毛皮。

皮革为动物光面皮或绒面皮，是毛皮经鞣制去毛后的制品，具有较好柔韧性及透气性，且不易腐烂，主要有猪皮革、羊皮革、牛皮革、马皮革、麂皮革等。

人造毛皮的加工，主要采用超细纤维（如涤纶）来仿制麂皮等皮革制品。将聚氯乙烯树脂涂于底布，织物通透性差，遇冷硬挺；将聚氨酯树脂涂于底布，织物吸湿、通透性有所改善，较为接近羊皮革。

（四）工艺制作

服装制作是将服装的理想设计转化为现实成果的具体途径，是服装构成的重要因素之一，是实现服装设计的依据和保证。

服装制作的形式有两种：一种是单件制作；另一种是成批生产。下面主要介绍成批流水生产的过程，一般有裁剪、缝纫、整烫三大环节。

1. 服装制图与裁剪

服装制图又称服装结构设计，具体包括平面裁剪和立体裁剪两类。服装裁剪一般指平面裁剪，主要根据服装的式样要求，在衣料或纸上进行展开，分解成平面的衣片制图，这种制图俗称裁剪图；然后按要求进行裁剪，把整幅的衣料裁剪成衣片。

服装裁剪除严格按照服装裁剪图进行裁剪外，还需掌握衣料识别、材料整理、合理排料等知识。裁剪水平的高低，不仅直接影响服装的内在质量和外观质量，而且与节约服装用料和降低成本有着密切关系。

2. 服装缝纫

服装缝纫是服装制作过程中的主要环节，是一个承上启下的过程，通过缝纫制作将裁剪好的各个衣片缝合在一起，使服装基本成形，实现服装设计者的意图。对于不同的服装品种、造型、材料，其缝制工艺和要求也有差异。

3. 服装整烫

将缝制成的服装进行整理熨烫，使服装平整、挺括，同时弥补缝制过程中的不足，使服装式样得以定型。服装整烫对服装的外观效果具有直接影响。

总之，服装构成中的材料质地、视觉设计、工艺制作等因素是相互联系、相互制约、缺一不可的整体。美观舒适的服装必须以理想的材料、精致的工艺作为基础，同样，具有功能舒适性的材料也要通过独特的服装设计才能得到体现，最后以服装的形式将影响其构成的各个因素有机、完美地展示。

第二节　面料构成基础

一、服装面料概述

（一）面料的肌理

面料形态重塑主要是指服装材质的肌理设计，就是在原有面料和其他辅助材料的基础上，运用各种手段进行立体体面的重塑和改造，结合色彩、材质、空间、光影等因素，使原有的面料在形式、肌理或质感上都发生较大的甚至是质的变化，丰富其原有的面貌，并以新的、极自由的方式诠释时尚概念，拓宽了材料的使用范围与设计空间，这已成为现代服装设计师进行创作的重要手段。

1. 服装面料形态重塑的思维方法和构成形式

（1）服装面料形态重塑的构思方法。面料形态设计首先要围绕服装整体风格的需要来确定主题和进行构思，才能达到设计与面料内在品质的协调统一。灵感是艺术的灵魂，是设计师创造思维的一个重要过程，也是完成一个成功设计的基础，但是灵感需要设计师有良好的艺术表现能力和专业实践基础。同时，灵感的来源也是多方面的，例如，大自然中的各种生物和自然现象：水或沙漠的波纹、植物的形态和色彩、粗犷的岩石和斑驳的墙壁等。

面料形态设计作为视觉艺术，与现代绘画、建筑、摄影、音乐、戏剧、电影等其他艺术形式都是相互借鉴和融合的，如建筑中的结构与空间，音乐中的韵律与节奏，现代艺术中的线条与色彩，甚至触觉中的质地与肌理，都可能让人产生灵感而运用到材质的设计中。尤其是不同民族文化的服饰对材料设计的影响，如西方服饰中的皱褶、切口、堆积、蕾丝花边等立体形式的材质造型；东方传统中的刺绣、盘、结、镶、滚等工艺形式；非洲与印第安土著民族的草编、羽毛、毛皮等，都是设计师进行材质设计时所钟爱的灵感源泉。

高科技的迅速发展也为面料形态设计和加工提供了必要的条件和手段，使设计师的灵感和创作有可能变成现实，同时促进了纺织制造业的进步和新产品的开发。设计师从各种资料、信息和事务中收集到的具有可取性的灵感，并结合时代精神和时装流行动态，从创作和设计的角度对各方面的灵感进行深入的取舍和重组，从中找出最合适的设计方案。现代设计师们把大量的精力都花费在找寻新材料、新技术和进行新的工艺试验当中，期望能突破服装的固有模式，开创崭新的服饰文化和穿着方式。

（2）服装面料形态重塑的构成形式。形态模拟的构成：模拟自然形态，如珊瑚贝壳、植物花卉等有着天然的色泽、质感和造型等元素作为设计灵感的来源，运用具象或抽象的手法表现，根据自然形态的特征加以重塑。所谓的具象构成手法就是用面料完全模拟自然的质地、形态和色彩进行加工；抽象构成手法，就是指从具象形态中提炼出的相对典型的形态加以设计，从中把握面料的体积、量感，对各种形态造型进行"简化"，采用抽象的符号、图形表现面料的立体形态，掌握点、线、面元素构成的原理，就可以对此方法驾轻就熟。

形态空间层次的构成。将面料以同一元素为单位，以不同的规律加以重构产生变形，如把相同或不同的元素加以组合，产生丰富的立体形态。所谓元素的空间感，就是以元素的多层次组合形成面，面的多层次组合形成空间，产生虚实对比，起伏呼应，错落有致的空间层次。

形态多元化的构成。将相同元素以不同面积、不同疏密的方式结合面料的质地，或粗糙光滑，或凸凹有致的变化，产生不同视觉效果，形成丰富的肌理对比；将不同特征的元素，以不同的形态特点和规律整体组合，运用错视的方法或创作新的单元组合，使面料形态产生不同的纹样肌理及视觉效果的变化。

2. 服装面料形态重塑的手段和方法

工艺制作与设计理念的表现是服装面料形态设计的重要环节。一件优秀的面料重塑作品，不仅要构思独特，在表现形式和制作上更需完美精致；除此之外，设计师对面料的了解和选择，以及与加工技艺的协调运用能力，也是能正确表达设计主题风格的关键所在。

面料形态设计的重塑是设计师对现有的面料人为地进行再创造和加工的过程，使面料外观产生新的肌理效果及丰富的层次感。面料的风格会直接影响服装设计的艺术风格，不同质感的面料给人以不同的印象和美感，把握面料的内在特性，以最完美的形式展现其特征，从而达到面料形态设计与内在品质的完美统一。面料形态设计常用的方法有以下几种。

（1）面料形态的立体设计。利用传统手工或平缝机等设备对各种面料进行缝制加工，也可运用物理或化学的手段改变面料原有的形态，形成立体或浮雕般的肌理效果。一般所采用的方法是：堆积、抽褶、层叠、凹凸、褶裥、褶皱等，多数是在服装局部设计中采用这些表现方法，但也有在整块面料中使用的。

总之，在采用这些方法的时候，选择什么材料，用何种加工手段，如何结合其他材料产生对比效果，以达到意想不到的境界，是对设计师创意和实践能力的挑战。

（2）面料形态的增型设计。一般是用单一的或两种以上的材质在现有面料的基础上进行黏合、热压、车缝、补、挂、绣等工艺手段形成的立体的、多层次的设计效果。例如，点缀各种珠子、亮片、贴花、盘绣、绒绣、刺绣、纳缝、金属铆钉、透叠等多种材料的组合。

（3）面料形态的减型设计。按设计构思对现有的面料进行破坏，如镂空、烧花、烂花、抽丝、剪切、磨砂等，形成错落有致、亦实亦虚的效果。

（4）面料形态的钩编设计。各种各样的纤维和钩编技巧，随着编织服装的再次流行已日益成为时尚生活的焦点，以不同质感的线、绳、皮条、带、装饰花边，用钩织或编结等方法，组合成各种极富创意的作品，形成凸凹、交错、连续、对比的视觉效果。

（5）面料形态的综合设计。在进行面料形态设计时，常采用多种加工方式，如剪切和叠加、绣花和镂空等，灵活地运用综合设计的表现方法会使面料的形态更丰富，创造出别有洞天的肌理和视觉效果。

3. 面料形态设计在服装中的运用

由于服装领域发展快速、竞争十分激烈，每个设计师都追求独特的个性风格，以立于不败之地。过去片面强调造型选材的方法已逐渐失去市场，取而代之的是以面料形态变化来开创个性化的服装设计，由此可以看出现代服装设计的理念已与面料形态设计完全融合在一起。

面料的形态重塑要以服装为中心，以各种面料质地的风格为依据，融入设计师的理念和表现手法，将面料的潜在性能和自身的材质风格发挥到最佳状态，使面料风格与表现形式融为一体，形成统一的设计风格。面料形态与服装设计之间的协调性是服装设计中至关重要的环节，服装面料不仅是服装造型的物质基础，同时也是造型艺术重要的表现形式，如简洁的款式造型可以与立体感和肌理突出的面料结合在一起，以展现其强烈的视觉冲击力，而单纯、细腻的材质可以使用夸张多变的造型。若两者配合不当，所表现的视觉效果就无主次和个性而言，无法达到形式和风格上的统一。因此，面料形态重塑与服装的造型、色彩间相互搭配的关系，已成为现代服装设计的主要表现手段。

服装是一门永恒变化的艺术，其演变的速度几乎与高科技发展、更新的速度相媲美。科技对服装的影响，主要表现在面料的开发运用上，艺术与技术前所未有地结合在一起。现代的服装设计与面料设计已融为一体，以焕然一新的设计理念和形式展现于世，完美的设计一定要有好的面料形态加以配合和表现，这已经成为现代服装设计师的共同理念。

（二）面料的搭配组合

色彩是人和服装之间的第一媒介，服装的色彩来源于面料的色彩，在服装设计中，对面料色彩的选择和不同色彩面料的搭配是设计师首先考虑的。mix&match，翻译成中文就是混搭，最早是由时尚界提出的，就是将不同风格、不同材质、不同身价的东西按照个人品位搭配在一起。mix&match 代表了一种服装新时尚，你可以发挥创意，尝试将各种以往不可能出现在一起的风格、材质、色彩等时装元素搭配在一起。

服装设计属于工艺美术范畴，是追求实用性和艺术性完美结合的一种艺术形式。首先涉及的是色彩图案。一般当服装的材质达到一定的舒适度时，人们就会追求面料设计、花纹图案更新颖独特，富有内涵。

人类身处于一个彩色的世界，人们对服装色彩的偏爱与感受，与他们所处的自然环境有着密切的联系。色彩是人和服装之间的第一媒介，服装的色彩来源于面料的色彩，在服装设计中，对面料色彩的选择和不同色彩面料的搭配是设计师首先考虑的。其次是款式造型，服装的款式造型是构成服饰的主题。款式造型设计是服装设计的重要元素之一，准确把握设计的款式造型是结构设计的第一步。无论何种裁剪方式，结构设计都必须在款式造型设计后进行。人体、服装款式造型，这是结构设计的根本依据。服装的款式造型设计要符合人体的形态以及运动时人体变化的需要，通过对人体的创意性设计使服装别具风格。服装设计也就是运用美的形式法则有机的组合点、线、面、体，形成完美造型款式的过程。最后是服饰的材质，服装以面料制作而成，面料就是用来制作服装的材料。作为服装三要素之一，面料不仅可以诠释服装的风格和特性，而且直接影响服装的色彩、款式造型的表现效果，是构成服装形象的重要因素。面料的特性不容忽视，随着物质文化和精神文明的提高，人们的审美需求发生了较大的变化，对于服装的追求已不仅仅满足于颜色的丰富多彩和款式的变化万千，人们希望服装在带来美观的同时，也能带来健康的享受。

服装面料设计搭配和服装设计的关系，其实是演绎了一种人们对美的向往与追求，它的发展过程离不开民族、政治、宗教、文化、艺术等因素的影响，它以面料与服装为载体，表达了人们的一种精神劳动与艺术创造。它源于生活，又高于生活，尤其是服装，它不仅具有御寒防暑的功能，而且有美化人民生活的作用。随着人类科技与文明的发展进步，服装早已超越传统意义上保暖、遮体等功能。人们对服装的消费需求呈现出多层次、多样化、时尚化、个性化、环保功能化的特点。

（三）面料混搭在服装设计中的效果

混搭，最早是由时尚界提出的，就是将不同风格、不同材质、不同身价的东西按照个人品位搭配在一起。混搭的概念已经不新了，但是它却奇迹般的被时尚一直宠爱，mix&match 的感觉让每一个人都可以随自己的喜爱 mix&match，风格端庄文雅的上半身，可以配搭充满动感与活力的下半身；古朴的上衣，也可以配搭动感十足的裙子。mix&match 代表了一种服装新时尚，你可以发挥创意，尝试将各种以往不可能出现在一起的风格、材质、色彩等时装元素搭配在一起。

混搭并不等于乱搭，混搭应当让每一件单品以及配饰有内在的对比联系，比如曲线条的褶皱裙与直线条的中性小西装的混搭，造成一种曲与直的对比，而白色与黑色，红色与绿色的撞色混搭，更能体现出色彩给人的冲击力。一般来说，混搭有几种方式，可根据撞色、面料、线条感以及风格这四种类型来进行混搭。

1. 撞色混搭

将最不可能的颜色混搭在一起有时反而会产生不一样的视觉效果，原则是采用对比强烈、纯度相当的色彩，还要切忌用太多的颜色。由于颜色给人的感觉已非常抢眼，因此撞色混搭时要注意把握一个基本原则，就是在统一风格的基础上进行撞色，这意味着所挑选的服装单品在风格上要一致，否则会给人眼花缭乱的感觉。

2. 面料混搭

将最柔软的面料和最硬挺的面料搭配，反而可以突出各种面料本身的材质特点，但面料混搭要注意了解每一种面料的季节特征，比如混羊毛的厚呢质料与雪纺搭配在一起，虽然秉承了爽滑面料的搭配精神，但是却会造成季节错乱的感觉。

3. 线条混搭

将曲线条与直线条的服装单品搭配在一起，能够起到丰富视觉的效果，比如圆形的荷叶边和公主领与直线条的直筒裙，西装式的上衣与层层叠叠的民族风长裙的搭配均颇有趣味。这种曲直对比方式是真正实用的混搭方式，适合各种脸形和身材的人们穿着。

4. 风格混搭

将各种风格混搭是最无规律的混搭方式，你大可以发挥任何创意，将衣柜中任何风格的单品翻出来进行重新排列组合。这需要搭配者有很敏锐的时尚感触，准确把握各种单品的特征，并综合考虑色彩、面料、款型等各种因素。

不同面料的拼接混搭，凸起的条纹设计，色彩与光线的巧妙变化，均脱离了矫揉造作的风格，一些更加原始粗犷的材质都强调了一个特点——大胆和创新。推崇妙笔生花、精雕细琢的"慢设计"；轻柔飘逸碰撞活泼动感；创新出奇碰撞经典质朴……所有元素都体现一种全新的潮流逻辑，这种理念介乎于非物质的虚无和高度保护性之间。"绿色"概念，对户外自然的热爱使得时尚界对于保护环境的责任感日益高涨。

从某种意义上讲，服装设计的重点在于面料。确实，作为服装构成的三大要素之一，面料是构成服装的本质特征，而且面料的时尚与否、搭配是否有创意带给人的视觉印象是最深的。

(四) 服装面料的设计应用

1. 服装与材料的关系

服装设计的变化与突破很大程度上得益于服装材料科技含量的增加和外观样式的更新。对于服装的设计，最根本的是材料的运用。所谓的分割、线条、色彩、布局都是依附在具体的材料质感上加以体现的，抛开特定的材料肌理来谈论设计或者做设计，都是难以想象和实现的。

2. 材料再创造的意义

人类有追求美的天性，从古至今，不论是东方还是西方，当材料无法满足人们的审美需求时，人们就对它进行装饰与再创造，因此出现了刺绣、印染、褶裥、镶拼等丰富的材料再创造手段。由于审美观念的变化和思维方式的开放，使人们对服装材料的审美艺术性和个性提出了更高的要求。

在这种需求之下，服装设计者也从自发地对材料的再创造变成自觉地在设计中对材料进行艺术化的处理，从最终设计服装的需要出发，自己动手再创造面料，对已生产的材料进行二次设计。这种对材料的重新改观和组合，可以使设计师摆脱材料的局限，发挥更大的创新性，同时也可以使服装有更高的艺术审美价值，并由此带来服装经济附加值的提高。另外，材料再创造对纺织品的生产也有一定的引导作用。材料再创造的手段和外观可以成为纺织品设计的灵感源泉；材料再创造是通过试验性的手工制作完成的，但是一旦在技术上得以改进，就可以工业化批量生产，从而达到市场化的创造初衷。

3. 材料再创造的基本途径

材料再创造作为一种服装艺术创造活动，是以追求强烈的视觉冲击力、震撼力、别开生面的印象为特征的，而这种特征的基础就是"新颖"。如果是对前人或他人创造的重复，即便有再丰富的美感因素、再强烈的视觉肌理，也会因为似曾相识不能给受众以深刻的印象，材料再创造也就失去了存在的意义。因此在某种意义上，可以说"新颖"是材料再创造的灵魂所在。

总的来说，可以通过以下两个主要途径使服装的材料再创造达到新颖的效果。

（1）通过创造新的方式来获得全新的外观肌理。新的材料再创造方法是与科学技术的发展密不可分的。每种新技术的发明都会带来一些新材料再创造的方法。尤其是 20 世纪后期，现代高科技为材料再创造提供了更多新工艺，产生了各种新型的创造途径：利用激光和超声波可以对材料切割、蚀刻、雕刻和焊接；利用化学药品可以使表面呈现出灼伤效果；压褶的技术可以制造出任何不规则的褶皱图案；数码印花技术使材料再创造有了技术的保障，就可以使高成本的服装具有从舞台走向大众的可能，因而符合服装民主化的大趋势，具有广阔的发展前景。

（2）对已经创造出的方法进行革新以产生新的视觉或触觉效果。研究已经被前人创造出来的方法和肌理效果，对其中的某些元素加以改进，是另一种创新的途径，也是应用更为广泛的途径。从某种意义上来说，设计是一个从旧的主题中发掘新的概念的行为。在前人或他人积累的经验上加以改进，能够更加容易地获得新颖的效果。

二、服装面料的基本结构

面料一词是最能被人们理解的、最简单的词汇。随着科学技术的发展，用来制作服装的面料越来越多。面料所涵盖的内容非常广泛，机织物、针织物、编织物、皮革、非织造织物等均可以作为服装的面料。由于面料的基本结构形式不同，无论在面料的外观风格，还是在面料的内在质地方面，都必然显现差异，最终影响服装的视觉效果和触觉效果。

(一) 机织面料的表示方法、种类特征

机织面料俗称梭织面料，是服装面料中的主要组成部分。机织面料由水平方向的纬线和垂直方向的经线相互沉浮交织而成。

机织物的组织结构种类包括原组织、变化组织、联合组织、重组织、双层组织、起绒组织、纱罗组织、提花组织等。常见组织结构及其特征如下。

1. 原组织

原组织又称基本组织，包括平纹组织、斜纹组织和缎纹组织，通常称三原组织，是各种组织的基础。

（1）平纹组织。平纹组织是机织物组织中最简单、最基本的组织。它是由经线与纬线一上一下相互交织而成的。织物两面的经组织点数与纬组织点数相同，故平纹组织称为同面组织，其织物称为同面织物。

平纹组织是机织物组织中交织点最多的组织，纱线的屈曲最多，织物坚牢而挺括，表面平整，手感较硬，光泽差。

如果采用不同粗细的经纬纱线，或者改变织物经纬密度、捻度与捻向、纱线的颜色、织造张力等条件，均可以改善平纹织物的外观，使织物呈现条纹、格子、皱纹等效果。

平纹组织的应用极为广泛，常见的织物品种主要有府绸、凡立丁、法兰绒、双绉、电力纺、夏布、塔夫绸等。

（2）斜纹组织。斜纹组织是以连续的经组织点或纬组织点构成斜向织纹特点的组织。根据斜向的不同分为左斜纹和右斜纹两种。斜纹组织的应用广泛，常见的织物品种有哔叽、斜纹绸、卡其等。

（3）缎纹组织。缎纹组织的特点在于一组纱线在织物中形成单独的、不连续的、均匀分布的经组织点或纬组织点，其周围被另一组纱线的浮长线所遮盖。织物表面富有光泽，手感柔软滑润，但坚牢度较平纹组织和斜纹组织差。

采用不同的飞数、捻度、捻向、密度、枚数，可以得到不同外观及质量的缎纹织物。由于缎纹织物光泽明亮、质地细腻、手感柔软，因此应用非常广泛，仅次于平纹组织，特别是在丝绸织物中应用很多。常用的织物缎纹组织有5枚、8枚、16枚。常见的织物品种有直贡缎、横贡缎、软缎、绉缎、提花织物等。

2. 变化组织

变化组织是在原组织的基础上利用增加（减少）组织点或改变循环数、飞数、组织点分布与排列方向等手法而派生出来的组织，某种程度上仍保留着原组织的基本特征，但是总体效果已经不同。变化组织包括平纹变化组织、斜纹变化组织和缎纹变化组织，其中以斜纹组织为基础的变化方法最多，生成的新

组织也最多，应用广泛。

（1）平纹变化组织。平纹变化组织是在平纹组织的基础上沿着经向、纬向或斜向单一或同时地、等同或不等同地增加（减少）同类型组织点，所形成的具有横向、纵向、格子等凸纹效果的组织。

平纹变化组织在织物中既可以单独使用，也可以与其他组织联合使用，纬重平组织主要用作织物的布边。

（2）斜纹变化组织。斜纹变化组织是在斜纹组织的基础上，采用增加组织点、改变飞数值、变换斜线方向等方法将简单的组织进行重新排列组合而形成的。由此可见，斜纹变化组织形成的途径很多，组织效果也是多种多样，应用广泛。斜纹变化组织可以加强织物表面的斜线效应，使织物表面形成宽窄不一的直向或曲向斜路，特别是形成一些具有装饰性的几何形纹路与图案。

斜纹变化组织主要有加强斜纹组织、复合斜纹组织、山形斜纹组织、菱形斜纹组织、破斜纹组织、急斜纹组织、缓斜纹组织、阴影斜纹组织、曲线斜纹组织等。

（3）缎纹变化组织。规则缎纹组织中，飞数是一常数，相反，如果一个缎纹组织中，飞数为变数，则称该组织为变则缎纹组织。也就是说，变化缎纹组织主要是利用组织点的增加与减少来不断改变飞数值的大小，最终形成变则缎纹组织。

缎纹变化组织主要有加强缎纹、变则缎纹、阴影缎纹三种，一般在毛纺织物中应用。

3. 联合组织

联合组织是指将原组织、变化组织中某两种及两种以上的组织再次组合与变化，并通过不同的联合方式、方法，使织物表面形成各种平面或立体的几何图案或小花纹效果。联合组织所形成的织物外观、质地均匀与原组织、变化组织差异较大，别具一格。

联合组织按照联合的方式、方法以及效果不同，一般分为条格组织、绉组织、蜂巢组织、透孔组织、凸条组织、网目组织、小提花组织等。

4. 重组织

重组织也可以理解为重叠组织，它与原组织、变化组织、联合组织的本质区别在于该组织结构是由两组及两组以上的经线（纬线）与一组纬线（经线）重叠交织而成的。

按照纱线组数，可分为二重组织、三重组织、四重组织；按照重叠的纱线类型，可分为经重组织、纬重组织。习惯上将两者合二为一地命名组织，如经二重组织。

重组织更多的是用在丝绸制品的提花织物上，如著名的丝绸三大锦：宋锦、云锦、蜀锦，以及优秀的传统织锦缎、古香缎等都是以重组织为基础进行设计制作的，在礼服中使用较多。

5. 双层组织

双层组织是由两组经线与两组纬线分别构成织物的上下两层，其特点主要是织物厚度增加。利用多组经纬纱线的色彩、粗细的不同搭配和上下层之间的交换连接形成独特的花纹图案，在现代装饰纺织品中得到应用。双层组织包括管状组织、表里接结组织、表里换层组织。

6. 起绒（毛）组织

起绒组织由一个作为底版并用于固结毛绒的地组织和另一个形成毛绒的绒组织联合而成，再经过整理加工使部分纬线或经线被切断形成毛绒。起绒织物的特点是表面覆盖着一层丰满的毛绒，织物的耐磨性提高、光泽柔和、手感柔软、保暖性和抗皱性增强。典型品种有灯芯绒、平绒、金丝绒、乔其绒等。

毛巾组织由毛、地两组经线与一组纬线组成，织物表面形成毛圈效应。

7. 纱罗组织

纱罗组织由绞经线和地经线相互扭绞并与纬线交织而成，绞经有时在地经的左侧，有时在地经的右侧，使纬线间不易靠拢，从而在扭绞处形成明显的孔眼。纱与罗是两种不同的组织结构，每当织入一根纬线时，绞经与地经扭绞一次所形成的组织为纱组织；每织入三根及其以上奇数根的纬线时，绞经与地经扭绞一次所形成的组织为罗组织。纱罗组织的织物质地轻薄、透气性好、结构稳定、装饰性好，可以用作夏季服装的面料，常用的有杭罗、涤棉纱罗等。

（二）针织面料

针织面料的加工分为机器加工和手工加工两种。针织面料是由一组纱线按照一定规律沿着单一方向相互以线圈套结而成的织物，机器加工时有经编与纬编之分。手工加工时又分为棒针编织与钩针编织两种方法，具体方法不在此介绍。

根据线圈结构形态以及相互间的排列方式，一般可将针织物组织分为基本组织、变化组织和花色组织三类。其中原组织是基础，其他组织都是由它变化而来的。原组织包括：纬编针织物中的纬平组织、罗纹组织和双反面组织；经编针织物中的经平组织、经缎组织。常见的针织物组织有以下几种。

1. 纬平组织

纬平组织又称平针组织，是纬编针织物中最简单的组织，由连续的单元线圈单向相互串套而成，为单面纬编针织物的原组织。

织物的特点主要表现为：织物正面由呈链形的圈柱组成，反面是呈波纹形的横向弧线；沿断裂处上下都易脱散；易卷边，纵向边缘向反面卷，横向边缘向正面卷，但四角不卷；横向延伸性大。织物主要用于汗衫类的服装以及袜子、手套等服饰品。

2. 罗纹组织

罗纹组织是双面纬编针织物的原组织，由正面线圈纵行和反面线圈纵行组合配置而成。

罗纹组织正反面的线圈纵行可以进行不同的组合配置，如 1+1、2+2、2+3 等，正面线圈数与反面线圈数的相同或不同，可使织物的外观条路宽度不同、层次感增强。

罗纹组织所构成的织物具有织物不卷边、横向延伸性和弹性好等特点。主要用于弹力衫、棉毛衫裤、羊毛衫、袜口、针织服装和其他服装的袖口、领口、袋口等服用和装饰性部位。

3. 双反面组织

双反面组织也是纬编组织的一种，是由正面线圈横列和反面线圈横列相互交替配置而成。

双反面组织因正反面线圈列数的组合不同而有许多种类。织物的纵横向延伸性、弹性都很大，不会产生卷边，但容易脱散。主要用于婴儿服装、手套、袜子、羊毛衫等。

4. 经平组织

经平组织是由同一根经线所形成的线圈依次配置在两个相邻线圈纵行中形成的组织。

经平组织织物的特点主要表现为织物正反面均呈菱形网眼、织物纵横向都具有一定的延伸性、卷边不明显、纵向易反方向脱散。主要用于夏季 T 恤及内衣。

5. 经缎组织

每根经线顺序地在相邻纵行内构成线圈，并在一个完全组织中有半数的横列线圈向一个方向倾斜，而另一半横列线圈向另一方向经平组织倾斜，在织物表面形成条纹效果。

经缎组织形成的织物延伸性较好，卷边性与纬平组织相似，同等条件下较经平组织织物厚实。它主要与其他经编组织复合使用，在织物表面形成一定的花纹效果。

（三）非织造布

非织造布又称无纺布，是指不经过传统的纺纱、机织、针织等工艺过程，直接由纤维层构成的面料。其纤维层可以是经过梳理的纤维网，也可以是直接制成的纤维网，而且纤维之间可以杂乱排列、也可以定向铺置，最终通过机械或化学的方法加固形成片状纤维制品。

非织造布在服装的面料、辅料中已经广泛采用，特别是医用的一次性服装、口罩以及辅助医用品。但是，面料的外观与质地，如织纹、悬垂、弹性、强伸性等，与机织物和针织物仍存在一定差距，有待于进一步研究与改善。常见的非织造面料结构有两种。

1. 纤维网结构

按照大多数纤维在纤维网中取向的趋势，分成纤维平行排列、纤维横向排列和纤维杂乱分布三种结构，按照纤维加固的方式分为部分纤维加固、外加纱线加固和热黏加固三种。纤维网结构形成的制品主要用于服装的衬里、垫衬料、人造革底布、童装面料等。

2. 纱线型缝编结构

缝编结构的非织造布，其外观与传统的机织物或针织物相似，但与纤维网结构的非织造布不同，广泛用于服装面料和人造毛皮等。

三、面料的色彩与图案

（一）面料的色彩

面料的色彩是服装构成的主要因素之一，随着生活及科技的进步，色彩在人们的着装生活中扮演着越来越重要的角色。国际流行色协会每年定期发布流行色预测，对面料设计师和消费者都起到了积极的引导作用。

1. 色彩三元素

色彩是由于光的折射产生的，基本的构成元素有色相、明度和纯度，即色彩的三属性。

（1）色相。色相就是指色彩的相貌，是由光波的波长来决定的，色相是色彩的最大特征。人们一般描绘的色彩，如红、黄、蓝等，就是色彩的色相，也是色彩的相貌。

（2）明度。明度是指色彩的明亮程度，也就是色彩的深浅度。色彩的明度分为两种情况，即同一色相的明度和不同色相的明度。同一色相的明度是指同一色相与不同比例的白色或黑色混合后，明度所产生的变化。

（3）纯度。纯度是指色彩中含有某种单色光的纯净程度，又称饱和度或鲜艳度。显而易见，色彩的纯度越高就说明色彩中的单色光越纯净。纯度最高的颜色就是在极限纯度下光谱中的各种单色光。

（4）色调。色调是构成色彩整体倾向的组合。色调的形成是色相、明度、纯度、色性等多方面因素共同作用的结果。所以色调表现了以色彩为主题的情调和意境，包含了更丰富的内容。

色调的类别是根据色调中起主导作用的因素划分的。例如，以色相为主导因素会形成红色调、黄色调、蓝色调等；以明度为主导因素会形成高明色调、中明色调、低明色调；以纯度为主导因素，就形成亮色调、浊色调；以色性为主导因素则形成冷色调、暖色调、中性色调等。

2. 面料的色彩设计

设计师对面料的色彩设计是根据流行趋势、面料的用途、面料的材质等因素综合考虑进行的。

（1）按照色彩的流行趋势设计。流行色协会定期发布的流行色预测，是色彩专家们依据人们的生活方式、经济形势、心理变化、文化水平和消费动向等因素预测确定的，是在一定的市场调研基础上产生的，反映了整个消费群体对色彩的需求。因此，面料设计师与服装设计师们都非常关注流行色，把流行色作为面料和服装色彩设计的主要参考依据。

（2）按照面料的用途设计。面料的用途主要指面料用于哪类服装。男装与女装、成人服装与儿童服装、冬装与夏装、户外装与职业装等不同类别的服装对色彩有着不同的要求，因而用于不同服装的面料，其色彩也必须随之变化。例如，作为工作场合穿着的职业装，要求色彩高雅、稳重，一般采用黑白灰系列色彩的面料；我们中国人认为红色是吉祥、喜庆的象征，因此我们的节日服装、庆典服装常采用红色系列的面料制作；米色给人以亲近、淡雅的感觉，米色面料常用于女性日常装和职业装。

（3）按照面料的材质设计。面料的纤维性能和组织结构不同，对光的吸收和反射程度也不同，其色彩效果就各不相同，色彩与面料的材质密切相关。例如，丝绸面料的色彩富贵华丽，羊毛面料的色彩温暖高雅，棉麻纤维面料的色彩浑厚自然。

（二）面料的图案

面料的图案指面料的花纹纹样。面料图案的最大作用在于它的装饰性。纹样的摆放位置对于服装来说，具有画龙点睛的作用。穿着者可以利用图案来弥补自身的不足。图案同样是各民族文化、传统的载体，例如中国的龙、古希腊的镶边图案等，这些图案既是装饰，也传承了民族的文化底蕴和内涵。

1. 图案的种类

面料图案的类型很多，按图案造型可分为具象图案和抽象图案。具象图案指模拟客观物象的图案，例如花卉图案、人物图案、动物图案、自然风景图案、人造器物图案等；抽象图案指通过点、线、面等元素按照形式美的一定法则所组成的图案，例如几何图案、随意形图案、幻变图案、文字图案、肌理图案等。按照成型工艺可分为印染图案、编织图案、拼接图案、刺绣图案以及手绘图案。

2. 图案的构成形式

图案构成一般分为独立式图案构成和连续式图案构成。

独立图案指可以单独用于装饰的图案，具有独立性和相对完整性。独立图案分为自由纹样、适合纹样、角隅纹样、边缘纹样。

连续式图案指将单位纹样按照一定格式有规律的反复排列而形成的能无限延续的图案，具有连续性和延伸性。连续式图案分为二方连续和四方连续两种。

四、面料开发趋势

随着科学技术的发展、社会物质的极大丰富、人民生活水平的提高以及人们穿着观念的改变，纺织品的生产也呈现出飞速发展的态势。纺织品的功能已从御寒、蔽体发展到美观、舒适，从安全、卫生发展到保健、强身，并出现了许多具有新功能、多功能、高功能的纺织品，极大地适应了现代人对服装的新需求。

当前国际服装面料的发展趋势主要呈现出新素材、新工艺、新风格等特点，具体表现为：①天然纤维继续占有优势；②进行多种纤维组合利用；③开发新型、功能性纤维；④面料组织结构变化；⑤后整理高新技术的应用。

为了增强服装的美感和功能，面料创新应主要体现在三方面：一是纤维的开发利用；二是面料的视觉效果设计；三是功能性面料的开发。

（一）纤维的开发利用

棉、麻、丝、毛四大天然纤维因其独特的性能，在今后服装中仍然占主要地位，但由于其抗皱性、色牢度、耐酸碱性、防霉防蛀、价格等方面的因素，大大制约了天然纤维在服装中的使用。因此，人们不断地开发价格较低、加工便利，既具备天然纤维的优点，又能弥补及改善其缺陷的新型替代纤维。例如近年来开发的天然纤维有大豆纤维、天然色泽纤维、竹纤维、甲壳素/壳聚糖纤维、玉米纤维、蜘蛛纤维等；开发的化学纤维有 Tencel/Lyocell 纤维、PTT 纤维等。

新纤维的开发还包括改性纤维的研制、各种纤维的组合利用。例如，目前国外所采用的化学纤维大多是差别化纤维，舒适性很好，如高吸湿透湿性的涤纶。采用棉/真丝/黏胶/莱卡混纺纤维制成的面料，制作精细且富有弹性，深受消费者喜爱；加入氨纶可改善服装的运动舒适性和保形性，加入 2%～5% 的莱卡，则使面料具有一定的弹性。

（二）面料的视觉效果设计

1. 色彩与图案

色彩与图案可以反映人们生活、环境的气氛。柔和而淡化的色彩是单纯而熟悉的生活方式的描述，冰冷与深沉的色彩能掩饰人们的心理变化，温暖且感性的色彩可以挑逗人类的本性。"绿色"思想是 21 世纪全球呼唤的主题，"绿色"设计是以节约和保护环境为主旨的设计理念和方法。从美术设计的角度，更多地以回归大自然的环境为出发点，将自然界的形态，特别是色彩、图案引入面料设计，唤起人们热爱自然、保护自然的意识。

色彩图案必须具备时尚性，与时俱进。利用各种设计手法、高新技术，以大自然中的各种景物为素材，作为面料色彩图案设计的基础，在传统色彩图案的基础上富于变化，增添新颖感、时代感。创新既是大胆的、前所未有的，又是规范的，设计的色彩图案应符合人们的审美共性，并体现现代艺术的风格。

2. 纱线线型

利用不同的纱线线型结构，可以产生不同的面料外观效果，改善面料组合的服用性能，这是在面料开发中使用较多的方法。如采用加捻纱线、复合纱线、不同纤维组合纱线，可以使面料形成起皱、闪色、凹凸效应，从而改善面料的立体效果。花式线型的不断推出满足了服装悬垂感、立体视觉、舒适性的要求，圈圈线、竹节纱、金银线、包芯纱、雪尼尔纱等线型，已广泛使用。它们可以增强服装面料的局部或整体的立体感，风格别致，服用和装饰性提高。而纳米技术的应用，对纺织纤维、纱线结构的设计也将起到推动作用。

从国内外服装流行趋势分析，利用纱线线型来改善面料和服装的外观、品质，仍然是面料开发的主要途径之一。

3. 组织结构

织物组织结构的变化会产生各种风格新颖的面料产品，如今的消费者越来越重视自身的风格和气质与穿着相呼应，因此织物的质感和风格也越来越被强调。组织结构的变化，可以使面料和服装形成独特、持久的风格。如条格组织、蜂巢组织、透孔组织、纱罗组织、重组织、双层组织、凸条组织等变化组织，就其组织结构本身，已具备了纹理清晰、光泽明暗、凹凸立体、厚薄相间、通透亮丽等视觉效果。它们可以单独使用，也可以再次联合，在面料的局部或整体使用。另外，还有针织物中经编、纬编、钩针等不同组织的应用。如果在变化组织的同时，配合不同粗细的纤维、不同种类的纤维或纱线、色彩、图案及后整理加工，必将营造出更独特的品质与风格。各种具有精细表面、平滑有光的高支纱织物、手感柔软的起绒织物和表面效应独特、有立体感的织物大受欢迎，例如各种起绒织物和双层组织形成的皱织物以及异支纱形成的凹凸花纹织物等，都具有独特质感与风格。

4. 后整理技术

面料的后整理技术往往作为改善织物外观效果的一种有效途径。有时可以把后整理称为面料的"化妆"，通过一定的化学、物理、机械方法，使其外观变得更加漂亮，增强美的吸引力。如目前很流行的褪色、磨花牛仔服装，是在经水洗或砂洗基础上，再通过脱色、摩擦等工艺，使衣物褪色或局部褪色而成，改善织物手感，达到自然柔软。除此之外，利用后整理可以改变面料的肌理，如褶皱、起绒或局部起绒、拉毛、磨毛、植绒、烂花、轧光、涂层等。光亮类面料不仅已应用在时装面料中，而且正逐渐扩展到其他类服装。

我国后整理加工技术水平的限制，某种程度上对服装、面料的开发、创优产生了一定影响，使得一些品牌服装、高档服装在选择面料时往往以进口面料作为首选材料或主要材料。因此在后整理方面，除了加大自身的钻研开发外，应积极引进国际先进设备与技术，尽快赶上国际水平，提高面料或服装的附加值。

（三）功能性面料开发

随着人们环境意识和自我保护意识的加强，对纺织品的要求也逐渐从柔软舒适、吸湿透气、防风防雨等扩展到防霉防蛀、防臭、抗紫外线、防辐射、阻燃、抗静电、保健无毒等方面，而各种新型功能性纤维的开发和应用以及新工艺新技术的发展，则使得这些要求逐渐得以实现。

功能性面料指具有易护理、抗紫外线、抗菌消臭、防静电、防辐射、阻燃以及减肥保健等功能的面料。功能性面料具有很好的实用性，且与人体健康有着密切关系，受到广泛欢迎。功能性和环保纺织品的开发，将成为21世纪纺织产业的主流。

1. 防缩免烫面料

防缩免烫面料是为了使服装在穿着过程中不出现褶皱、形态不发生变化，最终提高面料的服用性能、适应现代生活节奏而产生的。

棉织物在制造过程中受张力作用，松弛后会逐渐产生缩水现象，从而导致服装尺寸的不稳定性。经过加热、压缩处理，强制性地使其缩水，可使服装和棉布用品在使用过程中的缩水量降低。

而羊毛纤维的结构特征决定了其缩绒性能，为了防止缩绒，一般可采用氯化法、树脂法、冷热压缩法使其结构稳定。

2. 防水透湿面料

防水与透湿是服装穿着舒适性能中两个基本的但又相互矛盾的条件。防水透湿面料的加工途径有三种：一是经过拒水整理的高密织物；二是层压织物；三是涂层织物。如在面料的表面用树脂处理，使之形成一个密致的多孔性网，人体产生的湿气能够排除，而雨滴却不能渗入。

3. 防燃面料

利用化学药剂处理后，使布料对火有抵抗性，以提高人身安全性。

4. 抗菌面料

抗菌加工方法具体分为两类：其一是防止虫蛀或微生物侵害的加工；其二是防止细菌再次侵害和除异味的加工。

5. 防静电面料

面料中织入导电纤维，或利用具有防静电功能的表面活性剂或亲水性树脂处理织物表面。

6. 防紫外线面料

紫外线的防护原理是采用紫外吸收剂、光反射陶瓷或金属氧化物对纤维或织物进行处理。具体方法是将紫外线遮蔽剂附着于纺织品，包括浸入和涂层加工处理。

7. 远红外加工

将远红外材料融入纺丝体中，再经加工而成。

8. 纳米技术及制品

运用高新技术，如纳米技术以及后整理技术，是进行功能性面料开发的主要途径。

五、面料性能与评价

如何将服装和服装面料有机地结合起来，是追求和探索服装美的一个重要课题。掌握服装面料的基本服用性能和染整加工方法，有利于合理地选择面料，使设计的服装更好地满足消费者的要求。

面料的性能是由多种因素构成的，除了纤维材料本身的特性外，还有面料加工过程所形成的各种特性，如面料的纱线结构、纱线性能、织物结构、织物整理加工等。了解与掌握面料的服用和加工性能是合理选择和加工服装的必要前提。

面料的基本性能可以分为外观性能和服用性能两部分，具体可包括：①强度：拉伸强度、撕裂强度、顶破强度、耐磨强度；②形态稳定性能：弹性、塑性、收缩变形；③物理化学性能：热传导、耐热性、耐光性、耐化学品性能、耐疲劳性；④外观性能：抗皱、刚柔、悬垂、起球、色彩、光泽、色牢度；⑤保健卫生性能：透气性、保暖性、吸湿性、透湿性、耐水性、带电性、防蛀、防霉、洗涤；⑥感官性能：主观风格、客观风格。

（一）面料的耐用性能

服装在穿着过程中要受到破坏，衡量其耐用性能的指标有织物的拉伸、撕裂、顶破、燃烧性能和熔孔性、耐磨性。

1. 面料的拉伸性能

用来衡量拉伸性能的指标有：拉伸断裂强度和断裂伸长率。断裂强度指面料在连续力的作用下所能承受的最大力，是评价面料内在质量的主要指标之一。断裂伸长率指织物在拉伸断裂时伸长量与原长度之比。断裂强度和断裂伸长率的影响因素主要有纤维性能、纱线结构、面料结构等。

纤维本身的性能是面料断裂强度和断裂伸长率的决定因素。织物的断裂强度和伸长率与纤维的强伸性能有关，如合成纤维断裂强度大小排列为：锦纶>维纶>涤纶>腈纶>氨纶，氨纶是所有纺织纤维中强力最低的一种。合成纤维的断裂伸长率比天然纤维的大，合成纤维的伸长率排列为：氨纶>锦纶>涤纶>丙纶>腈纶>维纶；黏胶纤维的伸长率大于棉、麻，而小于羊毛和蚕丝；天然纤维的伸长率排列为：羊毛>蚕丝>棉>麻。

天然纤维中，麻纤维的断裂强度最高，其次是蚕丝和棉，羊毛最差。化学纤维中，锦纶的断裂强度最高，并且居所有纺织纤维之首，其次是涤纶、丙纶和维纶，它们与麻纤维相似；腈纶、氯纶、富强纤维的强度与蚕丝和棉纤维相似；黏胶纤维强度低，但比羊毛高一些，特别是在湿态时，黏胶纤维的强度只有干态时的50%左右。

有研究证明：

（1）高强高伸的面料最耐穿；低强高伸的面料比高强低伸的面料耐穿；低强低伸的面料最不耐穿。合成纤维的面料比天然纤维的面料耐穿，且高强高伸的最耐穿，如锦纶和涤纶面料；低强高伸的面料比高强低伸的面料耐穿，如维纶面料不如涤纶耐穿。天然纤维中，低强高伸的羊毛面料比高强低伸的麻面料耐穿。氨纶属于低强高伸的纤维，所以面料比较耐穿。黏胶纤维低强低伸，其面料最不耐穿。

（2）拉伸性能与衣料的密度有关，经密较大的面料结实耐穿。

（3）组织结构紧密的织物耐穿，如平纹组织的面料较斜纹组织耐穿，斜纹组织的面料较缎纹组织耐穿。

2. 面料的撕裂性能

面料在经过一段时间穿用后，由于局部受到集中负荷的作用而撕成裂缝。撕裂是纱线依次逐根断裂的过程。纱线强力大则织物耐撕裂，故合成纤维的面料较天然纤维和人造纤维的面料耐撕裂。实际应用中可以采用混纺的手段，以改善面料的抗撕裂性能，织物结构紧密的面料耐撕裂。

3. 面料的顶破性能

将一定面积的织物四周固定，给面料以垂直的力使其破坏，称为顶破，如服装在膝部、肘部的受力情况。当经密纬密差异较大时，顶裂强力较小；当经密纬密相近时，顶裂强力较大。此外，它还与纤维的强度和伸长率有关。

4. 面料的耐磨性能

面料抵抗磨损的性能称为耐磨性。面料的耐磨性能与纤维的伸长率、弹性恢复率有关，纤维伸长率较大、弹性好，则织物耐磨性能好。纺织纤维中，锦纶的耐磨性能最好。天然纤维中，羊毛虽然强力较低，但伸长率较大，弹性恢复率也较高，在一定条件下，织物耐磨性较好。锦纶、涤纶、氨纶的伸长率高，弹性恢复率较大，且锦纶、涤纶的强力也较大，所以锦纶织物的耐磨性最好，其次是涤纶、氨纶织物。腈纶织物的耐磨性较差。

5. 面料的阻燃性和抗熔性

面料阻止燃烧的性能称为阻燃性。棉、人造纤维和腈纶是易燃的，燃烧迅速；羊毛、锦纶、涤纶、维纶等是可燃的，容易燃烧，但燃烧速度较慢。

面料接触火星时，抵抗破坏的性能称为抗熔性。天然纤维和黏胶纤维的吸湿性较好，回潮率较大，抗熔性较好。涤纶、锦纶等由于吸湿性较差，熔融所需的热量小，抗熔性差。为了改善其抗熔性，可采用与天然纤维或黏胶纤维混纺的方法，也可以在织成面料后，进行抗熔性或防燃整理。

（二）面料的外观性能

面料的免烫性、折皱性、刚柔性、悬垂性、收缩性、起毛起球性统称为面料的外观性。

1. 面料的免烫性

面料洗涤后不经熨烫仍保持平整状态的性能称为免烫性，又称为"洗可穿性"。面料的免烫性与纤维的吸湿性、面料在湿态下的折皱弹性及缩水性密切相关。纤维吸湿性小，面料在湿态下抗折皱性好，缩水率小的织物，其免烫性能较好。合成纤维较能满足这些性能，涤纶最为突出。天然纤维和人造纤维吸湿性较强，水洗后不易干燥，面料有明显的收缩现象，表面不平挺，故天然纤维织物的免烫性普遍比较差。

2. 面料的抗折皱性

面料受到外力作用会产生变形，如纤维弹性回复率较高，急弹性形变的比例大，则面料抗折皱性较好，面料挺括，如涤纶面料。锦纶的弹性恢复率虽较高，但缓弹性形变的比例大，折皱回复时间长。另外，在外力的作用下，锦纶也易变形。羊毛面料弹性好，并且弹性回复率较高，故有优良的抗折皱性。麻面料在外力作用下，形变小，面料挺括，但形成折皱后，不易回复。棉、黏胶纤维的面料弹性差，弹性回复率也低，一旦形成折皱，也不易回复。

3. 面料的刚柔性

织物的刚柔性指织物的抗弯刚度和柔软度，与纤维性能、织物组织结构和风格有关。平纹组织中，交织点多，面料较刚硬。随着浮长线的增加，布身变得柔软。抗弯刚度大，手感硬挺；抗弯刚度小，手感柔软。毛面料抗弯刚度小，手感柔软，且同时具有良好的抗折皱性，因此穿在身上舒适、挺括。黏胶纤维面料的抗弯刚度小，变形大，又不易回复，因此面料有飘逸感。麻面料手感比较硬挺，外观挺括。涤纶纤维的抗弯刚度较大，并且抗折皱性能好，因此布料比较挺括。锦纶的抗弯刚度小，面料手感柔软、不挺括，不宜做外衣面料。天然蚕丝弹性好，抗弯刚度小，面料手感柔软、舒适。长丝化纤面料比中长纤维或棉纤维面料抗弯度小，手感柔软。面料的刚柔性还与后处理工艺有关，经过硬挺处理的面料硬挺、光滑；经过柔软整理的面料，手感柔软。

4. 面料的悬垂性

机织物、针织物在自然悬垂状态下能形成平滑和曲率均匀的曲面的特性，称为良好的悬垂性。面料的悬垂性与其抗弯刚度有关，抗弯刚度大，悬垂性差。天然纤维及合成纤维长丝织物的悬垂性较好。

5. 面料的起毛起球性

面料经受摩擦，纤维端易伸出面料表面形成绒毛及小球状突出的现象，称为起毛起球性，与纤维性能、织物风格等因素有关。化学纤维中，短纤维面料较中长型、长丝和异型纤维面料易起毛起球。纤维强力高、伸长率大、弹性好，面料易起毛起球，如锦纶、涤纶面料起毛起球严重，丙纶、维纶面料稍轻。毛料的弹性好，易在面料表面形成毛球，精梳毛料中短纤维少，因而面料表面不易起毛起球，棉、黏胶纤维面料表面不易起毛起球，所以，为了改善面料的起毛起球性，可采用合成纤维与棉、黏胶纤维混纺。平纹组织面料不易起毛起球，经过后处理的合成纤维面料不易起毛起球。

（三）面料的舒适性能

1. 面料的通透性

织物的透气性、透湿性、防水性称为通透性。天然纤维面料较合成纤维面料好。其中面料透过水汽的性能称为透湿性，它是一项重要的舒适性能指标，直接关系到面料的排汗能力，与纤维的吸湿性有关，吸湿性好的纤维，面料透湿性也较好。

2. 面料的保暖性

面料的保暖性包括三方面，即导热性、冷感性和防寒性。结构松软厚实的面料，因其中包含的孔隙多，存留的静止空气多，因而保暖性好。

六、面料风格

由于材料本身的物理性能和化学性能等本质属性存在差异，不同面料的表面效果是不同的。选用不同材料构成的面料，使人产生不同的美感，体现不同的面料风格。如厚实的面料给人以稳重之美；轻薄的面料给人以浪漫之美；硬质的面料给人以挺括之美；粗糙的面料给人以自然之美。面料风格主要包括冷暖感、坚固感、柔软感和透明感等，是面料给予人的心理感受和评价。不同风格质感的面料，在服装、家纺用品的款式造型和工艺加工等方面都会产生不同的影响，并最终影响产品的风格。

七、服装面料的识别

面料的形成需要经过一系列的纺织染整加工。以纤维、纱线为原料，然后赋予面料一定的组织结构、外观风格和内在质地，最终形成感观特征。由于服装面料外观与性能的不同，对服装的视觉美感和触觉美感等服用性能产生直接影响，因此，对于千变万化的服装面料，无论是消费者还是从业人员，都应对面料的外观和性能进行认识与鉴别。

服装面料的外观是人们接触服装时的第一感觉，无论是服装的加工方式还是面料的服用性能，都会对人们的消费心理产生直接影响。

（一）面料的经纬向识别

（1）从布边看：若面料有布边，则与布边平行的纱线方向是经向。

（2）从浆纱看：浆纱的是经纱方向。

（3）从密度看：织物密度大的一般是经纱。

（4）从筘痕看：筘痕明显的布，则筘痕方向是经向。

（5）从捻度看：织物经纬纱捻度不同，捻度大的多为经向。

（6）从结构看：毛巾类织物，起毛圈的纱线方向为经向；纱罗织物，有扭绞纱的方向为经向。

（7）从效果看：条子织物，条子方向通常是经向。

（8）从纱线看：有一个系统的纱线为不同的细度时，这个方向多为经纱。

（9）从配置看：交织物中，棉毛、棉麻、棉一般为经纱；毛与丝交织物中，丝为经纱；天然丝与绢丝交织物中，天然丝为经纱；天然丝与人造丝交织物中，天然丝为经纱。

（二）面料的正反面识别

1. 根据组织来判断

平纹：正面光洁，麻点少，色泽较匀净。

斜纹：正面纹路清晰、光洁。

缎纹：正面光滑有光泽，反面织纹模糊。

2. 根据组织类判断

条格面料、凹凸织物、纱罗织物、印花织物的正面图案或纹路清晰，反面则模糊。

3. 根据毛绒结构判断

单面绒：正面有绒毛，反面平整。

双面绒：正面绒毛光洁整齐，反面绒毛少。

4. 根据布边的特点判断

正面布边光洁度好、纱头少，反面布边粗糙、纱头多些。

5. 根据商标判断

内销产品反面粘贴有成品说明书、检验印章、出口产品证明等。

（三）面料的成分识别

由于服装面料的纤维材料种类很多，识别时一般有凭借人们视觉与触觉的经验积累的感官法、有观察纤维材料燃烧过程差异性的燃烧法、有分析纤维材料在化学试剂中变化的化学法以及借助于专业仪器设备进行检测的仪器法等，简便易行的方法是感官法和燃烧法，当面料成分复杂且准确率要求高的情况下往往运用不同方法同时进行识别。

第二章　纺织服装展示创新设计

第一节　新媒体艺术与服装展示设计

一、新媒体艺术的概念与特征

（一）新媒体艺术的概念

在我们认识新媒体之后就会发现，信息传播的决定性因素是传播媒介、传播方式、对艺术的表达方法。举个例子，书法艺术和绘画艺术由印刷书籍代替了原先的竹简和龟甲，是因为纸张的产生。电视电影艺术的产生和发展又是由电视的产生所带动的。这就是说新的艺术形式是随着传播媒介和载体的产生或改变而形成的。这就是新媒体艺术。在信息时代这个大背景下，信息的传播由于互联网的发展和普及变得更加迅速，更加快捷。传播艺术的载体随着计算机手机等移动终端的广泛使用变得越来越丰富。艺术创作的门槛也通过各式各类简单易学、操作方便的艺术类 APP 的开发和应用而降低。

新媒体艺术这个概念比较广泛。新媒体只是一个相对的说法。历史的发展和社会乃至科技的进步，都推动着新媒体艺术的发展。它的历史面貌也随着不同阶段的变化而改变。新媒体可以说是一种载体和媒介用于传播或者承载艺术。而新媒体艺术是艺术的一个延伸。它主要强调的是艺术的形态。两者之间既有共同点也有不同点。

新媒体艺术区别于传统艺术，艺术的表现手法、传播统计以及表达的内容及思想观念是它的改革核心。所以新媒体艺术的定义为：以最新的媒体科学技术为支撑，传播平台以网络媒体为主，创作方法的表现和传播途径区别于传统手段，全面创新的鉴赏形式，进而深刻变革艺术审美，体验活动和思维方式等方面的艺术新形态，并且它一般都会有强烈的科技感和互动环节。

新媒体艺术是一种以科学技术作为创作手段的艺术形式，创造出的新作品更加符合当下时代主题和特色，使观众产生强烈共鸣，因为它将人的理性思维和艺术感性思维相互结合起来。最新科技成果中的任何一种，包括数字技术、计算机设备、录像设备、网络设备等都可作为新的创作手段。而新媒体艺术通过已广泛应用于各个领域的科研成果，融入我们每个人的生命。

（二）新媒体艺术的特征

1. 技术性

新兴载体对新媒体艺术的影响比较大，然而技术的进步和发展又影响着这些新的载体和媒介。所以技术在很大意义上都影响着新媒体艺术观念、艺术形态及形态的演变。因此得出一个结论，技术的发展影响着新媒体艺术的很多观念和表现形态，并且在一定程度上制约着新媒体艺术的发展。很多著作都是沿着西方技术发展的轨迹对新媒体艺术展开阐述和研究的，科学技术的发展和新媒体艺术的联系也从另一个角度说明，从计算机技术到网络技术，再到我们后面要讨论的虚拟交互技术，这些科学技术都决定了新媒体艺术的创作和展现形式，为一切创作成型打下了基础。通过科技的发展和传播媒介的普及，新的艺术形式形成了更为壮阔的艺术思潮，并且一大批艺术效果由于每个媒体形式的技术特征的不同，取得了发展，艺术创造、传播和观赏体验也借着信息社会的纵深发展，变得更多样，更富有变化。

2. 联结性

作品创造者的个人表达多出现在传统艺术中，所以传统艺术又被称为"架上艺术"，而新媒体艺术利用高新科技在创作、传播和鉴赏渠道上都有所改变，尤其注重与鉴赏者的参与互动，这个艺术是和观赏者共同创造的艺术，这是一种"观念艺术"形式。同时，将时间的概念引入作品也是新媒体艺术的一大特点，观者与作品被有机地结合起来。与传统艺术不同，新媒体艺术最大的革新应该在于题材。传统艺术往往使用宗教主题、历史故事和具有意义的事件作为题材。而新媒体艺术的中心思想不再是宗教或历史故事和事件，而是利用最新的科学技术和创新理念，在视觉、听觉、触觉等多感官上给人们创造出一种全新的艺术体验，新的联结关系也在艺术与观众之间形成。这种巧妙的联结使观众不再是远距离的欣赏，而是可以置身其中，让艺术作品与鉴赏者通过在技术层面上的操作产生一种互动关系，这样，艺术作品在观赏者的感官体验中就不仅仅是停留在单一的立体表现层面上那么简单，而是更深层次的融入并表达出来，全新的影像关系和感官经验就会在观赏者意识里形成。让观众不仅只对艺术家的作品内容产生单方面的触动，还有其置身其中的体验感，都要归功于新媒体的这种技术联结性，新媒体艺术家延伸了个人表达和集体表达。

3. 交互性

新媒体艺术的最大的特点就是互动性，艺术家的作品通过科学技术的作用拥有更多的呈现形式，艺术家与观众的互动就是它互动性的根本，观众的互动和艺术家的作品上都有表现。观众不单单是观赏而是可以全身心地融入或者参与其中，这是通过一些新媒体技术手段达到的，观众在参与与体验的过程当中，艺术家所要传达的意识思想和个人表达也将被观众进一步地理解并可能会触动到观赏者本身，引发思想火花和共鸣。艺术家本身与机器技术的互动是另一个层面，大多会发生在作品创作的时期，这是艺术家选择的一种表达方式，这些表达方式会通过高科技和互联网技术得以更深层次地表现出来，并且使自己的创意和想法变得更容易实现。但是艺术和科技往往属于不同的领域，所以艺术家肯定会在自己的创作过程中去寻求相关的专家以及技术人员，就产生了第三种人与人之间的互动。通过以上的分析我们也很难去界定什么样的作品在新媒体艺术创作和表达的过程中算是完整的。因为在这其中从头到尾包含了人与人、人与机器等互动方式，而正是因为这些交互的累积，才会使高新技术被用来实现新媒体艺术。

（三）新媒体艺术的分类

随着技术的革新和进步，新媒体艺术的载体和传播手段不断升级。新的艺术形式必然会随着新技术的出现产生，因为新媒体艺术的发展与核心技术的发展是分不开的。所以现在技术在艺术创作中的应用范围是对新媒体艺术进行分类的基础。

1. 数字艺术

运用数字技术和计算机程序等手段表现的艺术统称为数字艺术。对计算机中的影像音频文件以数字化形式存储进行分析并处理，我们会得到一种可以完整呈现作品的艺术形式。功能强大门类齐全的软件会被艺术家加以利用，用来处理各种数字化的文件。目前这些数字化艺术在平面设计、商业设计和三维模型方面被广泛地应用。例如，用于电影、电视、数字动画和复杂三维模型是通过 3dMax、Maya、Softimage 等创建的，可以让观众体会到数字艺术逼真的视觉效果。数字艺术表达传递艺术的效果是通过展示数字化信息传播的相关新技术进行该领域艺术创作和实验，把艺术和技术融合起来。现在，数字艺术也被越来越多的从业人员喜爱。

2. 网络艺术

其实我们所说的网络艺术横跨网络和艺术两个领域，也是两个领域有机结合的成果。网络艺术的意思是，各种艺术、实践、创作以及作品都以网络为载体而开展。20 世纪 90 年代，活跃于互联网的艺术家中，阿斯科特是代表人物，被认为是网络艺术的先驱。他的艺术实验和创作过程通常是以"远程通信艺术"为名开展的。传统艺术在网络新兴媒体平台上展示即可称为网络艺术。因为它拥有音乐、美术、文学等传统项目在网络艺术中的网络艺术形式。同时它伴随着网络文化的发展，具有强大的生命力，这种生命力使它的传播非常的迅速并且被大众认可接受。由此我们可以推出网络艺术必须是数字信息的作品。

3. 移动艺术

以移动通信移动计算和全球定位系统为基础发展形成的一种艺术形式，我们称之为移动艺术。移动艺术运用移动媒介进行传播，并根据应用的移动媒介性质分为移动通信艺术、游牧计算艺术及全球定位艺术。随着移动设备和技术不断地推陈出新，新媒体艺术家跟随时代发展的步伐，将创意通过新技术手段或者新设备不断的探索并尝试，通过新奇和富有创造性的手段，将艺术形式变得更加丰富，将作品展现更加完美。

（四）新媒体艺术的审美

在今天技术与艺术融合度越来越高，科学技术也在不断地发展进步，为艺术的升华奠定了扎实的基础。技术在飞快发展，现代艺术必须与时俱进。新媒体艺术的时代正在悄然来临。新媒体艺术的审美和它区域内的服装展示空间设计的实践应用性的研究是非常有必要的。我们通过对新媒体艺术审美规律的研究，把它的审美过程体验情景等研究出来。

1. 审美过程的交互性

新媒体艺术具有交互性。当一部作品使用新媒体创作时，欣赏者和创造者界限变得越来越模糊，因为高科技手段在里面得到了充分的运用，所以大多数情况下新媒体创作者不一定是技术作品的创作者。交互性让创作者成为作品的受众，新媒体艺术的审美过程中独特的交互性也是艺术创作过程中接受新媒体艺术的过程。

2. 审美体验的综合性

新媒体和传统媒体相比具有一定的优势，通过数字艺术处理后的作品给受众带来的体验模式更具有综合的现实性和世界性。同时，从大众化的体验升级为个性化的体验。新媒体艺术的审美体验多种多样，既可以利用高科技进行体验，又可以融合不同应用功能的媒体，使新媒体艺术的审美体验方式具备丰富性和综合性，进而使表达形式越来越丰富，实现了艺术和技术的融合。另外，因为新媒体本身具有交互性，每一个受众都有与其互动的机会，这样就带来了新鲜的体验。传统艺术因为时空观念的局限性，只能产生平面艺术，所以具有一定的单调性。而新媒体艺术却能接触更多的技术手段，超越传统时空观念的局限。创造出类似于时空环球的艺术效果，从而使受众产生时空错觉，带来一种传统审美无法比拟的审美体验。

二、新媒体艺术在服装展示空间设计中的应用

新媒体技术经常被运用到舞台设计中，这就使传统的舞台设计开始突破并

革新，舞台设计表现内容也因此变得更加多元化。新媒体艺术在舞台设计方面的应用，为新时代的观众打造出具有现代科技感又有艺术魅力的视觉盛宴。

（一）服装动态展示设计中 LED 的应用

随着 LED 技术的迅猛发展，空间装饰艺术和其他艺术形式也逐渐发展壮大。在服装动态设计以及服装展示舞台上，LED 的运用是十分成功的。方便灵活、容易驾驭、制作成本较低，对于不同施工场景可以进行随意的艺术构建和创作，使舞台设计变得更加丰富华丽。LED 屏幕对现代服装动态展示舞台影响非常巨大。LED 的有效性将永远跟随服装动态展示舞台。

（二）服装动态展示设计中 3D 技术的应用

随着新技术 3D 的发展与进步，它在人们的日常生活中越来越常见。电影制作中的 3D 技术被越来越多地应用并日趋成熟。很多国家和地区逐步推出 3D 电影频道，3D 电视节目也被大量制作。受此影响，现在舞台空间的设计中借鉴和运用 3D 技术。观众可以在运用 3D 技术的舞台设计中产生身临其境的现场感受，让舞台设计的景深感和立体感被明显凸显，这迎合了当前大众审美以及对自我体验的追求和重视，舞台的现实感也被极大提升。这是设计师通过展台设计有效地回应观众的审美心理，这种回应不仅仅在舞台设计的艺术效果上有所提升，更为观众加强了场景构想性、现场体验和时空的沉浸感。

（三）服装动态展示设计中虚拟现实技术的应用

服装动态在舞台空间以新媒体艺术的形式展示出来就是所谓的服装动态展示，在展示舞台的空间中，服装舞台展示的大方向动态感是由计算机虚拟技术的运用产生的。全息投影技术在舞台的中央投射出虚拟的人物模特用于展示不同的服装，可使观众从各个角度观赏。而比舞台空间设计更为有趣的就是虚拟试衣系统，人们可以更好地参与其中。这种计算机技术手段融合数字技术制作的虚拟系统软件使观众有身临其境的感觉，拥有更强的感官感受。舞台空间的设计也因此得到了更大的拓展，设计师也用虚拟现实技术，为观众提供了一个可感知的虚拟场景。这就是新媒体技术给艺术创作带来的无限可能性以及给舞台设计带来的视觉冲击。这种身临其境的感觉正是观众所需要的。

三、新媒体艺术与服装展示设计空间

在特定的地点、时间，通过独有的方式传播信息或作品就是展览、展示。人们总是希望可以在展示空间中看到新的内容和形式。新媒体虽然是现代社会中的新媒介，但新媒体艺术拥有自己独特的艺术审美魅力可以在各个展示艺术上大胆发挥，站在时尚与潮流的最前列。通过新媒体的带动，展览展示空间突破了传统的图文展示版式，使实物陈列式的单一展示方式逐渐变得集中化、高能化和网络化。这极大地丰富了展览展示的载体和形式，使信息传播的效果得到很大增强。

（一）服装展示场景——真实转向虚拟

传统的服装展示，即场景，要实现真实向虚拟的转变，必须依赖高新技术手段。真实的世界和虚拟场景融为一体，带给大众的审美体验是平时生活体验不到的。这是展示表达方式的全新转变。虚拟现实技术就是把现实和虚拟通过各种高新技术手段融合起来。这种虚拟与现实的新技术在大众的日常消费体验中是闻所未闻的。虚拟网络服装商城的服装展示，其虚拟身份是由网上消费者自由选择的。选择身份之后，选择自己喜欢的样式，用鼠标点击或者自动触摸屏选择商场展示的各种虚拟服装。

这种新的媒体艺术和大众的日常结合，除给很多消费者带来实际的便利外，还可以增加日常生活的乐趣。

服装最大的使用权和受惠人应该是购买服装的本人。在这件服装的购买上，决定权来自购买者自己。所以，服装设计的主体就是人本身，一般来说，购买者对这件衣服的喜欢程度就是购买的主要原因。

只有这件衣服得到购买者的喜爱，这件衣服才有真正的价值。所以，清楚地知道消费者的心理，研究了解消费者的喜好和审美，才能使设计出来的服装得到消费者的喜欢和认同。

（二）消费者心理与服装展示空间设计

消费者在某种程度上会向对方发出了某些信号表达购物心理，在观察者与消费者中间发生共鸣，触发两者间的潜在情感。视觉中心的审美表达是消费者和观察者在感官上的互动和交流。随着社会生活水平的提高，人们的文化素养和审美水平以及对精神方面的需求也随之提升。消费观念在追求精神价值时也会跟着发生转变，消费者不再是把商业空间当作商品交易的场所，而是作为购物、娱乐、消费与休闲的场所。在商业空间购物时，人们可以暂时忽略单调忙碌的工作生活，去忘情地享受所在的舒适环境。从马斯洛需求原理得出：人们在满足日常的需求之后对生活的追求就不仅仅是自身的温饱和生理需求上，自我意识的增长速度就是很好的说明，更多的是自己对自我社会地位、个人自尊的代言与被他人认可和获得尊重。衣服成为自我的一种符号，是消费者个人发展与实现的需要。这是现在社会的进步，在物质达到高水准的时候，人的精神文明就要同时跟上，如果一件衣服尚未出售之前，在服装展示上给普通消费者的感受就是：购买者个人的气质、独特品位，如果在消费者的内心带来审美上的满足，产生购买行为，那这件衣服的展示就是比较成功的销售，会带来既定的品牌拥护者，还可能会有下次的购买行为。

除此之外，对消费者来说，出售前的服装展示空间水准有着巨大魔力。所以，除去服装本身的实用性，现代的服装消费比较注重消费者的心理购物欲，即在同层次的审美的心理和消费者的自我价值的发展上，把服装的单调性改变为互动有趣的购物活动，去吸引眼球，增加消费者的购物欲。

（三）视觉心理学对服装视觉展示的影响

视觉心理学在分析服装视觉展示中主要有两个状态：服装静态陈列展示和服装动态舞台展示。服装静态陈列展示主要是运用视觉心理学，分析在展示商铺里的各种服装陈列和展示。服装动态舞台展示就是用新技术给直接的或是潜在的消费者，在各类的服饰陈列和展示时带来视觉上的感受，带来一种独特的视觉体验。新媒体艺术在服装展示中带来视觉的影响，渲染了服装展示商铺的购物气氛，实现较为完美的视觉营销，从而吸引了更多的消费者。

在服装领域存在的视觉中心同样存在于社会生活中。服装领域的视觉中心必须建立在审美的前提下，离开审美来说创造是毫无意义的。这就是意味着一件服装在视觉中激起审美主体的想象力和理解力，是审美主体为了获得精神上的审美享受而产生的。

在事物的认知过程中都有一种复杂循序渐进的心理。就像我们知道的，在事物的初步认识中就是情感的添加和意志力的自我完善过程。我们认识对象的基本属性是从基础的认知开始的，这样的认知局限在对认识对象的简单客观的初判，之后就要结合事物进行初步判断。

但是最后所做的决定肯定不是一时一刻的想法，它是最初的服装展示给人们的感觉加上初步的了解认识，在我们脑海里所形成的最开始的图画形象，再配合导购员的介绍和自己的体验，判断这件衣服是不是真的从风格到质地都合适，能不能经得起潮流的考验。在内心多次对比之后，这个服装给我们的感官感受成为判断优劣的重要标志。这就是个人的消费意识的上升，心理上发生的一系列的在这件衣服上深层次的心理反应，在由大脑最终的发号施令决定要不要购买。这些一系列的举动都来自视觉中心给消费者的服装展示设计的专业语言的传达。

（四）基于审美心理学的服装视觉中心分析

审美心理学上主要是研究对象在审美过程中的审美经验，审美经验就是人们欣赏自然美产生的愉快的心理体验，所要研究的就是人在生理学上基本满足后的更高、更美的精神追求。

在审美的准备阶段，审美对象给人的心里有一种对美的期待。下面就是审美的认知阶段，包括审美的判断和欲望，这个阶段的审美主体是要有自己的经验认知和自己的审美标准，之后达到审美的高潮阶段就是审美的认识和审美快乐，这个高潮阶段过去就是审美的最后起效阶段。提高审美的要求，加强审美主体的审美情感趋于内心的丰富和精神的强大，对相应的审美趣味和鉴定力有更高的要求，影响着更多的审美主体。

综上所述，在审美的心理阶段，可以得到以下的结论。审美主体在一件商品上产生的审美心理过程必定有着这样的特征：服装视觉具有吸引力和美感，并且审美活动发生在审美的注意力较为集中的时候，从而引起审美主体的注意。如果服装在设计上并没有一丝的亮点就属于没有审美价值，因为审美活动发生的条件就是要达到视觉的兴奋点和契合的情感。当人们中意哪件衣服或者在最开始的审美阶段这件服装满足了该消费者想购买衣服的审美预期时，这件衣服绝对是视觉上能吸引眼球的。

第二节　服装展示与交互设计的融合

一、新媒体平台艺术设计的交互特点

（一）建构"虚拟"的信息呈现与交互途径

人在接收各种信息时通常会用眼睛看耳朵听最直观的部分。先有一个初步的认知，再结合一些理性的思考，从事物的本质上分析信息后形成一个清晰的形象。当一件艺术品在欣赏时，先是在视觉和听觉上的感受，在简单的行为的鉴赏下，再加上潜在意识中的想象，在印象地思考上经过理性的分析，判断这部作品更深刻的意义，包括作者的内心。艺术创作者结合视觉和听觉，才能塑造独特的艺术。因此，在艺术创作中，见闻是必不可少的手段，是假想艺术还是一般的艺术品都需要"视"和"听"，这个过程意义非凡。

数字化技术的高速发展和网络功能显著，虚拟艺术创作具有很大的扩展，为艺术的交互和多媒体带来了更大的空间。这时，虚拟的艺术在依赖传统绘画与影视艺术上有着较深的影响。通过交互媒体重新构筑新的革新形式，实现了结合传统和时代技术的新鲜活力。在这种情况下，新技术是传统艺术的生命力，通过传统的视听率在虚拟艺术和广大的受访者之间建立桥梁，能够在人们面前更好地展示虚拟艺术。

在艺术实践的过程中，即使对同一部作品有强烈的共鸣，也不能跨越创作和鉴赏的鸿沟进行交流。但是，虚拟艺术的诞生打破了这样的局面，带来了希望。因为虚拟艺术要利用交互功能实现构思和创作，从受众的方式和思维下手，配合互联网，在作品、作者和受众之间搭起沟通的桥梁，也就意味着相互的沟通和交流会才使创作成功之后产生良好的反响。沟通平台时，为了能在制作虚拟空间中得到更多的感受，最大限度地创造出创造者的个性，创造者可以创造天马行空的想象和独创的创造。在虚拟艺术中，运用了视听觉元素和新媒体的技术，在传承和创新中做到了平衡和统一。

1. 基于视觉元素的信息呈现与交互

显示器上显示的视觉体验是虚拟艺术的主要表现形式。虚拟艺术是在交互过程中使用的视觉语言，会参考电影艺术的视觉语言，还会参考新的表达方法和数字化技术。不同的是，新的艺术类型显示出鲜明的个性特征。在这个新兴的艺术，特别是虚拟艺术中，交互的艺术视觉语言的研究是一种重要的理论意义，还具备艺术实践中的指导作用。

对于视觉语言的定义，主要指使用文字以外的视觉印象，借助一般的虚拟设备的条件来传达信息和感情的语言方法。视觉语言传达的信息通常是人类通过眼睛直接得到的直觉印象，也就是说，外部世界的状态和形象，一般都是以图形、线、颜色、照片、影像、动画片段形式来表现的。这些都是视觉语言的典型艺术。在人类美化生活的同时，视觉语言丰富着视觉艺术创造的形态，所有的艺术语言才会共享其中的信息。

在虚拟的艺术中，视觉语言非常重要，它吸收了其他艺术家的语言精华，是一个巧妙、独特、灵活的存在。现在的虚拟艺术作品中，运用视觉语言所达到的视觉效果主要表现出如下特征。

（1）追求多变。对于虚拟艺术来说，交互形式是其他艺术形式的重要特征，交互性不同，虚拟艺术中的内容便有很多的选择，绘画艺术是一个例子。传统绘画的技术性在静态的二维平面中，运用多种绘画手段，才能体现出独特的真实空间感。平面绘画中的深刻味道和内涵以及表现出丰富的心灵世界，都是历代艺术家倾注心血的艺术追求。虚拟艺术绘画艺术的不同是，在许多虚拟艺术表示相互性的同时，加入变化的影像，实现多维度空间感的目标，突破二维平面。假想艺术是大量的影像的多重交替的变化，很多人所体验的空间感会大幅提高，突破了传统绘画艺术的平面限制，电影艺术的革新也就完成了。在电影艺术的画面上，从静态到动态的突破，虚拟艺术影像的多变，突破了传统绘画的叙事空间。正因为这个突破和革新，出现了虚拟艺术的多变性和交互艺术的语言的鲜明特征。

（2）强调直观。很多情况下，人们会受到这样的强烈地吸引，受到诱惑后，参加了积极的互动艺术作品。交互的艺术作品，如果没有直觉的魅力和视觉的语言，不会受欢迎。电视媒体的产生就是在传统媒体中占据了主导地位。

在这个领域，为了寻找喜欢的电视节目，观众可以在平均一秒内各交换一台。同样，关于虚拟艺术的交流艺术，如何传达直觉的艺术信息，如何在传送的同时进行视觉的思考是创作过程中的重要问题。

（3）注重娱乐。互动艺术作品的娱乐形式有着不可避免的特性。在其中加上鲜明的交互性和娱乐性，能带给广大的受众参与作品的冲动。在互动艺术的创作过程中，为人们带来了美丽的喜悦，其喜悦正是娱乐性创造的感觉。正因如此，一部分的交互艺术作品具有高度的娱乐性和参与感，通过同样的视觉效果的娱乐化，可以达到受众最大化的目的。

2. 基于听觉元素的信息呈现与交互

听觉是视觉以外的人类感官中的重要直觉。复杂的语言是最原始的呐喊，或者自然界中的声音都是声音的来源，这是听觉获取信息的重要途径。在声音的主体下，进行信息的传递的艺术形式就是听觉艺术。在互动艺术中，听觉和视觉信息都有着绝大的篇幅，即使没有代表整个的篇幅也是不能忽视的。在交互艺术的表现中，视觉语言和听觉语言是相辅的，这大大提高了作品的表现力，增加了作品的立体感。但很多时候，听觉和视觉是不同的。对人来说，声音除了视觉要素以外，是重要的信息源的行为。物理学的常识，声波是周波数、摆动、波长的3个物理量测定的指标，同时决定了物理量语音的音高、响度、音色的3个物理特征。正是它的物理量的不同，才出现了丰富多彩的声音。

首先，信息的载体、声音总是具有一定的意义。生活中各种各样的东西，声音和自然的各种现象和节奏，对人来说意义是不同的。水流的湍急与轻缓，鸟鸣的高亢与低回，雨水的急骤和连绵，这些客观事物是人们固有的印象，所有的声音都可以唤起大脑的联想。人们把自己的生理和心理反应结合在一起，声音传来了，根据声源的特征和本质便可认识。即使如此，声音也不能非常准确地进行判断和分析，有一定的艺术审美的局限性。视觉和听觉的结合，声音和图像的补充，使人对事物的认识更清楚。

其次，在听觉的范畴中，语言也可以从声音的角度来看，作为一个人的思想来传达感情。虽然视觉信息通常是由一些符号和图像构成的，但是听觉信息也有独特的构成部分，同时产生语言的概念。从某种程度来看，在沟通的艺术中，视觉语言和听觉语言相得益彰，共同构成了作品的主要内容和感情基调。

最后，在声音的艺术创作过程中，可以知道艺术理念的高度。声音传达信息，在日常生活中不可缺少。虽然在一些特别的场合无法传达信息，但其独特的魅力可以超越这种局限性，从而在创作过程中做到游刃有余。

艺术作品的分类非常灵活，并没有稳定的表现。在构思和创造过程中，其他展示形式也有很大不同。在电影中，视觉和听觉可以直接传达感官的感受，而故事的多样化制作内容，则会根据创作过程中基本规则的形式不同，产生不同的叙述方式和表现。另外，互动艺术作品中，作品的类型有非常大的差异，语音要素是借助内容和形式呈现的。

（1）作为互动艺术作品形式的声音。首先，声音元素在互动艺术作品中，具有难以替代的作用。但由于以视觉元素为主的互动艺术作品，覆盖了更多的市场，受众纷纷被吸引参与到视觉元素的变化中，因此导致人们忽视了声音元素的重要地位。为了增添作品的感染力，优秀的作品应当利用声音元素，巧妙地营造出符合主旨的氛围，利用声音效果的特殊属性，吸引观众的部分注意力。在互动艺术作品的展示中，由于受到虚拟性质影像的限制，很难模拟现实生活中真实存在的声音。但也正因为如此，创作这样的互动艺术作品时，可以通过制造虚拟的声响来提升作品的艺术魅力。从这一特点出发，许多艺术家用特殊的声响表现受众的互动行为，使得受众与作品间紧密互动，更好地体现了互动艺术的魅力所在。

其次，由于互动艺术是艺术与现代科技结合的标志，互动艺术中声音元素通常具有强烈的现代感。故而，强调电子媒介环境带来的现代感，与视听多媒体结合的精确表达，是声音元素在互动艺术作品形式上的另一个鲜明特征。视听上的结合，在展示作品现代感的同时，带给了作品更多有趣的信息。出于奠定作品基调的目的，仅依靠画面来完成这一任务是不理想的，而相似风格的声音元素，可以与之结合，带给受众以双重的震撼，从而突出作品的风格与主题。利用声音元素强化梦幻场景，对于一些营造虚拟空间的作品来说尤为重要。在这类作品中，声音元素既有其在艺术创作上的必要性，又有着与观众进行听觉互动的作用，可以说，声音元素是多媒体技术中不可或缺的重要表现形式。

在互动的展示方式中，声音元素绝对充当着举足轻重的作用。当观众参与了某一项根据视觉画面进行互动的环节时，声音元素的介入，可以让模拟的互动环境更有效地获取反馈信息。比如，当我们触摸屏幕画面上的虚拟按钮的时候，声音的反馈让我们能够及时判断按钮动作的结果。声音元素可以更好地引导受众理解并参与展示活动中。

（2）作为互动艺术作品内容的声音。设计师们逐渐开始追求更多的表现形式，传统的视觉表现在形式上开始蜕变。实际上，在日常生活中，语音输入软件、音乐和歌曲的搜索系统、语音合成系统等，这些是语音信息传达的沟通设施。

在互动的艺术作品，有着巧妙的艺术构思，加上声音元素为主要内容增加了独特的艺术魅力。这样的作品制作过程中，就不能只依赖图像的表现力，而是增加声音元素的感受，借此吸引受众的注意力。

这种艺术作品丝毫不逊色于那些由复杂影像组成的互动艺术，作品的主要内容在声音的要素出现时可以看到，作品不必拘泥于视觉的屏幕，有利于运用更广泛的视觉艺术形象，使作品更活跃灵动。

3. 基于触觉元素的信息呈现与交互

除视觉和听觉外，触觉、嗅觉、味觉都是人类从外界获取信息的方法，其中触觉包含疼痛感、压感、冷热感等。在目前科学技术的前提下，借助触觉表达艺术信息是可行的。对传统艺术的假想艺术，传达了许多感动的信息，重视触觉经验。绘画艺术是视觉的主要信息类型，音乐艺术是听觉中心的艺术，电影是综合性的艺术。在传统艺术中，只有用雕刻艺术的触觉来传达艺术信息，但是在虚拟艺术的设计中，触感的重要性大幅提高了。所以，要去找一条途径，提高手感和传感器的精度，把研究虚拟艺术在整个过程中作为重要的命题。

在科学技术领域，人类的研究已经达到了一个新的高度。现在可以提取到的直观的渊源，也可以理性地传播，科学技术的发展给新媒体提供了更多出口的可能性。数据头盔最早的应用于军事演习中的模拟状况，战斗机的驾驶者的脑电波活动被开发了，这项技术在新媒体艺术移植的过程中出现了一个新的想法，"市政府的监管是在外触角艺术传达信息"的新想法。

与传统艺术相比，假想艺术也表现出了新特征。虚拟艺术在视觉和听觉效果下，摆脱不了"虚幻的图像"的概念。双方的互动组合不管多么到位和精确，其图像的质量、重量、速度等属性使人无法感受到这些属性都被触动的技术，依靠这些虚拟产品属性，计算机系统内数据对人体接触的"种类设备"会产生影响，还可以进行对应这些设备的感觉人的身体感关系，产生与真实的物体接触时一样的感觉。互动行为的环境中，这种触觉感在当场感受到了体验感。

现在这个情况，触觉因素的虚拟艺术虽不太普遍，但有着比较理想的前景。对创业者来说，这一领域的技术是其创作过程的先进工具。随着技术的不断发展，像这样的艺术作品会如同雨后春笋一样一夜之间暴增。

（二）新媒体艺术背景下展示设计的新特征

随着新媒体技术的不断发展，展示行业也有新的发展机会，传统评判方式也不可取代，而是从人们的需求出发，成为展示设计的根本。

展示主题的田园性，现代新型展示馆可以掌握新媒体技术的基本原理和方法，并掌握自己的内容，展示空间，舞蹈，设计中的光、形状、颜色、视频等，整体展示的构想统一。比如，日本爱知世博会的英国馆，以"自然"为设计主题，艺术家采用在自然中最为常见且有代表性的叶子作为贯穿整个展示空间的主题元素，起到了视觉联系作用，增强了展示中的视觉线索。可见，可以用展品的特殊性、公司符号、外形特点等相关的内容作为设计元素，将这些主题元素融汇在整个展示空间中去，营造出一个内容主题明显、统一整体的印象。

空间艺术展示品和空间展示的对话，在空间和人之间的相互作用，最重要的就是空间气氛的强调，与观众产生共鸣，使空间在观众里达成共识。虚拟现实的展示可以吸引观众的不仅是技术性的手段，而是根据时间和空间的环境表现来切换，通过人类的生物感觉进行全方位的感官体验。

随着展示方式的变化，进入网络时代，观众的欣赏方式也在变化。在忙碌的日常生活中，如果有空闲的时间，去艺术展参观，到新的艺术博物馆参观……这种活动真正实现了和文物的"零距离"的接触。互联网的展示为文化财产安全提供了更好的保障，通过触摸屏控制，自由调整或观察的角度，对展示内容直观了解，从而使展品的文化艺术魅力被深深地感受到。

设计对一般人来说，就是审美观点之一的破坏结构和新组合的艺术。但是，不同的设计组合出不同的作品。这个方法也主导了人们与众不同的作品设计风格。字画的时代前，人们最主要的设计成果是对现实世界的设计实践，但从"迪拜"时代开始，这种情况会发生变化，计算机图形的形象和网络技术的发展实现了新的环境和语言，改变了原先的传统设计方式，这使艺术的非物质化达到质的飞跃，促进了新媒体艺术设计的诞生。

在现代展示设计中，新的媒体艺术越来越广泛，但在传统展示设计中，平版的静示逐渐打破传统的展示，主要采用光的影子、动画效果来表现。新媒体的技术将最大限度地发挥出这种方式的优点，通过文字、声音、图形等信息媒体的平台进行处理，然后打出人机交互信息。这种技术方法也是设计师致力寻找的。

除文字、声音等因素外，今天的新媒体技术手段更加多样化，在展示空间里，收集和虚拟场景的模拟，版面、照明等整体关系协调一致做到整体关系的全方位表达，让欣赏者更好地接受。比如，在德国汉诺威举办的世博会中的健康未来馆，其在展示空间中处处营造了水波视觉效果并且伴随水波声效，让欣赏者可以自由放松地沉浸在水的滋润中，从而引发人们对自身心理和生理的感受，表达重视自身身体健康状况的重要性。而为了打造出这样逼真的视觉环境，主办方采用了168台投影设备，通过其协调布置才完成，这种新媒体技术也成了营造空间的重要道具。

新媒体技术是现代展示设计的一种新手段，设计师借用新媒体技术对展品进行艺术表达，这种新的表达手段更加具有互动性，比如新开发的视频软件、网页新媒体软件。另外，新媒体技术的快速发展还能让欣赏者在网上也能观看展览展示，也可以参与展示内容的互动和项目体验，并且还能够获得远程回应的效果，这种效果比可视电话更方便、快捷，更能体验新媒体技术的互动性能。

二、服装品牌在新媒体平台中的展示设计

20 世纪 80 年代，数字媒体开始在人们的生活中渐渐萌芽。很多人对数码媒体的认识，只是知道但不理解它的特性。通过科学技术的快速发展，数码媒体自身的双向传播性，实现艺术思维双向互动桥梁的作用，因此被广泛地运用到生活中的不同领域，其中包括艺术领域之中。在产生活动的作用中，因为其基于计算机平台，现在的计算机使用人数庞大，更多人的参与会让其产生无法估计的结果，这是数字媒体其方便传输特点的一个必然结果，从这种无法预料的结果之中可以激活更多的多样性和差异性结果。无法预料的结果，可以更好地激发观众的好奇心，直接吸引大众的直接参与，这是比传统展示更具吸引力的方面。而静态的服装需要用动态效果加以表现，动静结合，运用数字媒体艺术和技术手段所表达的服装效果更加富有生机。

数码媒体艺术在现阶段最常见的媒体平台中的是时尚品牌展示和服装品牌的传播。品牌展馆是电脑技术和网络技术的设计师。数码媒体把新时代的科学技术与现代媒体结合起来，这是科学技术发展的必然产物，也是服装品牌展示设计不断向前发展的重要特性，如互动性、虚拟性、综合性、商业性和娱乐性等。

（一）互动性

数字媒体艺术的主要表现是"人的参与"，有数码媒体艺术的独特特征。进入 21 世纪，数码媒体艺术让人们能够深层次地理解艺术。毫不夸张地说，几乎所有的艺术形式都可以用数码媒体艺术的方式来表现。回顾展示设计的发展史，以简单的文字、绘画、音乐、舞蹈等形式，以数字媒体的综合形式，现在的服装展示形式面向电影电视、网络媒体等多种交互艺术，更在语音、图像、媒体、境地、交互等很多方面发生了前所未有的变革。

21 世纪，"人的参与"是展示设计中数码媒体艺术沟通的另一个标志。网络的快速发展使时空概念发生变化，打破了传统艺术方式的固定和空间的固定弊端，让人们感觉到了艺术的独特魅力。参加者的再创造，实际是艺术品的一种从概念到成品加工的转化，艺术作品的观赏者同时也是艺术作品的原创者，这样，两种身份的界限也就更加模糊了。这种通过网络平台上的数字技术让普通大众在日常生活的方式中，从一个接受者慢慢变成一个事件的参与者，数字

媒体技术可以通过这种交互手段，依靠视觉、听觉和触觉调动参与者的感官感受，形成一定的心理基础。这种平台的特点和传播过程，对我们的服装品牌设计师在设计展示方式和途径的过程中有着非常重要的借鉴作用。

总而言之，互动性是数字媒体展示方式在网络新媒体平台中的主要特征之一，其打破了多年来传统展示模式的许多规定，较好地体现其以人为本的内涵。

（二）虚拟性

虚拟性是数字媒体艺术在服装品牌展示设计中的又一特性表现。

现在的服装品牌展示设计中数字媒体艺术的虚拟性是指服装或者服装品牌可以以虚拟的方式展出，而不再要求必须具备一个具体的现实空间或必须使用实体的作品形态，与传统的服装陈列展示方式相比发生了很大改变。数字媒体艺术的出现使传统服装品牌的陈列与展出受限于空间是否充足、时间是否宽裕、天气是否适宜等因素的弊端迎刃而解。更重要的是，诸多可能在较为珍贵的服装可以通过数字媒体艺术出现在公众视野，让更多人熟知、欣赏。例如，虚拟现实设备已经开始运用在展示的各个方面，参观者可以通过佩戴虚拟现实设备融入通过数字技术打造的三维立体场景中，通过这种手段可以让展示变成了一种亲身经历，从而深化展示中的品牌信息在消费者脑中所传递的内容。此外，数字媒体艺术的虚拟性还可以应用于服装品牌展示的设计上，运用其真实的虚拟效果，设计师可以对展示效果进行虚拟布局，对每一次观看体验进行分析，从而增加了服装展示设计中因为设计效果和实际展示效果不同产生的失误，因为这个过程可以反复操作，增加了展示设计中的各种可能性和降低了成本。

数字媒体艺术的虚拟性关键就在于可以使设计者和使用者打破时空限制，依照用户或个人的喜好营造出一个虚拟世界，在设计和改造上更加随性，这正是数字技术在新媒体平台中服装品牌展示运用的一大优势。

（三）综合性

数字媒体艺术在服装品牌展示过程中的综合性表现在形式多样化和感官多重性两个方面。

组成数字媒体艺术的元素多种多样，如图像、声音、文字。图像还分为动态图像和静态图像。数字媒体艺术就是将这些元素数字化处理后综合运用的一门艺术，展示设计师们为了达到品牌信息传递过程中的完整和对信息的强化，往往不会只用单一的艺术形式。因此数字媒体艺术在形式表现上并不单一，是一门综合艺术。这些艺术的表现形式所传递出来的内容，更多通过视听觉来接收，但是在内容的展示和技术的运用上，越来越多涉及触觉和嗅觉方面，因此数字媒体技术在服装品牌展示从制作到发布的全过程中都呈现出了其综合性的特点。数字媒体艺术的这种综合性特征打破了以往服装品牌展示过程中单调的形式和感官体验，让服装品牌展示过程更加丰富、更加多元。

（四）娱乐性和商业性

娱乐性和商业性是在有人参与的前提下产生的，数字媒体艺术的主要目的就是增加人的参与感。

现在的传统艺术的展示方式都在向着广告、电影等数字媒体艺术表现形式靠拢，这种少数人专享的高雅形式慢慢地贴近人们的生活，成为普通民众都可以参与的、与日常生活相关的生活方式。随着现在数字媒体技术被关注的力度越来越大，其逐渐引起了广告商和媒体制作商的关注。比如现在电视平台和网络平台上经常还会出现以经典小品、相声为蓝本，通过 Flash 技术制作的动画，这一系列的动画受到了普遍的好评，也让制作公司得到了利益。随着技术的发展，又有了新的形式和手段不断更新，视频技术成为一个趋势，人们在拍摄和制作视频方面的门槛越来越低，越多的人参与其中必然引起商业活动。大多数人认为，这种方式是表现艺术形式的通俗化的显露，然而越来越多的消费者十分中意这样的方式。这充分表明了现代化、信息化媒体艺术已满足人民在文化上的精神需求。之所以现在的多种多样的幽默艺术能吸引如此多的人来购买，是因为除了在品牌的宣传上下功夫，还在展示方式上更加大众化和世俗性。尤其在传统服装和与现代服装在品牌上的展示运用上，这种现代化的数字媒体技术所表现出的时代特征和艺术特征十分显眼，不再是过去偏向传统文化内涵的优雅高尚的展示，而是更加追求时效性、风趣性和大众化。同时，更多相关类型产品的出现，也映射出现代数字媒体技术大众参与程度高的特点。

第三节　绿色环保理念下的服装展示设计

一、"绿色"理念概述

当今社会，全世界正朝着为改善生态环境和生活环境的道路前进，全面奉行着绿色理念。人们在生产生活中保持着"可持续、健康、和平以及绿色"的最根本的准则就是我们所说的绿色理念。然而这样的目标不是一蹴而就的，需要人们经过努力运用恰当的方法来实现。现在的世界是经济和生态并行发展的世界，最重要的是走经济社会可持续发展和绿色合作共赢的道路。要想深刻理解和认识所谓的绿色理念，需要去认真揣摩新型的生活生产方式、自然哲学以及真正的科学发展观。

可持续发展的绿色模式衍射到了很多生产行业，如服装行业。不管是在选用原材料，对材料进行加工制造，还是在对服装进行设计创新的过程中，生产者都力求紧跟时代的变革，顺应科学的发展模式。主要体现在以下三个方面：在服装的质量上，设计师更加注重实用性、环保性和可再生性，选用健康的面料，尽可能地用低成本带来高效益；在时尚因素上，设计师更加注重节俭自然意识，强调返璞归真，以此来增加服装的穿着寿命，而非盲目追求当下的时尚元素，达到了可循环和低成本的目的；在设计理念上，设计师则时刻奉行着绿色环保的理念，将绿色这一理念融入服装设计的各个元素中，使它们形成一种崭新的设计理念。自然界的最基本的规律、原生态自然和人为制造的自然以及人和自然的关系是自然哲学所包含的内容，这是人类经过反复思考和推理所归纳出来的道理。

可持续发展的理念也无非是人们对生态环境所进行的新一轮思考。人们之所以会无止境地破坏开采自然资源，盲目地追求经济和生活水平的提高，其实是受工业革命后一种新思潮的影响。人们不再以自然为中心听从天命，而是以自己为中心开始了征服自然的征途，由此造成了严重的环境污染、能源破坏。进而人们开始深刻反思这个问题，由此而生了关于大自然的哲学论坛，也由此认识到了人与社会、自然与社会和自然与人的友好和谐相处。其实，这样的哲学观点在我国古代就产生了，在百家争鸣的时代，儒家、道家、佛家等很多学派就已提出了与自然和谐相处的观点，具有代表性的要数"天人合一"，还有"宇宙生化""天地同根，万物一体，法界同融"等观点。他们的这些观点延续了数千年，说明我国从古代就有了强烈的自然保护意识。其运用到现代生态发展理念中无疑是一种很好的示范思想，在全球生态危机下更是一种精神上和理论指导上的强有力支撑。

绿色理念是人们不加节制地开采、消耗、浪费以及无规矩地排放所带来的生态问题的严重恶化，使人们不得不去改变原有的思想，从而在探索新型的节约能源和无污染过程中所萌发的新思想。它是构建资源节约型、环境友好型社会和社会发展的连接点，目的是保护被污染的环境、节约资源和促进经济的发展。在生产方面，绿色生产理念促使企业承担其对环境、资源和社会可持续健康发展的责任，通过清洁的生产方式去规避能源上的消耗和污染，使社会效益同环境保护相结合。在消费方面，绿色理念则为消费者创建的一种全新的消费理念，使其摒弃传统的消费思想，不以奢侈、追求时尚效应为目标，而是更加注重消费的实用性和绿色健康性，是一种增加消费的利用价值和可循环性，增加物品的使用寿命和使用价值，创造与社会发展相对应的可持续的、可循环的健康、科学、绿色的消费方式。

二、"绿色"理念的表达

（一）体现现代人文的意识

在那个新思想萌发的时代里，人们有一种前所未有的新奇和兴奋，以至于不计后果地对自然进行开采和破坏。而来自自然的惩罚使人们逐渐清醒，认识到不应与自然为敌，而应与之为友和谐相处。过渡到近代的消费理念上来，人们逐步脱离了大工业、大批量的制造产品，更加追求回归自然的、具有创造性的人文风味的产品，开始追求生活的原汁原味和自然文化的本质，而绿色的产品恰好适应了新型消费的需求。

新时期的服装行业在这样的绿色理念下也被赋予了新的色彩。比如，在服装的文化内涵上，赋予了与自然和谐相处、道德关怀和复古传承以及环境友好等文化特征。而在服装的实用性上也更加强调可循环性、环保性以及穿着持久性的特点，尽可能地为购买者提供物有所值、绿色环保、新型流行的服装产品。同时，节省了服装资源，避免了成本浪费和废弃物的增多。

（二）表现生态美学的特征

人们在服装设计中越来越追求一种与自然环境和谐相处的发展道路，逐步使服装的作用和表现形式、制造与环境状况以及社会和自然等各方面的关系达到一种趋于稳定与良好态势发展的状态。这其实是一种保持经济社会和自然和谐相处的审美行为，反映为服装的设计和制造越来越追求朴素和天然，服装的内涵和表现越来越率真，通过生态美学的深入将绿色可持续的原理表现得淋漓尽致。在衣服的色彩渲染上，直接采用原有的面料色彩或者选用纯天然无危害的颜料；在衣服的材料上使用可循环或者自然的环保材料。同时，将旧衣服回收再利用，这样的设计方式极大地激发了购买者的兴趣，使消费者不再是一件衣服的永恒持有者，而是一个有时效性的持有者。一方面达到了绿色与经济效益的融合，另一方面增添了浓厚的人文色彩和自然理念。

（三）具有时尚与商业的意义

在过去的消费思想下，服装对人们来说更多的是身份和地位代表，象征着经济能力和社会地位。因此，人们并不在意服装的成本或者使用期限，所以造成了过度浪费和奢侈风气地盛行。在 21 世纪市场经济的浪潮下，这种奢侈和等级消费显然已经不符合潮流，更加顺应潮流的是由人民大众引导的绿色消费。与此同时，高新技术的发展促进了绿色消费的引进和转型，以此为基础造就了新的服装流行趋势和时尚看点。这种理性化的回归不仅规避了原有消费的弊端，而且在绿色消费的同时，有力地维护了生态环境，减少了二氧化碳的排放量，顺应了全球应对全球变暖的趋势。让消费者树立起一种正确的环保型消费理念，不仅引领着环境友好、生态健康的服装潮流和生活方式，更是给了人们一种健康的生活体验。这种 21 世纪独有的可持续发展的风气，不仅是国民素养普遍提升的表现，更是人民生活水平提高的见证。绿色消费文化正在悄然兴起。

三、"绿色"引导的服用面料发展与创新

在人人都倡导绿色环保低碳的社会里，服装产业也得进行一场绿色的材料变革。因为对一件衣服来讲，它的质量和环保程度取决于它的制作原料，也就是服装的面料。而新的科学技术可以极大地帮助服装产业向绿色环保转型，通过科技创造健康、创造舒适，为人们的生活带来更大的便利和安全。这也是未来服装行业的趋势。

（一）"绿色"对人穿着使用的意义

人们对服装的需求随着各种标新立异的思想新潮也在发生着更多新型的转变，而高科技的发展又恰恰可以适应这种变化。于是，各种传统的纺织面料不断被仿制，各种化学合成材料越来越受到人们的追捧。可是，人们的这种疯狂的热爱和追求带来的是服装在制造过程中产生了大量的工业废渣，不仅影响了环境健康，还带来了极大的浪费。而一些服装上由于需要过度地装饰和填充，所使用的化学物质更是严重影响着人们的皮肤健康和身体健康。

随着人们生活水平的提高，人们对生活质量的要求也随之提高，对服装的安全意识也在加强，于是人们更多地将目光放在了绿色产品的理念上。服装的健康问题不仅是在原材料上要有所要求，还在生产过程中严加防范，因为也有可能存在原材料向成品或半成品转化的过程中受到某种污染或者来自某方面的辐射等问题，这都会造成服装的不健康。所以，要想让消费者穿上真正绿色健康的服饰，必须一步步来加强规范检查，在每一个流程上都不能松懈。

为响应 21 世纪绿色新潮的号召，服装产业引入了绿色环保和生态的观念，积极号召人们穿着保护环境的生态服装，并且加长衣服穿着的时间，让消费者体会新型的、生态的、健康的穿衣方式，进而辅助社会的可持续发展。

（二）"绿色"环保面料的推出

绿色环保材料不会对环境产生污染，并且可以重复利用，因此受到了市场与各界人士的追捧。其友好的亲自然性使广大民众可以践行可持续发展的目标，建设美好的生态家园。这类材料在生产制造过程中应用了高技术，使材料开始制作就尽量降低有害物质的比重，对大自然及人类的生活健康都具有较小

的影响。

大众普遍对亲自然绿色环保材料的期待目标是：要贴近融入人类生活，方便人类使用；要使生态环境因绿色环保材料的使用而变得更加清洁美丽；能够不破坏大自然的固有循环系统，这种不破坏要在制造、使用、废弃、再生整个利用过程中得到保证；在满足这些目标的同时，亲自然绿色环保材料也必须大大减少能源消耗，并且与传统材料相比，有更加全面、先进、便利的功能。总之，市场上琳琅满目的亲自然绿色环保材料都是集环境协调性、经济性、舒适性、先进性以及便利性于一体的。绿色环保面料可大致分为天然纤维、再生天然面料、仿生面料、环境友好高分子面料和智能面料等。天然纤维包括彩棉、有机棉、美利奴羊毛、亚麻以及大麻等；可再生天然面料包括莫代尔、天丝、甲壳素、香蕉纤维、菠萝叶纤维、再生羊毛、竹炭纤维等；仿生面料则包括仿生荷叶面料、蜘蛛丝等；环境友好高分子面料，有再生涤纶、再生尼龙等；智能面料有石墨烯面料、纳米面料等。如果按面料的配方设计划分，则包括性价比优良、耐久性、清洁生产性、低耗能、可回收再利用和可环境保护性等环保面料。

经过多年的探索研究及行业内部自身发展，使高效、环保纺织印染助剂开发应用技术、紫外线技术以及纳米技术、环保染色关键技术、纺织空调节能智能化控制系统、节水、节能技术在服装面料绿色生产过程中发挥着越来越重要的作用。在众多技术中最值得介绍的是纳米技术及紫外线技术。环保、节能、高效的紫外线照射技术不仅不以水为媒介，也没有废水处理和烘干的过程。利用该技术使面料具有了抗静电、抗菌、吸湿和除臭等多种功效，成为21世纪以来发展程度最新、发展最快、最受欢迎的高科技技术，并同纳米技术一起广泛应用到绿色面料生产之中。

（三）新型"绿色"服用面料的研究及应用现状

任何事物的发展都需要一个过程，而新型"绿色"服用面料也不例外。想要使其迅速投入市场、运用到生产领域当中，必须对新型材料不断进行改良和创新，直到其性能可以满足大众需求为止。而在研发过程中，新型材料也在新型材料广泛使用的期待以及不断改良的新兴技术中不断增加其自身的价值。

1. 环境友好高分子面料——再生聚酯面料

想要利用好环境友好高分子材料，就必须对其进行必要的了解。再生聚酯面料，又名再生PET（recycle PET）面料、再生涤纶，这是一个可广泛应用于多种品类服装环保生产过程中的、研发起步较早的再生环保材料，以PET瓶（塑料瓶）为主要生产原料。调查表明，纤维在我国再生PET制品中占比高达89%。当然，其他材料也占到一定比重，分别是占比2%的拉链、塑钢带、单丝以及片材。再生聚酯面料在透气和吸湿方面相较于其他环保材料而言，具有很大的优势。而再生聚酯面料起步较早，发展得较成熟，在各种材料中脱颖而出。

除了单纯使用再生涤纶，混纺再生天然纤维也将是再生涤纶利用的一个新的方向，如以废弃 PET 瓶和咖啡渣为原料生产的再生咖啡纱受到生产厂商的追捧。该材料一经问世便受到众多品牌的欢迎。混纺纱线因同时具有天然纤维、涤纶纤维的优点而使其具有折射紫外线、除异味和速干的新功能。

2. 仿生材料——蛛丝仿生面料

20 世纪以来，人们对于仿生面料的研究逐步展开。其具有高强度、可降解、质轻而又绿色环保的无可比拟的优越性。在此背景下，日本公司 Spiber 开发生产了蜘蛛丝仿生面料，该面料一经问世便引起轰动，并迅速被一些户外服装品牌采用，并将人造蛋白材料引入到高科技前卫服装的生产过程中。而此后琳琅满目的新型仿生材料都是在此背景下所开展的。这一使用为蛋白材料开拓了更宽的领域，再加上大量的研究生产以及改良，必将使其具有广阔的应用前景。

3. 高科技环保面智能面料

进入 21 世纪，科学技术迅速发展，将航天技术、计算机技术、生物工程技术、数字化技术等新型科学研究成果运用到环保材料的生产研究中，以满足不断提升的环保要求以及大众多样具体的需要，是 21 世纪面料发展的关键课题。

在此背景下，各国都加强了对高科技环保面料的研究和投入，新型面料层出不穷。目前，"活性生物皮"（又名 Biologic 面料）面料问世。这是在麻省理工学院与皇家艺术学院合作下，双方共同研究主导完成的。这种面料由日本纳豆益菌制成，可以随着温度和湿度的变化而变化，过湿过潮都会致使其脱落。双方合作，利用最新科学技术，推出了"第二皮肤"的激光切割功能装，并成功使用了 Biologic 面料。近年来，石墨烯材料的作用也进一步被发掘并引入智能化服装生产中。石墨烯因其具有抗菌、导电、防辐射及紫外线的特性而极大程度地提高了人们的生活品质，并可能大规模地使用到防护领域当中。

4. 对未来"绿色"面料发展的展望

21 世纪以来，绿色面料开发由起步进入迅速发展阶段，重视绿色发展已经成为时代发展潮流，服装行业不例外，我国也不例外。于是，我国提出了促进经济转型升级发展，提质增效的目标。要想提质增效，就必须在发展经济的同时重视生态环境的保护，就必须实现各行各业的环保可持续发展，因而服装生产行业也需要加紧对绿色经营开发的投入和重视。

（1）科学技术是第一生产力。要想实现产业生态化，就必须进行科学技术创新。实现服装行业内资源循环利用，降低生产成本，减少污染排放，提高能源利用效率的根本也在于技术创新发展。想要推动绿色面料的研究和发展，大规模引用纳米、生物材料、可降解以及石墨烯等环保材料到服装行业中，就必须顺应绿色经济的号召和发展趋势，注重科学技术的研究，使下游服装生产企业也能加入面料创新开发这一领域中，推动绿色面料生产多元化、现代化、适应市场化。

（2）促进企业绿色升级转型，力求生产信息透明化，增强企业道德与责任感。随着时代的发展，劳动密集型的产业结构正转向知识密集型产业结构，科学技术将成为支撑纺织服装业发展的中坚力量。同时，在绿色理念的影响下，道德、节约和社会责任等生产理念正被服装行业所接受，整个业界正向可持续方向发展，一些供应商正渐渐承担起社会责任。

（3）实施更加严格的检测标准。推动公布污染排放水平常态化，加强对不法企业的惩罚力度，为绿色企业的生存发展营造良好的发展环境。而企业供应商也应该严格要求自己，遵守日益严格的行业标准，推动生产过程透明化，自觉接受来自国家以及互联网技术的监管和监督。而这些措施的实施都离不开互联网技术的发展以及国家对新型发展体制的构建和逐步完善。

四、现代服饰中的"绿色"设计特点及方法

运用科学的设计方法将环保面料大量投入到服装生产和设计之中，是推动绿色理念的传播，展示绿色设计优势的重要手段之一。这就要求服装设计师将环保面料与时尚性相结合，推动时尚行业朝绿色化方向发展，从而引导绿色面料产品生产的作用发挥到极致。

（一）现代服饰的"绿色"设计特点

本着舒适、自然、简约的设计理念，绿色服装设计，又称为生态设计 ED（ecological design），既要注重产品的亲肤性、卫生性、无害性，又要考虑到原料可否循环利用，并最终实现保护环境的终极目标。也就是说，设计师设计时既要保留传统服装生产产业对于产品的使用寿命、质量、功能的要求，又要提高产品的环保要求。而要想提高服装生产的环保性，就必须在回收废弃面料再利用、延长服装的使用寿命以及选择环保材料方面下足功夫。

1. 耐久设计特点

设计师们发挥自身聪明才智，增加服装的耐磨性以延长其寿命，降低生活

垃圾的排放率，并以功能性设计、拆卸以及复古等手段来响应服装行业绿色发展的号召。例如，设计师们利用消费者传承传统服装、怀念传统的理念推动复古风格打开市场，使人们重视并乐于消费复古服装，这就促进了废旧服装的再利用。消费者对于复古服装的认识和欣赏，推动了服装行业朝绿色化方向发展，不仅意味着增加了服装循环的周期，而且使消费者在潜移默化之中接受了将绿色环保发展引入服装行业发展中的观点。消费者消费趋势的转变又会引起服装企业的绿色、循环、长久发展。

2. 简约设计特点

所谓简约，即删繁就简，注重产品的实用性，提高产品的环保性，通过简化装饰的方法降低生产成本和投入，以体现对于自然资源的重视和产品的绿色性、环保性。简约不只是指简单地让其外表单一化，相反，对细节的重视也是简约的一个非常重要的方面。例如，受大众欢迎的"未完成"风格就是注重细节的体现。对于加工细节的简化，实际上是对设计的细化。这就要求设计师必须高效精准地利用各种环保材料传递给消费者想要传达的理念，使设计的产品简约大方，引领消费者简约消费，从而使服装"简"而不"陋"，朴而不失华丽。该设计理念认为重要的不是华丽不实让人摸不着头脑的设计外表，重要的是产品的功能与环保性。

3. 自然主义设计特点

环保面料种类众多，注重原料改革固然重要，但是回归自然、回归传统、使自然与人类零距离又是一种手段。自然主义的设计理念便是如此，无论是对原始图腾的崇拜还是对传统民间刺绣的追崇，到纯真无华的表现手法，再到对天然棉麻色泽的突出，都使服装更加贴近自然、贴近人体，体现了自然主义的设计风格。自然主义设计要求保持原材料原有的色泽和触感，使产品突出自然质感以及自然痕迹；应对健康、无害的目标，使用天然无公害染料进行制造，而不是使用传统的对身体有害的化学试剂进行制造；通过对传统制作工艺的追忆和对传统制作纹路的引用体现环保服装的朴实无华，引导大众唤醒人们亲近自然、回归自然的意识，从而引导民众绿色消费。

4. 无害设计特点

绿色服装大都具有无害、健康以及环保的特点。重视环保面料的运用对实现服装无害化具有至关重要的作用，设计师们也大都选用环保材料来实现服装生产的无害化。其中，再生涤纶吸引了设计师的目光。该面料不仅环保无害，且有利于人体健康，舒适度很高，受到广大消费者的欢迎。同时，琳琅满目的新型环保材料的出现和使用逐渐满足了人们日益增长的绿色消费需求。

能够被重复回收利用，对环境破坏较少并且有利于人体健康，长期穿着可以达到养生功效的衣物是采用了无害性设计手段的衣物，这样的设计方式使得服装生产既有利于人类又有利于自然，践行环境友好的宗旨，受到了广大消费者的推崇。

（二）现代服饰中的"绿色"设计方法

在大众需求日益趋向多元化的今天，创新灵活运用二次设计、可拆卸设计、组合搭配等时装设计方法，设计师可以在不降低衣物的时装设计感的情况下，将环保面料引入时装设计领域，使服装既不失时尚又具有环保的功效，并使其符合大众审美需求。

1. 可拆卸设计方法

可拆卸设计正逐步凭借其使用领域广泛、受众广泛、服装功能多样化的优势获得大众的青睐，是整个行业乃至整个社会接受绿色发展观念的结果。可拆卸设计方法的运用，使因受限于环保材料而略显单一的环保服装的风格趋向多样化，拓宽了环保服装设计的领域和适用范围，丰富了服装的内涵，可以使穿着者更加灵活地调整服装风格，使服装符合个人气质。婚纱大多数情况下只能用一次，并且只能够在婚礼时运用，所以购买则浪费，租赁则显得不太合适，这时如果有可拆卸的婚纱出现必定能够大受欢迎，稍加组合，新娘便可将婚纱当作时装来穿，避免了浪费，也不失时尚。可拆卸设计既可将环保与时尚完美结合，又拓展了产品使用的功能，既可以提高能源利用率，实现保护环境、绿色可持续发展的目标，又可以满足大众日益多样化的需求，还使服装能够完美地亲和自然与人体，实现现代服装对环保、时尚的双突破。在可拆卸设计的启发下，"预留"设计逐渐受到人们追捧，许多设计师为了让衣服穿的时间可以更长一点，他们在衣服的一些地方添加纽扣、拉链等元素，这样，当衣服的某一部分过时或者磨损了，就可以通过添加拉链和纽扣来把它们卸下来。有的裙子就添加了这样的"预留设计"，在裙子的不同地方添加拉链就可以随意改变裙子的长短，根据整套衣服来变换风格，如果裙底有的地方坏了还可以把该部分拆下来，这样就可以对同一条裙子充分利用。这种预留设计是环保的新方法，整个设计中充分考虑了在使用过程中可能会遇到的过时、磨损等问题，实现了真正的绿色设计。

2. 二次再造设计方法

现今，随着经济的不断发展，人们的生活水平逐渐提高，在服装界产生了"快时尚""衣服穿完就丢掉"等消费观念，这样的消费观念导致了许多衣服只穿了一次两次没有任何破损就被丢弃的现象，这无疑是一种浪费。如今，服装界掀起了二次改造的浪潮，是指将一些完好的、没有破损的，但是已被丢弃的衣物经过设计师的改造重新回到市场中去，使其焕然一新并重新流行起来，这种二次改造体现的是一种绿色的消费观，顺应了节能环保的时代潮流。在二次改造时，设计师不仅要注重衣服是否时尚、是否符合时代潮流，还要注意衣服是否健康、是否危害身体、是否环保。这些废旧的衣服经过设计师的重组、重新染色、解构、添加其他图案和装饰等方法后变得焕然一新，呈现出不同以往的肌理效果和空间造型，并且充分体现了设计者的设计意图，也能使废旧衣物被充分利用。

许多剩下的零碎布料也是服装设计的原材料，可以通过编织的方式重新变成服装设计的原材料，这种编织再造的方式使许多废弃的材料变成一种新的面料。维果罗夫（Viktor & Rolf）就利用这种方式来定制服装，用这种方法制造出新的服装布料，再加上一层层的薄纱，最后整体上予以军旅夹克和破洞牛仔裤的搭配，形成一种随意的独特风格。这种方法也可以用于改造低级工业废料，将它们和现在存在的服装面料相结合，从而制造出一种新的服装面料应用于服装生产中，可以大大减少资源的浪费，实现绿色设计。

3. 多功能设计方法

当代社会，经济水平迅速发展，人们日益重视服饰，对服饰产生了较多的需求。除要美观时尚之外，还要凸显自己的个性，舒适健康。因此，设计师为了满足大众的服饰需求就利用了多功能设计方法。这种方法是指设计师通过使用新型的面料、改变服装细节等多种方式来设计服装。环保材料不仅可以使服装独特新颖，还比其他服装穿着更为舒适健康。改变服饰的细节主要是指增加一些独特的设计，使服饰不仅实用而且时尚个性。法国的鳄鱼（lacoste）就将腰带和自家运动风格的服饰结合，显得时尚且实用。

4. 组合搭配设计方法

利用多件衣服的不同组合方式营造出不同的搭配风格，使同样的几件衣服可以在不同的场合重复使用，这就是组合搭配设计。这种搭配设计是十分符合绿色设计观念的。多个场合重复使用，同一件衣服的实用性会增强，另外同一件衣服可以换出不同的风格，会增加衣服的趣味性，人们对一件衣服的厌倦时间也就会向后推延，进而一件衣服的使用时间就会增长，最后实现绿色环保，这是对于消费者而言的。对于设计者而言，如果人们的衣服使用期限增加，那么其更换衣服的频率就会降低，也就会节省衣服原料，这样也会促进绿色设计。另外，一些环保材料可以通过此种方法来增强服饰的实用性，某些薄纱型的面料以涤纶等作为原料，可以与咖啡纱等原料结合制成新面料，这样两种简单的面料虽然普通，但结合之后会有意想不到的效果。

第四节 "跨界合作"概念下的服装展示设计

一、当代服装设计领域的跨界现象的原因

当代服装设计领域跨界合作现象越来越多，也受到了大众的喜爱，下面就关于服装设计跨界现象形成的原因进行分析。

（一）顺应时代对设计创新的要求

社会的发展进步也促进着当代服饰设计的发展，这是从服装市场营销学理论分析出来的，那么根据这个理论可以得出了跨界现象和几个需求之间的联系。

1. 政治经济发展要求

要坚持走中国特色自主创新道路，以全球视野谋划和推动创新，提高原始创新、集成创新和引进消化吸收再创新能力，更加注重协同创新，其中科技创新是提高社会生产力和综合国力的战略支持，必须摆在国家发展全局的核心位置。而提高社会生产力和综合国力说到底就是要加强创新，要深入实施创新驱动发展战略，推动科技创新、产业创新、企业创新、市场创新、产品创新、业态创新、管理创新等，加快形成以创新为主要引领和支持的经济体系和发展模式。在国家经济正进入转型的新阶段，服装设计领域的跨界合作正好迎合了国家政治经济的创新需求，为创新发展提供了新的方向。

在我国的计划经济时代，人民生活水平低，温饱问题都很难解决，所以穿衣服大多要求实用耐穿，并且当时卖方在市场中处于主导地位，市场上有什么商品，消费者就只能买什么。但是，我国改革开放后，人民生活水平提高，生活不再只是为了温饱而是更加追求享受型的消费，这对服装产业有一定影响。这时，买方在市场中处于主导地位，商家要生产出相对应的商品，来满足消费者的要求，否则将会被市场淘汰。如今，我国服装产业竞争十分激烈，在市场上有着不同款式、不同档次、不同品种的服饰，但是人们的审美水平不断提高，人们开始要求更加有个性、更加吸引眼球的服饰。同时，仅仅做到"物美"是不够的，还要做到"价廉"。这给商家出了一个难题，所以跨界合作应运而生，跨界合作后，不同风格的服装品牌相互合作，生产出风格新颖的服饰来吸引眼球，提升人民的购买欲望，最后达到供求平衡。因此，跨界合作无疑是顺应时代发展要求的。

2. 社会文化的发展要求

随着经济水平的提高，政治、文化等多方面发展，流行文化就是时代发展的产物。所谓流行文化就是某一时期在固定的范围里流行的文化，在这一时期的人们共同追随的文化就是流行文化。跨界合作促进流行文化的产生，流行文化也推动了跨界合作的不断完善，在一定程度上跨界合作结合了流行文化、追星文化、艺术文化等多种文化。

3. 艺术发展的要求

当今艺术发展呈现出后现代主义的发展趋势。后现代主义和现代主义不同，后现代主义善于运用装饰，现代主义则反对那些无用的装饰；现代主义更加强调理性主义，而后现代主义则强调设计要体现感性，要宽容随性。后现代主义善于从历史中发现奥秘，并结合当代的艺术流行趋势，设计出感性的作品，它更加体现了一种融合的思想。这也是当代艺术发展的一种潮流，它和现代主义那种冷漠、理性不同，它更强调感性，更有可能使上流社会的艺术和民间艺术相结合，使大众主流文化和小众文化相结合，使各个领域相结合。正因为在 20 世纪 70 年代产生了这种思想，并且在整个艺术界广泛传播，跨界合作才真正有了发展的可能。后现代主义那种"复古"不像现代主义那种简单的拼接，而是一种感性地融合，借鉴的是历史的风格而不是历史的内容，并感性地加入现代的内容，使整个思想，既有古代的影子，也有现代的新风貌，这种创新的混合完全符合当代艺术的要求并得到广泛应用。

（二）提供品牌营销策略新思路

品牌的营销可以采取跨界的方式，营销的目的就是吸引受众的眼球，引起受众的追捧，最后赢得市场。而一个品牌的力量是有限的，可通过不同品牌之间的跨界合作，强强联合设计出新颖的服饰，这样可以吸引想要个性独特风格的受众，扩大两种品牌的影响力。此外，品牌间的合作能针对受众的需要制作服饰，有针对性的销售，使一种商品同时具有两种商品的价值。另外，品牌的跨界合作也可以提升自己，让对方的价值观念、品牌文化、品牌历史影响自己，借鉴对方，为企业注入生命活力，实现品牌营销策略的创新。跨界合作的营销方式可以使每一个消费者找到属于自己独特的风格和生活态度，符合时代的发展潮流。

（三）满足消费者个性化需求

1. 满足消费群体对于时尚的追求

青少年群体处于精力旺盛的时期，他们思想活跃，走在时尚前沿，并且不喜欢普通，强调自己的风格，因此跨界设计出来的、具有独特风格的新事物可以极大地满足他们富有个性、喜欢新事物的想法。青少年是祖国的未来，是整个社会最具有朝气的人，也是最关注稀奇事物的人。纵观各个领域，无论是服饰界还是科技领域，青年永远是新品的最先关注者。只有青年才会关注时尚潮流风向。在这个自媒体时代，青年总是能以最快的速度了解天下的所有新鲜事。跨界合作也是服饰界最新鲜的事物，自然会得到青年的关注。但是青年的经济承受能力毕竟有限，他们的关注点大部分都集中于时尚且平价的服饰上。平价品牌和高端服饰品牌的跨界合作可以使青年关注到高端品牌，塑造个人的独立风格。所以，青少年是最支持服饰跨界合作的，希望跨界合作可以给他们带来审美上的新鲜感以及在社交生活中与众不同的视觉感受。

2. 满足消费群体的文化需求

马斯洛的需求层次理论是当人们的物质生活水平得到一定程度的满足时，他们就开始追求精神层次的需求了。进入 21 世纪以来，随着经济的快速发展、信息时代的到来以及世界文化信息的融合，人们开始追求高质量的生活，来满足精神文化需求，同时对文化消费的需求也在不断增长。

当代艺术需要大众化和商业化，商品也需要融入文化。消费者对文化消费的需求肯定了商品本身所传达的文化信息。跨界合作设计的产品包含多种文化，为商品注入艺术思想和灵魂，使其具有独特的艺术魅力。设计师品牌与大众品牌的跨界合作借助品牌背后的力量，使产品具有不同定位品牌的风范和气质。科技与服装的跨界合作将现代智能技术融入商品，使其功能更加人性化、方便化。这些文化提高了产品档次，增强了市场竞争力，提升了整体产业水平，逐步改变了公众的生活方式。重视文化需求的消费者可以从这些设计中选择更多符合自身需求或气质的文化产品，跨界设计产品为这类消费者带来了广阔的选择空间。

3. 满足消费群体对科技智能的需求

当今，科学技术的发展水平与人们的生活质量息息相关。科学技术使生活智能化、现代化，传统技术的许多弊端可以通过现代科学来实现。科学技术与服装设计的融合实际上是一种功能性和技术性的创新。科学技术给服装设计带来了前所未有的颠覆，而传统服装因融入了科学技术而更具活力。消费者对科技的需求不断发展，智能手机已经完全覆盖了人们的生活，成为不可替代的一部分。人们用智能手机购物、交流、学习、锻炼和创造，这给日常生活注入了时尚。随着智能科学技术的发展，可穿戴设备逐渐从概念变为现实，使人们不再需要再手持设备，而是直接成为服装的一部分，发挥智能设备的所有功能。它不仅能满足人们关注信息、检查身体状况的需要，而且使他们平淡的生活因其独特的创意而变得趣味盎然。科技不但能使服装有更多的可能性，而且能使服装的推广变得无限精彩。4D 全息投影技术改变了服装展示的全过程，呈现出令人惊叹的视觉盛宴，投影图案的变化将服装设计推向了一个新的高度，完善了传统技术无法达到的现代感观变化，推动了观众的热情互动。与传统的时装秀相比，这种每时每刻都在变化的主题空间更受消费者欢迎。T台上的投影时刻与每个人互动，所有的观众都参与其中，就像他们正在参加一个时尚盛会。可以说，科学技术正在逐渐改变人们的生活方式，消费者离不开科学技术带来的便利和智能，对科学技术的需求也会越来越高。因此，随着科学技术发展，服装设计必须不断发展，将来每个人都可以成为设计师，所有的创造力都可以通过科学技术转化为现实，许多想法都可以实现。科学技术最大限度地实现全民创意生活。

二、"跨界"理念在当代服装设计领域的发展现状

当代服装设计的跨界现象包括服装品牌与艺术家的跨界合作、大众品牌与不同定位品牌设计师的跨界合作、服装设计与科技领域跨界合作等。跨界合作产品在社会上引起了巨大反响，取得了巨大的商业成功，跨界合作设计已成为当今时尚潮流的代名词。

（一）服装品牌与艺术家的跨界合作

服装品牌由于其商品的快速更新和紧跟时尚潮流的特点，要求其产品不断创新。因此，服装品牌选择和艺术家跨界合作，实现了其设计的创新，既满足了服装品牌更新的需要，又为品牌本身注入了艺术文化，使其产品更具文化内涵。

目前，流行品牌与艺术家的跨界合作设计主要体现在服装图案的设计上，艺术家为品牌创造具有自己艺术风格的主题图案，并印在服装上，使服装富有艺术气息。这样，服装的文化深度得到了延伸，消费者在穿着服装时，也会感受到文化气息带来的自信。

（二）大众品牌不同定位品牌设计师的跨界合作

品牌之间的定位不同，使品牌风格不同，目标客户群不同，品牌运作方式不同，销售渠道不同。品牌的不同定位决定了品牌服务的领域范围。目前，市场上不同定位的时装品牌之间的跨界合作越来越普遍，大众品牌与设计师品牌之间的合作也越来越多。设计师品牌独特的设计才华和对高品质服装设计的追求使品牌定位于高层次领域。虽然设计师品牌对大众很有吸引力，但由于缺乏消费能力，很难拥有它。大众品牌的服务对象是一些愿意追求时尚、对时尚有自己独特见解的普通受众。大众品牌以其更新速度快、价格低、时尚度高的特点而广受欢迎。

通常，大众品牌会邀请设计师、品牌设计师设计一系列风格的服装，这些服装限量销售。设计师品牌与大众品牌的合作逐渐成为设计师推广自身服装理念的契机，让不熟悉设计师品牌的人了解自己的品牌，发掘潜在客户。大众品牌也因与众多知名设计师合作而受到越来越多消费者的欢迎，消费者可以享受到高端的平价，在多方面达到共赢。产品上市后，势不可挡，取得了巨大的成功，为与设计师品牌的跨界合作开辟了道路，至今坚持每年与设计师携手进行设计。

（三）服装设计与科技领域跨界合作

服装设计与高科技领域、异质材料的跨界合作已成为设计领域的一大亮点。科技智能化为我们的生活提供了便利和创造力，使跨界设计成为可能。服装设计与科学技术的跨界合作在于服装设计中高科技材料的应用、服装设计中高科技技术的应用、服装设计中高科技智能的应用、服装推广中高科技数字技术的应用。这些高新技术通常需要一些科技机构的技术支持，服装品牌也与科技机构形成跨界合作关系，为服装品牌研究分析科技数据，开发新的科技面料，帮助品牌实现科技创新的新发展。

第三章　纺织服装材料

第一节　纺织服装用纤维

一、天然纤维素纤维

天然纤维素纤维的主要组成物质是纤维素，另外还有果胶、半纤维素、木质素、脂蜡质、水溶物、灰分等。各种天然纤维素纤维在化学组成和物理性质方面的差异主要取决于纤维在植物中的生长部位和它们本身的结构。

（一）棉纤维

棉纤维（cotton）是天然纤维的主体，是人类使用的天然纤维中最重要的纺织纤维，具有悠久的发展史。棉纤维属于种子纤维。从棉田中采摘的籽棉是棉纤维与棉籽未经分离的棉花，无法直接进行纺织加工，必须先进行轧花（即初加工），将籽棉中的棉籽除去后得到棉纤维，商业上习惯称为皮棉，然后经分级打包后，成包的皮棉到纺织厂后称为原棉。

棉纤维的种植历史悠久，种植区域广泛，因此棉纤维的品种较多。中国、印度、埃及、秘鲁、巴西、美国等为世界主要棉纤维产地，黄河流域、长江流域、华南、西北、东北为我国五大产棉区。

1. 棉纤维的组成及形态结构

（1）棉纤维的组成。棉纤维的主要成分是纤维素，此外，棉纤维还含有5%左右的其他物质，称为伴生物，伴生物对纺纱工艺与漂练、印染加工均有影响。棉纤维的表面含有脂蜡质，俗称棉蜡。棉蜡对棉纤维具有保护作用，是棉纤维具有良好纺纱性能的原因，但在高温时，棉蜡容易熔融，所以棉纤维容易绕罗拉、绕胶辊。经脱脂处理，原棉吸湿性增加，吸水能力可达本身重量的23~24倍。

（2）棉纤维的形态结构。棉纤维为多层带状中腔结构，梢端尖而封闭、中段较粗、尾端稍细而敞口，呈扁平带状，有天然转曲。横截面形态为腰圆形，中腔呈干瘪状。在显微镜下观察可发现，棉纤维的横断面由许多同心层组成，主要有表皮层、初生层、次生层、中腔四个部分。

2. 棉纤维的种类

（1）根据其发现地可分为陆地棉、海岛棉、亚洲棉和非洲棉。

①陆地棉（细绒棉）。发现于南美洲大陆西北部的安第斯山脉，又称高原棉、美棉。由于其细度较细，又被称为细绒棉，是世界棉花种植量最多的品种。在我国长江、黄河流域，西北内陆棉区等主要产棉区种植陆地棉，为棉纺织品的主要原料。陆地棉纤维的平均长度为 23~33mm，细度为 1.4~2.2dtex，比强度为 2.6~3.2cN/dtex，一般用于纺 10~100tex 的纱线。

②海岛棉（长绒棉）。由于发现于美洲西印度群岛（位于北美洲东南部与南美洲北部的海岛）而得名。因其长度较长又被称为长绒棉。目前，长绒棉的主要产地为非洲的尼罗河流域，我国长绒棉的主要产地为新疆、广东等地区。长绒棉细而长，平均长度为 33~46mm，细度小于 1.43dtex，比强度为 3.5~5.5cN/dtex，品质优良，是高档棉纺织产品和特殊产品的主要原料。

③亚洲棉和非洲棉。人类早期应用的棉纤维，亚洲棉纤维粗短，又称粗绒棉，长度为 15~24mm，细度为 2.5~4.0dtex；非洲棉纤维细短，又称草棉。这两种棉纤维的品质较差，因此目前已很少作为纺织服装用纤维，一般用作絮填材料。

（2）根据棉纤维的色泽，可以分为白棉、黄棉、灰棉和彩棉。

①白棉。正常成熟的棉花，不管原棉呈洁白、乳白或淡黄色，都称为白棉，是棉纺厂最主要的原料。

②黄棉。在棉花生长晚期，棉铃经霜冻伤后枯死，棉铃壳上的色素染到纤维上，使原棉颜色发黄。黄棉属于低级棉，棉纺厂用量很少。

③灰棉。在棉花生长过程中，雨量过多、日照不足、温度偏低，致使纤维成熟度低，或者纤维受空气中灰尘污染或霉变呈现灰褐色。灰棉强力低、品质差，棉纺厂很少使用。

④彩棉。指天然具有色彩的棉花，是在原来的有色棉基础上，用远缘杂交、转基因等生物技术培育而成的。天然彩色棉花仍然保持棉纤维原有的松软、舒适、透气等优点，制成的棉织品可减少印染工序和加工成本，能避免对环境造成污染，但色相缺失、色牢度不够，仍在进行稳定遗传的观察之中。目前，我国的天然彩棉主要为棕色棉和绿色棉，此外还有红色、黄色、蓝色等，但色调较暗。我国天然彩棉的主要产地为新疆、四川、江苏等。

（3）根据棉花的初加工方式，可以分为锯齿棉和皮辊棉。从棉田中采得的是籽棉，无法直接进行纺织加工，必须先进行初加工，即将籽棉中的棉籽除去，得到皮辊棉。该初加工又称轧花或轧棉。籽棉经轧花后，所得皮棉的重量占原来籽棉重量的百分率称衣分率，衣分率一般为 30%~40%。

①锯齿棉。采用锯齿轧棉机加工得到的皮棉称锯齿棉。锯齿棉含杂、含短绒少，纤维长度较整齐、产量高；但纤维长度偏短、轧工疵点多。细绒棉大都采用锯齿轧棉。

②皮辊棉。采用皮辊轧棉机加工得到的皮棉称皮辊棉。皮辊棉含杂、含短绒多，纤维长度整齐度差、产量低；但纤维长度损伤小、轧工疵点少、有黄根。皮辊棉适宜于长绒棉、低级棉等。

3. 棉纤维的主要性能指标

棉纤维细长柔软，吸湿性好，耐强碱，耐有机溶剂，耐漂白剂以及隔热耐热，是最大宗的天然纤维。其不仅可以方便地进行各种染色和纺织加工，而且可进行丝光处理或其他改性处理，以增加纤维的光泽、可染性及抗皱性等。棉纤维的缺点是弹性和弹性回复性较差、不耐强无机酸、易发霉、易燃。

（1）初始模量。棉纤维的初始模量为 $60 \sim 82 cN/dtex$。

（2）弹性。棉纤维的弹性较差。伸长 3% 时，弹性回复率为 64%；伸长 5% 时，弹性回复率仅为 45%。

（3）密度。棉纤维细胞壁的密度为 $1.53 g/cm^3$，外轮廓中的密度为 $1.25 \sim 1.31 g/cm^3$。

（4）天然转曲。棉纤维纵向的转曲是由于次生层中螺旋排列的原纤多次转向，造成纤维结构不平衡而形成的。棉纤维的转曲随着纤维品种、成熟程度及部位的不同而不同。纤维中部的转曲最多，梢部最少。正常成熟的棉纤维中转曲多，陆地棉为 $39 \sim 65$ 个/cm，未成熟的纤维中转曲少，过成熟的纤维中几乎没有转曲。白棉的天然转曲最多，棕色棉次之，绿色棉的天然转曲最少。

（5）吸湿性。棉纤维是多孔性物质，且其纤维素大分子上存在许多亲水性基团（羟基—OH），所以其吸湿性较好。一般大气条件下，棉纤维的回潮率可达 8.5% 左右。

（6）耐酸性。纤维素对无机酸非常敏感，酸可以使纤维素大分子中的苷键水解，从而使大分子链变短，纤维素完全水解时生成葡萄糖。有机酸对棉纤维的作用比较缓和，酸的浓度越高，作用越剧烈。

（7）耐碱性。一般情况下，纤维素在碱液中不会溶解，但是在浓碱和高温条件下，纤维素会发生碱性水解和剥皮反应。稀碱溶液在常温下不会对棉纤维产生破坏作用，并可使纤维膨化。利用棉的这一性质，可以对棉纤维进行丝光处理。丝光的过程为：运用 18% ~ 25% 的氢氧化钠溶液，浸泡在一定张力作用下的棉织物，丝光后可以使棉纤维的截面更圆、天然转曲消失、织物有丝一般的光泽。

（8）耐热性。棉纤维的耐热性较差，处理温度高于 150℃ 时，纤维素会分解从而导致其强力下降；当温度高于 240℃时，纤维素中的苷键会断裂并产生挥发性物质；当温度达到 370℃时，结晶区被破坏，重量损失可达 40%~60%。

（9）染色性。棉纤维的染色性较好，可以采用直接染料、还原染料、碱性染料、硫化染料等多种染料进行染色。

（10）防霉变性。棉纤维具有较好的吸湿性，因此在潮湿环境中，容易受到细菌和霉菌的侵蚀，霉变后棉织物的强力明显下降，且织物表面留有难以去除的色迹。

（11）卫生性。棉纤维是天然纤维，其主要成分是纤维素，还有少量的蜡状物质、含氮物与果胶质。纯棉织物经多方面查验和实践，棉织物与肌肤接触时无任何刺激、无副作用，久穿对人体有益无害，卫生性能良好。

（二）麻纤维

麻纤维是从各种麻类植物上获取的纤维的统称，包括韧皮纤维和叶纤维。韧皮纤维是从一年生或多年生草本双子叶植物的韧皮层中取得的纤维，这类纤维品种繁多。在纺织上采用较多、经济价值较大的有苎麻、亚麻、黄麻、洋麻、汉麻（大麻）、罗布麻等，这类纤维质地柔软，商业上称为"软质纤维"。叶纤维是从草本单子叶植物的叶子或叶鞘中获取的纤维，具有经济和实用价值的有剑麻、蕉麻和菠萝麻等，这类纤维比较粗硬，商业上称为"硬质纤维"。

亚麻纤维，在 8000 年前的古埃及就被人类发现并使用，是人类最早开发利用的天然纤维之一。大麻布和苎麻布在中国秦汉时期已是人们主要的服装材料，制作精细的苎麻夏布可以与丝绸媲美，由宋朝到明朝麻布才逐渐被棉布取代。纺织服装用的主要麻纤维为苎麻和亚麻。

麻纤维的主要化学成分是纤维素，其大分子的聚合度一般在 1 万以上，其中亚麻纤维的聚合度在 3 万以上，从而决定了纤维有较高的干态强力和湿态强力。麻纤维的结晶度和取向度很高，使纤维的强度高、伸长小、柔软性差，一般硬而脆。

1. 苎麻

苎麻（ramie），又称"中国草"，是中国特有的麻类资源，主要产于我国的长江流域，以湖北、湖南、江西出产最多。我国的苎麻产量占全世界苎麻产量的 90%以上，印度尼西亚、巴西、菲律宾等国也有种植。

（1）苎麻纤维的形态结构。苎麻纤维是由单细胞发育而成的，纤维细长、两端封闭、有胞腔。苎麻纤维的横截面为椭圆形，且有椭圆形或腰圆形中腔，胞壁厚度均匀，有辐射状裂纹。苎麻纤维的纵向外观为圆筒形或扁平形，没有转曲，纤维表面有的光滑、有的有明显的条纹，纤维头端钝圆。

（2）苎麻纤维的初加工。苎麻必须在适宜的时间收割，收割不及时，将不利于剥皮和刮表工作，从而影响苎麻的质量和产量。麻皮自茎上剥下后，需要先刮去表皮，称为刮表。目前，我国苎麻的剥皮和刮表以手工操作为主。经过刮表的麻皮晒干或烘干后成丝状或片状的原麻，即为商品苎麻。原麻在纺纱前还需经过脱胶工序，过去此工序一般采用生物脱胶的方法，现在一般采用化学脱胶的方法。根据纺织加工的要求，脱胶后苎麻的残胶率应控制在 2% 以下，脱胶后的苎麻纤维称为精干麻，色白而富有光泽。

2. 亚麻

亚麻（flax）是人类最早使用的天然纤维之一，距今已有一万年以上的历史。亚麻纤维是一种稀有天然纤维，仅占天然纤维总量的 1.5%，亚麻纤维适宜在寒冷地区生长，俄罗斯、波兰、法国、比利时、德国等产地，我国的东北地区及内蒙古等地区也有大量种植。目前，我国亚麻产量居世界第二位。亚麻分为纤维用、油用和油纤兼用三类，我国传统称纤维用亚麻为亚麻，油用和油纤兼用的亚麻为胡麻。

在历史上，纺织行业几度兴衰，唯有亚麻作为古老的服饰文化独领风骚，长期保持了相对的稳定，即使在化纤产品快速发展的浪潮撞击下，仍不失其风采。亚麻品质较好，用途较广，适宜织制各种服装和家纺面料，如抽绣布、窗帘、台布、男女各式绣衣、床上用品等。亚麻在工业上主要用于织制水龙带和帆布等。

（1）亚麻的初加工。亚麻原料的初加工有两种方法：一种是雨露沤麻；另一种是温水沤麻。雨露沤麻就是把田间收获的、除去麻籽果粒的原麻茎按一定顺序、一定厚薄平铺在地里，靠雨露浸润发酵的方法；温水沤麻就是把原麻茎放入一个有一定容积的可以盛水的大池子中，人工加入水来沤麻。国内绝大部分都采用温水沤麻，纤维更容易从木质杆芯中剥离出来，剥离出来的亚麻纤维是银灰色的，纤维质量高、经济效益好。

（2）亚麻的形态结构。亚麻纤维截面呈圆形和扁圆形，纵向中段粗、两头细，有横节及竖纹。亚麻纤维织品被誉为"天然空调"。亚麻的散热性能极佳，这是因为亚麻是天然纤维中唯一的束纤维。束纤维是由亚麻单细胞借助胶质粘连在一起形成的，因其没有更多留有空气的条件，亚麻织物的透气比率高达 25% 以上，因而其导热性能及透气性极佳。并能迅速而有效地降低皮肤表层温度 $4 \sim 8℃$。

亚麻纤维的吸湿放湿速度快，能及时调节人体皮肤表层的生态温度环境。这是因其具有天然的纺锤形结构和独特的果胶质斜边孔结构。当它与皮肤接触时产生毛细管现象，可协助皮肤排汗，并能清洁皮肤。同时，它遇热张开，吸收人体的汗液和热量，并将吸收到的汗液及热量均匀传导出去，使人体皮肤温度下降。遇冷则关闭，保持热量。另外亚麻能吸收其自重20%的水分。是同等密度其他纤维织物中最高的。

亚麻纤维制成的织物具有很好的保健功能。它具有独特的抑制细菌作用。亚麻属隐香科植物，能散发一种隐隐的香味。专家认为，这种气味能杀死许多细菌，并能抑制多种寄生虫的生长。用接触法所做的科学实验证明，亚麻制品具有显著的抑菌作用，对绿脓杆菌、白色念珠菌等国际标准菌株的抑菌率可达65%以上，对大肠杆菌和金色葡萄球菌株的抑菌率高达90%以上。古代埃及法老的木乃伊都是被裹在惊人结实的亚麻细布内，使之完整地保存至今。

二、天然蛋白质纤维

天然蛋白质纤维主要为动物的毛，以绵羊毛为主，还包括山羊绒、兔毛、马海毛、骆驼毛、牦牛毛等特种动物毛，此外还包括蚕丝、蜘蛛丝等动物分泌液。天然蛋白质纤维是由多种氨基酸聚合而成，不仅具有酸性基团（羧基—COOH），又具有碱性基团（氨基—NH_2），故纤维对酸性和碱性的化学药剂都不稳定。天然蛋白质纤维是纺织工业的重要原料，具有许多优良的性能，如弹性好、吸湿性好、保暖性好、不易沾污、光泽柔和等。

（一）羊毛

羊毛（wool）是最主要的天然蛋白质纤维，由于羊的品种、产地和羊毛生长的部位等不同，羊毛纤维的品质有很大的差异。中国、澳大利亚、新西兰、阿根廷、南非等国家是世界上主要的产毛国，其中澳大利亚的美丽诺羊是世界上品质最为优良的，也是产毛量最高的羊种。我国的新疆、内蒙古、青海、甘肃等地是羊毛的主要产区。

1. 羊毛纤维的组成

羊毛纤维是天然蛋白质纤维，其主要组成物质是角朊蛋白质，简称角蛋白，组成蛋白质大分子的单基是α–氨基酸剩基。

2. 羊毛纤维的分类

（1）根据纤维的细度和组织结构分类。①细绒毛：直径为30μm以下的羊毛，一般无髓质层，富于卷曲。②粗绒毛：直径为30~52.5μm的羊毛，一般无髓质层，卷曲较细绒毛的少。③粗毛：也称为刚毛，直径为52.5~75μm，有髓质层，卷曲很少。④两型毛：一根毛纤维中同时具有绒毛和粗毛的特征，有断续的髓质层，纤维粗细明显不匀，我国没有完全改良好的羊毛中多含有这种类型的纤维。⑤发毛：直径大于75μm，纤维粗长无卷曲，有髓质层，在一个毛丛中经常突出于毛丛顶端，形成毛辫。⑥死毛：除鳞片层外，几乎全是髓质层，其色泽呆白，纤维粗而脆弱易断，无纺纱价值。

（2）根据纤维的类型分类。①同质毛：毛被中仅含有同一粗细类型的羊毛，其中纤维的细度和长度基本一致。②异质毛：毛被中含有两种及以上类型的羊毛，即同时含有细毛、两型毛、粗毛、死毛等。

（3）根据剪毛的季节分类。①春毛：春天剪取的羊毛，纤维较长、底绒较厚、毛质细、油汗多，品质较好。②秋毛：秋天剪取的羊毛，纤维长度短、无底绒、细度均匀、光泽较好。③伏毛：夏天剪取的羊毛，纤维粗短、死毛含量多，品质较差。

（4）根据加工程度分类。①原毛：从绵羊身上刚刚剪下来的原始毛纤维。②洗净毛：也称为净毛，洗净后的羊毛。③无毛绒：指经过分梳去除粗毛或粗绒毛后的细绒毛。

3. 羊毛纤维的形态结构

（1）羊毛纤维的纵向形态。羊毛纤维具有天然卷曲，表面有鳞片覆盖。

（2）羊毛纤维的横截面形态。羊毛纤维的横截面近似圆形。其具体形态会因羊毛纤维的细度不同而不同，羊毛纤维越细，其横截面形态越圆，粗羊毛为扁圆形。

（3）羊毛纤维的组织结构。羊毛纤维截面从外向里分别由鳞片层、皮质层和髓质层组成，细羊毛无髓质层。部分品种的毛纤维髓质层细胞破裂、贯通呈空腔形式（如羊驼羔毛等）。

4. 羊毛纤维的物理化学性质

（1）长度。由于羊毛纤维中有天然卷曲，所以毛纤维的长度可分为自然长度和伸直长度。自然长度是指在羊毛自然卷曲的状态下羊毛两端的直线距离，该长度主要用于养羊业鉴定绵羊育种的品质。伸直长度是指将羊毛的天然卷曲拉直后的长度，该长度主要用于考核计数平均长度、计重平均长度及其变异系数和短纤维率。

羊毛的伸直长度比自然长度要长，主要是由于卷曲数和卷曲形态来决定的，一般细羊毛的伸直长度比自然长度长约20%，半细毛的伸直长度比自然长度长为10%～20%。

（2）细度。羊毛纤维的截面近似圆形，因此一般用直径来表示其粗细，称为细度，单位为微米（μm）。细度是确定毛纤维品质和使用价值最重要的指标，羊毛的细度随绵羊的品种、年龄、性别、毛的生长部位和饲养条件等的不同而不同。

绵羊毛的平均直径为11～70μm，直径变异系数为20%～30%，相应的线密度为1.25～42dtex。在羊毛工业中，还可以用品质支数来表示羊毛的细度，这一概念原意为：在 19 世纪的纺纱工艺条件下，各种细度的羊毛实际可纺制毛纱的最细支数。随着科学技术的进步和生产工艺的改进，目前已可以用较粗的纤维纺制更细的纱线，所以绵羊毛纤维细度的"品质支数"与"可纺支数"差距极大。

一般来说，羊毛越细，其细度也越均匀，相对强度越高，卷曲数越多，鳞片越密，光泽越柔和，但纤维长度偏短。而且，细羊毛的缩绒性能一般比粗羊毛的好。

（3）密度。细羊毛（无髓质层）的密度约为 $1.32g/cm^3$，在天然纺织纤维中是最小的。

（4）卷曲。卷曲是指羊毛在自然状态下，沿长度方向呈有规则的卷曲波纹，一般以 1cm 内平均含有的卷曲数来表征羊毛纤维的卷曲程度，称为卷曲度或卷曲数。卷曲是由于羊毛正、偏皮质的双边分布和毛囊的周期性运动所造成的，它是羊毛的一种良好特征，是其他纺织纤维所没有的。根据卷曲波形和卷曲数的不同，卷曲可分为 7 类，即平波、长波、浅波、正常波、扁圆波、高波和折线波。

一般羊毛具有正常波卷曲，形状呈半圆形；半细毛根据细度不同，具有正常波和浅波；毛丛结构不好、含杂多的羊毛，具有深波和高波；具有折线波的羊毛，一般不能用于加工。细羊毛的卷曲数一般为 6~9 个/cm，国产细羊毛的卷曲数一般为 4~6 个/cm。具有正常波和浅波的羊毛适宜于纺制高级的光洁的精梳毛纱，具有高波的羊毛具有较好的缩绒性，适宜于粗梳毛纺。

（5）摩擦性能和缩绒性。

①摩擦性能。羊毛有独特的摩擦性能，这与羊毛纤维表面的鳞片有关。鳞片的根部附着于毛干，尖端伸出毛干的表面而指向毛尖，因此羊毛沿其长度方向的摩擦，因滑动方向不同而使摩擦系数不同。

当滑动方向为毛根至毛尖时，则为顺鳞片方向，反之则为逆鳞片方向。逆鳞片方向的摩擦系数比顺鳞片方向的大，这种现象称为定向摩擦效应。顺、逆鳞片方向摩擦系数的差异是毛纤维产生缩绒性的基础，而且此差异越大，羊毛的缩绒性能越好。

②缩绒性。在湿热或化学试剂条件下，如同时加以反复摩擦挤压，由于定向摩擦效应，使纤维保持向根性运动，纤维纠缠按一定方向慢慢蠕动穿插，羊毛纤维啮合成毡，羊毛织物收缩紧密，称为羊毛的缩绒性。毛纤维的缩绒性是纤维各项性能的综合反应，定向摩擦效应、高度回缩弹性和卷曲形态、卷曲度是缩绒的内在原因，且这些性能与羊毛的品种及细度等密切相关。温湿度、化学试剂和外力作用是促进羊毛缩绒的外因。缩绒可分为酸性缩绒和碱性缩绒，

常用的是碱性缩绒，如使用皂液，pH 为 8~9，温度为 35~45℃时，缩绒效果较好。

缩绒性可使毛织物具有独特的风格，利用缩绒性可以织制丰厚柔软、保暖性好的织物；但缩绒性会影响洗涤后织物的尺寸稳定性，产生起毛、起球等现象，影响织物的穿着舒适性和美观性。大多数精纺毛织物和针织物，经过染整加工后，要求纹路清晰、尺寸稳定，这些都要求减小羊毛的缩绒性。

（6）酸的作用。羊毛对酸作用的抵抗力比棉强，低温或常温时，弱酸或强酸的稀溶液对角朊蛋白质无显著的破坏作用，随温度和浓度的提高，酸对角朊蛋白的破坏作用加剧。如用浓硫酸处理羊毛，升高温度，可使羊毛破坏，强力下降。利用羊毛耐酸的这一性质，可对羊毛进行炭化，从而在羊毛初加工中除去草等纤维素杂质。

（7）碱的作用。羊毛对碱的抵抗能力比纤维素低得多，碱对羊毛的破坏随碱的种类、浓度、作用的温度和时间的不同差异较大。碱对毛纤维的作用比酸的作用更剧烈，随着碱的浓度增加、温度升高、处理时间延长，毛纤维会受到更严重的损伤。角朊蛋白受碱液破坏后，强度明显下降、颜色泛黄、光泽暗淡、手感粗硬、抵抗化学药品的能力相应降低。所以在洗涤羊毛制品时不能使用碱性洗涤剂。

（8）氧化剂的作用。氧化剂对羊毛的作用剧烈，尤其是强氧化剂在高温时会对羊毛产生很大的损伤。因此，羊毛在漂白时不能使用次氯酸钠，它们与羊毛易生成黄色氯氨类化合物；过氧化氢对羊毛的作用较小，常用 3%的过氧化氢稀溶液对羊毛制品进行漂白。

（9）日光、气候对羊毛的作用。羊毛是天然纤维中抵抗日光、气候能力最强的一种纤维，光照 1120h，强度下降 50%左右，主要是因为过多的紫外线会破坏羊毛中的二硫键，使胱氨酸被氧化，羊毛颜色发黄、强度下降。

（10）热的作用。60℃干热处理，对羊毛无大的影响；当温度升高至 100℃，烘干 1h，则会导致羊毛颜色发黄、强度下降；温度达到 110℃时发生脱水；温度达到 130℃时羊毛会变为深褐色；温度达到 150℃时有臭味；温度达到 200~250℃时，羊毛会发生焦化。羊毛高温下短时间处理，性质无明显的变化。

（二）蚕丝

蚕丝纤维（silk）是由蚕吐丝而得到的天然蛋白质纤维，是天然纤维中唯一的长丝，光滑柔软、富有光泽、穿着舒适，被称为"纤维皇后"。蚕可分为家蚕和野蚕两大类，家蚕即桑蚕，结的茧是生丝的原料；野蚕有柞蚕、蓖麻蚕、天蚕、柳蚕等，其中柞蚕结的茧可以制成柞蚕丝，是天然丝的第二来源，天蚕可以缫丝制成天蚕丝，天蚕丝较为昂贵，可以作为高档的绣花线，其他野蚕结的茧不易缫丝，仅能作绢纺原料。

我国是桑蚕丝的发源地，至今已有 6000 多年的历史。柞蚕丝也起源于我国，已有 3000 多年的历史。在汉唐时期，我国的丝绸已畅销于中亚和欧洲各国，在世界上享有盛誉。目前我国蚕丝的产量仍居世界第一。

1. 蚕丝的分子结构

蚕丝纤维主要是由丝素和丝胶两种蛋白质组成，此外，还有一些非蛋白质成分，如脂蜡质、碳水化合物、色素、矿物质等。

蚕丝的大分子是由多种 α-氨基酸剩基以酰胺键联结构成的长链大分子。在桑蚕丝的丝素中，甘氨酸、丙氨酸、丝氨酸和酪氨酸的含量占 90%以上，其中甘氨酸和丙氨酸的含量约占 70%，且所含的侧基较小，因此桑蚕丝的丝素大分子的规整性较好，有较高的结晶度。柞蚕丝与桑蚕丝的大分子略有差异，桑蚕丝的丝素中甘氨酸含量多于丙氨酸，而柞蚕丝的丝素中丙氨酸含量多于甘氨酸。此外，柞蚕丝中还含有较多支链的二氨基酸，如天冬氨酸、精氨酸等，因此其大分子结构的规整性较差，结晶度也较低。

2. 桑蚕丝

桑蚕丝是高级的纺织原料，有较好的强伸长性，纤维细而柔软，平滑富有弹性，光泽好，吸湿性好。采用不同的组织结构，其织物可以轻薄似纱，也可以厚实丰满，除供服用纺织品外，在工业、医疗及国防上都有重要的用途。

（1）桑蚕丝的形态结构。桑蚕茧的表面包围着不规则的茧丝，细而脆弱，称为茧衣。茧衣里面是茧层，茧层结构紧密，茧丝排列重叠规则，粗细均匀，形成 10 多层重叠密接的薄丝层，是组成茧层的主要部分，占全部丝量的 70%～80%。薄丝层由丝胶胶着，其间存在许多微小的空隙，使茧层具有一定的通气性与透水性。最里层的茧丝纤度最细，结构松散，称为蛹衬。茧层可缫丝，形成连续长丝，称为"生丝"。茧衣和蛹衬因丝较细且脆弱而不能缫丝，只能用作绢纺原料。

桑蚕丝由两根单丝平行黏合而成，各自中心是丝素，外围是丝胶。桑蚕丝的横截面呈半椭圆形或略呈三角形。丝素大分子平行排列，集束成微原纤，微原纤间存在结晶不规整的部分和无定形部分，集束堆砌成原纤，平行的原纤堆砌成丝素纤维。

桑蚕丝的粗细用纤度（旦尼尔）或线密度（tex）表示。纤度因蚕的品种、饲养条件等的不同而有差异，同一粒茧上的茧丝纤度也有差异，一般外层较粗、中层最粗、内层最细。

（2）桑蚕丝的主要性质。

①长度和细度。桑蚕丝的长度一般为 1200～1500m，细度为 2.64～3.74dtex

（2.4～3.4旦）。生丝的细度和均匀度是生丝品质的重要指标。丝织物品种繁多，如绸、缎、纱等，其中轻薄的丝织物，不仅要求生丝的细度细，而且对细度均匀度也有很高的要求。细度不匀的生丝，将会使丝织物表面出现色档、条档等疵点而严重影响织物的外观，造成织物的强伸性不匀等。

②强伸性。生丝的强伸性能较好，相对强度为 2.6～3.5cN/dtex，在纺织纤维中属于较高的，断裂伸长率约为 20%。熟丝因脱去丝胶使单丝之间的黏着力降低，因此其相对强度和断裂伸长率都有所下降。吸湿后，桑蚕丝的湿强为干强的 80%～90%，伸长约增加 45%。由茧丝构成的生丝，其强度和断裂伸长率除了取决于茧丝的强伸度外，还与生丝的细度、缫丝工艺等因素有关。

③密度。桑蚕丝的密度较小，因此其织成的丝绸轻薄。生丝的密度为 1.30～1.37g/cm³，精练后熟丝的密度为 1.25～1.30g/cm³。

④吸湿性。蚕丝具有很好的吸湿性，桑蚕丝的标准回潮率约为 11%。在天然纤维中，其吸湿性比羊毛的差，比棉的好。蚕丝吸湿性较好的原因是其蛋白质分子链中含有大量的极性基团（—NH₂、—COOH、—OH），这也是蚕丝类产品穿着舒适的重要原因。丝胶中的极性基团和非晶区的比例高于丝素中的，故其吸湿性优于丝素。

⑤光学性质。茧丝具有多层丝胶、丝素蛋白的层状结构，光线入射后，可以进行多层反射，反射光相互干涉，因而可产生柔和的光泽。生丝的颜色一般为白色或淡黄色，其光泽与生丝的表面形态、生丝中的茧丝含量等有关，一般生丝的截面越接近圆形，则光泽越柔和均匀、表面越光滑，精练后的光泽更为优美。桑蚕丝的耐光性较差，在日光照射下容易泛黄、强度显著下降。日照200h，桑蚕丝的强度损失约为 50%。

⑥耐酸碱性。蚕丝对酸的抵抗能力不如纤维素纤维强，对碱的抵抗能力比纤维素纤维弱，但是酸和碱都会促使桑蚕丝纤维水解。丝胶的结构比较疏松，水解程度比较剧烈，抵抗酸、碱和酶的水解能力比丝素的弱。蚕丝对碱的抵抗力很弱，较稀的碱液也能侵蚀丝素；强酸溶液会损伤丝素和丝胶，但弱酸溶液尤其是当 pH 为 4.0 时，对丝素和丝胶无损害作用。

⑦电学性质。蚕丝是电的不良导体，可以用作电器绝缘材料，如绝缘绸、防弹绸等，用于工业、国防、军事等方面，但是蚕丝的绝缘性随回潮率的增加而下降。

3. 柞蚕丝

柞蚕丝具有坚牢、耐晒、富有弹性、滑挺等优点，柞丝绸在我国丝绸产品中占有相当的地位。

（1）柞蚕丝的形态结构。柞蚕茧丝是由两根单丝并合组成的，在单丝的周围不规则地凝固有许多丝胶颗粒，而且结合得非常坚牢，必须用较强的碱溶液才能将它们分离柞蚕丝的横截面形状为锐三角形，扁平呈楔状。

柞蚕茧的茧层主要由丝素和丝胶组成，其中丝素占 84%~85%，丝胶约占 12%。

（2）柞蚕丝的主要性质。

①柞蚕的茧丝长度为 500~600m，细度约为 6.16dex（5.6 旦），比桑蚕丝粗。

②柞蚕生丝的密度为 1.315g/cm³，比桑蚕生丝的密度略小，这是因为其丝胶的含量小于桑蚕丝的；柞蚕熟丝的密度为 1.305g/cm³，比桑蚕丝的略大，这是因为柞蚕丝中的丝胶较难去除。

③柞蚕丝的标准回潮率约为 12%，比桑蚕丝的略高，原因是柞蚕丝的内部结构较为疏松。

④柞蚕丝的相对强度略低于桑蚕丝的，而断裂伸长率约为 25%，略高于桑蚕丝的。吸湿后，柞蚕丝的湿强度比干强度高 10%，湿伸长比干伸长增加 72%，这一性能与桑蚕丝的不同，这是因为柞蚕丝中所含氨基酸的化学组成及聚集态结构与桑蚕丝的不同。

⑤柞蚕丝的颜色一般呈淡黄、淡黄褐色，这种天然的淡黄色赋予柞蚕丝产品一种更加美丽富贵的外观。柞蚕丝的光泽也别具一格，虽然不及桑蚕丝那般柔和优雅，但却有一种隐隐闪光的效应，人称珠宝光泽，这与柞蚕丝更为扁平的三角形截面有关。柞蚕丝的耐光性比桑蚕丝的好，在同样的日照条件下，柞蚕丝的强度损失较小。

⑥柞蚕丝也是耐酸性大于耐碱性，且柞蚕丝对酸碱的抵抗能力均比桑蚕丝的强，特别是在有机酸中很稳定。

第二节　纺织服装用纱线

一、纱线的分类

通常，纱线是"纱"和"线"的统称。"纱"是将许多短纤维或长丝排列成近似平行状态，并沿轴向旋转加捻，形成具有一定强力和线密度的细长物体；而"线"是由两根或两根以上的单纱加捻而成的股线，特别粗的股线称为绳或缆。纱线的种类很多，分类方法也有很多种。

（一）按照原料组成分类

1. 纯纺纱线

由一种纤维原料构成的纱线，如天然纤维构成的纯棉纱线、纯毛纱线、纯麻纱线、桑蚕丝绢纺纱线、纯涤纶纱线、纯锦纶纱线等。

2. 混纺纱线

由两种或两种以上的纤维混合所纺成的纱线，如涤纶与棉的混纺纱线、棉与麻的混纺纱线、锦纶与氨纶的混纺纱线等。

3. 复合纱线

这类纱线主要是指在环锭纺纱机上通过短/短纤维、短/长纤维加捻而成的纱和通过单须条分束或须条集聚方式得到的纱。

（二）按照纱线中纤维的状态分类

1. 短纤维纱线（短纤纱）

以各种短纤维为原料经过各种纺纱系统捻合纺制而成的纱线。其特点是纱线结构较疏松，光泽柔和，手感丰满，可制成各种缝纫线、针织纱和针织绒线，也可制成各类棉织物、毛织物、麻织物、绢纺织物，以及各种混纺织物和化学纤维织物。

根据外形结构，短纤纱又可分为单纱和股线等。

（1）单纱。由短纤维经纺纱加工，使短纤维沿轴向排列并经加捻而成的纱。

（2）股线。由两根或两根以上的单纱合并加捻而成的线。

（3）绳。多根股线并合加捻形成直径达到毫米级以上的产品。

（4）缆。多根股线或绳合并加捻形成直径达到数十或数百毫米级的产品。

2. 长丝

由连续的长丝（如蚕丝、化纤丝或人造丝）并合在一起形成的束状物，主要有涤纶长丝、黏胶长丝、尼龙长丝等。长丝的特点是：强度和均匀度好，可制成较细的纱线，手感光滑、凉爽、光泽亮，但覆盖性较差、吸湿性差、易起静电。

根据其结构又可分为单丝纱、复丝纱、捻丝、复合捻丝、变形丝等。

（1）单丝纱。指一根长度很长的单根连续的纤维，一般用于生产丝袜、头巾、夏装和泳装等轻薄的织物。

（2）复丝纱。指两根或两根以上单丝合并在一起的丝束，广泛用于礼服、里料和内衣等各种服装。

（3）捻丝。复丝加捻即成捻丝。

（4）复合捻丝。由捻丝再经一次或多次合并、加捻而成，可制成各种绉织物或工业用丝等。

（5）变形丝。化学纤维或天然纤维原丝经过变形加工使之具有卷曲、螺旋、环圈等外观特征而呈现蓬松性、伸缩性的长丝。

3. 特殊纱线

（1）变形纱。包括弹力丝、膨体纱、网络丝、空气变形丝等。

①弹力丝。由无弹性的化纤长丝加工成微卷曲的具有伸缩性的化纤丝。

②膨体纱。一般指腈纶等化纤原料制成的纱线，将化纤长丝或生产短纤维的长丝束在一定温度下加热拉伸，使纤维产生较大的伸长，然后冷却固定便形成高收缩纤维；这种纤维和常规纤维按照一定的比例纺制成短纤纱，经过汽蒸加工后，其中高收缩纤维产生纵向收缩而聚集于纱芯，普通纤维则形成卷曲或环圈而鼓起，使纱结构变得蓬松，表观体积增大，因而称为膨体纱。其典型代表是腈纶膨体纱，也有锦纶和涤纶膨体变形纱，主要用于保暖性较高的毛衣、袜子以及装饰织物等。

③网络丝。丝条在网络喷嘴中，经喷射气流作用使单丝互相缠结而呈周期性网络点的长丝。网络丝由于有网络结点，所以织造时不需要浆纱，用它织成的织物厚实，表面有仿毛感。

④空气变形丝。化纤长丝经空气变形喷嘴的涡流气旋形成丝圈丝弧，在主杆捻缠抱紧，形成外形像短纤纱的长丝。也有经过磨断丝圈和丝弧形成类似短纤纱的毛羽。

（2）花式纱线。指在纺纱和制线过程中采用特种原料、特种设备或特种工艺对纤维或纱线进行加工而得到的具有特种结构和外观效应的纱线，是纱线产品中具有装饰作用的一种纱线。花式纱线一般由芯纱、饰线和固纱加捻组合而成。几乎所有的天然纤维和常见化学纤维都可以作为生产花式纱线的原料，花式纱线可以采用蚕丝、柞蚕丝、绢丝、人造丝、棉纱、麻纱、合纤丝、金银线、混纺纱、黏胶等作原料。各种纤维可以单独使用，也可以相互混用，取长补短，充分发挥各自固有的特性。

（3）花色纱线。用多种不同颜色的纤维交错搭配或分段搭配形成的纱或线。

（三）按照纺纱系统分类

1. 精纺纱

精纺纱也称为精梳纱，是指通过精梳工序纺成的纱，包括精梳棉纱、精梳毛纱、精梳麻纱等。精梳纱中纤维的平行伸直度高，短纤维含量少，条干均匀、光洁，线密度较小，但成本较高。精梳纱主要用于高档织物及针织品的原料，如细纺、花达呢、花呢及针织羊毛衫等。

2. 粗纺纱

粗纺纱指按照一般的纺纱系统进行梳理，不经过精梳工序纺成的纱，包括粗梳毛纱和普梳棉纱。粗纺纱中短纤维含量较多，纤维平行伸直度差、结构松散、毛羽多、线密度较大、品质较差。此类纱多用于一般织物和针织品的原料，如粗梳毛纱用于大衣呢、法兰绒、毛毯等，普梳棉纱用于中特以上的棉织物等。

近年来，出现了新型的纺纱系统，纺制的粗纺纱品质接近精纺纱，也叫半精纺纱线。

3. 废纺纱

废纺纱是指用纺织的下脚料（废棉）或混入低级原料纺成的纱。纱线品质差、松软、条干不匀、含杂多、色泽差，一般只用来织制粗棉毯、厚绒布和包装布等低档的织物。

（四）按照纺纱方法分类

1. 环锭纱

环锭纱是指在环锭纺纱机上，用传统的纺纱方法加捻制成的纱线。纱中纤维多次内外径向转移包绕缠结，纱线结构紧密，断裂比强度高。此类纱线用途广泛，可用于各类机织物、针织物、编结物、绳带中。目前，环锭纱又根据附加装置不同区分为普通环锭纱、集聚（紧密）纺纱、赛络纱、包芯纱、缆形纱等。

（1）紧密纺纱。紧密纺的纱线毛羽明显减少，尤其是 3mm 及以上长度的毛羽更少。同时由于原来形成毛羽的纤维都被加捻到纱中，因而提高了纱的强力。

（2）赛络纱。对传统的环锭纺纱机加以改进而直接纺出的类似于双股线结构的纱线。赛络纱条干均匀、毛羽少、手感柔软、透气性好。

（3）包芯纱。以长丝为纱芯，外包短纤维而纺成的纱线。包芯纱兼有纱芯长丝和外包短纤维的优点，性能超过单一纤维。常用的纱芯长丝有涤纶长丝、锦纶长丝、氨纶长丝，常用的外包短纤维有棉、涤/棉、腈纶、羊毛等。

（4）缆型纺纱。在传统环锭纺细纱机前钳口前加装一个分割轮，改变成纱结构的纺纱新技术。缆型纱的纱线结构比较独特，毛羽较少，耐磨性较好。缆型纺面料的抗起球性能、弹性、透气性都明显优于传统的同品种单经单纬产品。

2. 自由端纺纱

自由端纺纱是指将纤维分离成单根并使其凝聚，在一端非机械握持状态下加捻成纱，故称自由端纺纱。典型代表有转杯纱、静电纺纱、涡流纺纱等。

（1）转杯纱。也称气流纱，是通过高速旋转的转杯产生的离心力使纤维在转杯周边凝槽中凝聚后并转杯加捻纺成的纱。

（2）静电纺纱。利用静电场的正负电极，使纤维伸直平行、连续凝聚并加捻制得的纱，其纱线结构与一般纱线相同。

（3）涡流纺纱。利用固定的涡流发生管产生的空气涡流对纤维进行凝聚并加捻纺成的纱。

3. 非自由端纺纱

非自由端纺纱是指在对纤维进行加捻的过程中，纤维须条两端同时处于握持状态的纺纱方法。这种新型纺纱方法主要包括自捻纺纱、喷气纺纱等。

（1）自捻纺纱。通过往复搓动的罗拉给两根纱条施以正向及反向搓捻，当纱条平行贴紧时，依靠其退捻回转力互相扭缠成股线。其纱线分段具有不同捻向的捻度，并在捻向转换区有无捻区段存在，因而纱线强度较低。其适于生产羊毛纱和化纤纱，纱线常用于花色织物和绒面织物。

（2）喷气纺纱。利用压缩空气所产生的高速喷射涡流，对纱条施以假捻，经过包缠和纽结而纺制的纱线。成纱结构独特，纱芯几乎无捻，外包纤维随机包缠，结构较疏松，手感粗糙，强度较低。喷气纱线可用于加工机织物和针织物，用于男女上衣、衬衣、运动服和工作服等。

（五）按照纱线的用途分类

1. 机织用纱

机织用纱指加工机织物（梭织物）所用的纱线，分为经纱和纬纱两种。经纱用作织物纬向纱线，要求捻度较大、强度较高、耐磨性较好；纬纱用作织物经向纱线，具有捻度较小、强度较低、柔软的特点。

2. 针织用纱

针织用于指加工针织物所用的纱线。要求均匀度较高、捻度较小、疵点少、强度适中。

3. 起绒用纱

供织绒类织物、形成绒层或毛层的纱。要求纤维较长、捻度较小。

4. 特种纱线

特种工业用纱，如轮胎帘子线等。

（六）按照纱线的后加工方式分类

1. 本色纱

本色纱又称原色纱，是未经过漂白处理保持纤维原有色泽的纱线。

2. 染色纱

原色纱经过煮练、染色制成的纱线。

3. 漂白纱

原色纱经过煮练、漂白制成的纱线。

4. 烧毛纱

通过烧掉纱线表面的茸毛，获得光洁表面的纱线。

5. 丝光纱

通过氢氧化钠强碱处理，并施加张力，使光洁度和强力获得改善的纱线。

二、纱线的结构特征

纱线的结构是决定纱线内在性质和外观特征的主要因素，纱线的结构不仅取决于纤维的性能，还取决于纱线成形加工的方式。

纤维种类及其成纱方式使纱线在结构上存在很大的差异，如纱线结构的松紧程度及均匀性、纤维在纱线中的排列形式、加捻在纱线的轴向和径向的均匀性、纱线的毛羽及外观形状等。

描述纱线结构特征的参数主要有六类：反映纤维堆砌特征的纱线的单位体积密度（包括纤维内部的空腔、孔隙及纤维之间的缝隙）；表达加捻纤维排列方向的捻回角；反映多股加捻和多重复捻纱线的根数、加捻方向等参数；反映纱线外观粗细和变化的线密度和线密度变异系数；表达纱线结构稳定性的纤维间的摩擦因数、缠结点或接触点数、作用片段或滑移长度等；短纤纱还必须考虑纱体表面的毛羽特征。

（一）纱线的加捻

加捻作用是影响纱线结构与性能的重要因素，加捻对纱线的力学性能、外观、织物手感、光泽、服装的形态风格等均有很大的影响。尤其加捻对短纤维纱线的形成起决定性的作用。

1. 加捻的定义

将纤维束须条、纱、连续长丝束等纤维材料绕其轴线的扭转、搓动或缠绕的过程称为加捻。加捻是使纱线具有一定强伸性和稳定外观形态的必要手段。对短纤维纱来说尤为重要，因为加捻可使纤维间产生正压力，从而产生切向的摩擦阻力，使纱条受力时纤维不致滑脱，从而具有一定的强力。对于长丝束和股线，加捻可以使其形成不易被横向外力所破坏的紧密稳定结构。

2. 加捻指标

纱线的加捻程度和捻向是纱线加捻的两个重要特征。

（1）捻度和捻系数。捻度是指单位长度纱线上的捻回数，特数制捻度的单位长度为 10cm，公制捻度的单位长度为 1m，英制捻度的单位长度为 1 英寸。

当纱线粗细相同时，捻回数越多，则加捻程度越大。当纱线粗细不同时，单位长度上施加一个捻回所需的扭矩是不同的，纱的表层纤维对于纱轴线的倾斜角也不同。因此，相同捻度对于纱线性质的影响程度也不同。对于不同粗细的纱线，即使具有相同的捻度，其加捻程度也并不相同，没有可比性，即捻度相同时，粗的纱加捻程度大，细的纱加捻程度小。可见，捻度不能直接用来衡量不同特数纱线的加捻程度。

（2）捻度矢量。捻度是一个矢量，它既有大小又有方向，它的大小用单位长度上的捻回数表示，方向则由回转角位移的方向（螺旋线的方向）来决定。纱条回转方向可分为顺时针或逆时针。生产上常用螺旋倾斜的方向来确定纱条捻向是Z捻（正手捻）还是S捻（反手捻）。

3. 加捻对纱线性能的影响

加捻会对纱线的力学性能、外观、手感等方面产生很大的影响。

（1）加捻对纱线光泽的影响。短纤纱无捻时，无光泽，随着捻度的增加，光泽增加，当捻度达到一定值（临界点）时，光泽达到最大值，当捻度继续增加时，随捻度的继续增加光泽将减弱。长丝纱不加捻时的光泽最亮，随捻度的增加光泽将减弱。

（2）捻度对起毛起球性能的影响。短纤维纱捻度越大，则表面越光洁，起毛起球性越小。对于起绒面料，捻度要小，以便于起绒，并使织物柔软、蓬松。

（3）捻度对纱线强力的影响。纱线捻度越大，纤维间的抱合越紧密，强力也随之增大，但捻度超过临界值强力反而下降。

（4）加捻对纱线直径和长度的影响。纱线的直径起初随着捻度的增加而减小，当捻度超过一定的范围后，纱线的直径一般变化很小，有时甚至会出现纱线直径随着捻度的增加而增加的现象。由于在加捻后，纱线中的纤维从平行于纱线轴线而逐渐转绕成一定角度的螺旋线，从而使得纱线的长度相应缩短。纱线因加捻而引起的长度缩短的现象称为捻缩。

（5）加捻对其他方面的影响。捻度大，则手感偏硬、蓬松度小、透爽、凉快。因此，滑爽感强的织物中纱线的捻度要大，如乔其纱等夏季薄型织物；捻度小，则纤维之间的抱合小，纱线疏松，手感柔软、蓬松，吸湿好，保暖性好，因此弱捻纱常用于蓬松、柔软的织物，宜做冬季保暖服装，仿毛面料也应采用低捻纱增强其毛型感。

（二）纱线的毛羽

毛羽是指纱线表面露出的纤维头端或纤维圈。

毛羽分布在纱线圆柱体的360°的各个方向，毛羽的长短和形态比较复杂，因纤维特性、纺纱方法、纺纱工艺参数、捻度、纱线的粗细等不同而不同。毛羽的作用有正负两方面：对于缝纫线、精梳棉型织物、精梳毛型织物，毛羽越少越好，否则对此类纱线和织物的外观、手感、光泽等不利；而对于起绒织物、绒面织物等，一般纱线表面的毛羽还不够，需要通过缩绒、拉毛等手段增加毛羽。毛羽对织造工艺的负面影响较大，毛羽多时织机容易开口不清，从而产生断头、停机等问题。纱线毛羽的多少和分布是否均匀，对布面的质量和织物的染色印花质量都有很大的影响，而且导致织物在服用过程中产生起毛起球的问题。因此，纱线的毛羽指标已成为当前纱线质量考核的重要指标。

三、纱线品质对纺织服装材料外观和性能的影响

纱线是形成纺织服装材料的重要环节，其结构和品质会影响纺织服装材料的外观和性能，进而影响服装的外观、舒适性、耐用性和保型性等。

（一）对外观的影响

纱线的结构特征影响纺织服装材料的外观和表面特征。纱线的捻度纤维的长度，会影响织物的光泽。长丝表面光滑、发亮、均匀；短纤维纱表面毛羽较多，它对光线的反射随捻度的大小而异。精梳棉纱在无捻时，因光线从各根纤维的表面反射，则纱的表面显得较暗、无光泽；而当精梳棉纱的捻度达到一定值时，光线从比较光滑的表面反射，反射量达到了最大值。一般来说，强捻纱捻度越大，纱线表面的颗粒越细微，反光也随之减弱；而弱捻纱表面的颗粒较大，能产生一种特殊的外观效果。

纱线的捻向也影响织物的光泽。平纹织物中，经纬纱捻向不同，织物表面反光一致、光泽较好；华达呢等斜纹织物中，当经纱采用 S 捻、纬纱采用 Z 捻时，经纬纱的捻向与斜纹的方向相垂直，因而纹路清晰；当若干根 S 捻、Z 捻纱线相间排列时，织物表面将产生隐条、隐格效应；当 S 捻、Z 捻纱线捻合在一起时，或捻度大小不等的纱线捻合在一起构成织物时，表面呈现波纹效应。

当单纱的捻向与股线的捻向相同时，纱中纤维的倾斜程度大，则光泽较差、捻回不稳定，股线的结构不平衡，易产生扭结；当单纱的捻向与股线的捻向相反时，股线柔软、光泽好、捻回稳定、股线的结构均匀平衡。多数织物中股线与单纱的捻向相反，一般单纱采用 Z 捻、股线采用 S 捻，这样形成的股线的结构均衡紧密，强度也较大。

（二）对舒适性的影响

纱线的结构特征与织物的保暖性有一定的关系，因为纱线的结构决定了纱线的蓬松性，即纤维之间是否能形成静止空气层，而静止空气层对于纺织服装

材料的保暖性有直接的影响。无风时，纱线内的静止空气层可以起到身体与大气之间的绝热层作用，有利于服装的保暖；但有风时，空气可以顺利地通过松散的纱线之间的空气流动促进衣服和身体之间空气的交换，会有凉爽的感觉。因此蓬松的羊毛衫，在无风时可以作为外套，有风时可以穿在外套内，有很好的保暖作用。由此可见，捻度大的低特纱，其绝热性比蓬松的高特纱差，纱线的热传导性随纤维原料的特性和纱线结构状态的不同而不同。

纱线的结构和手感影响服装的手感及穿着性能。细度细、捻度高的精梳棉纱或亚麻纱，或者光滑的黏胶长丝织物，具有光亮耀目的外观、滑爽的手感，适合做夏装材料；蓬松的羊毛纱或变形纱手感丰满、有毛绒，适合做秋冬服装面料；表面光滑、无毛羽的长丝或细度细且捻度大的精梳纱可以用作表面光滑、便于穿脱的服装衬里。

纱线的吸湿性是影响服装舒适性的重要因素。纱线的吸湿性取决于纤维的特性和纱线的结构。长丝光滑，织成的织物易贴在身上，如果织物的质地也比较紧密，则身上的湿气就很难渗透通过织物，从而令人感到闷热、身上发黏而不舒服；短纤维因为纤维的毛羽伸出织物的表面，减少了织物与身体皮肤的接触，便于湿气的蒸发，可改善透气性，从而穿着舒适；合成纤维长丝经过变形纱处理后，可以改善其穿着舒适性。

（三）对耐用性能的影响

纱线的拉伸强度、弹性和耐磨性等与服装的耐用性能密切相关。纱线的耐用性能取决于纤维的强伸性、长度、线密度以及纱线的结构等因素。

长丝的强力和耐磨性优于短纤维纱。因为长丝中纤维的长度相同，可以同时承受外力拉伸，纱中纤维的受力均衡、结构紧密，单根纤维不易断裂，所以长丝的拉伸强力较大，长丝的强力近似等于所组成的纤维的强力之和；短纤维的强度除了与本身纤维的强度有关外，还受纤维在纱线中的排列及纱线捻度的影响，一般短纤维的强度仅为单纤维强度之和的 $1/4 \sim 1/5$。

混纺纱的强度比其组成纤维中性能好的那种纤维的纯纺纱强度低，这是因为断裂伸长能力小的纤维分担较多的拉伸力，在拉伸中首先断裂，从而降低了混纺纱的断裂强度。而膨体纱的拉伸断裂强度较小，是因为纱线中两组分纤维的结构状态不同造成的，首先承受外力的轴向纤维根数较少、纤维受力不均匀，从而导致膨体纱的强度较低。

纱线的结构和性能也影响织物的弹性。当纱中的纤维可以移动，则表现为织物的弹性；反之，纤维被紧紧地固定在纱中，织物就比较板硬，其弹性仅由纤维的性质决定。

短纤维受外力拉伸时，纱中的纤维从卷曲状态被拉伸，一旦放松张力，又恢复至原来的卷曲状态，这就表现为纱的弹性，从而会影响织物的弹性。当纱的张力过大时，纤维在纱线中会发生滑脱，即便放松张力也回不到拉伸前的状态，纱线就失去了弹性。纱线在失去弹性前所能承受的拉力，与纤维性能和纱线结构有关。纱线捻度越大，纤维之间的摩擦力越大，不易被拉伸；反之，捻度越小，拉伸值增加但拉伸回复性降低，从而影响服装的保型性。

未经处理的化学纤维长丝的拉伸性仅由纤维原本的拉伸性能决定，因为此类型的纱中纤维一般不会卷曲，所以化学纤维长丝织物的尺寸比较稳定、延伸性较小。

长丝纱织物容易勾丝和起球。因为长丝纱中的单根纤维断裂后，松弛的一端仍附着在纱上，纤维就会卷曲或与其他纤维纠缠成球，加上纤维的强伸度较高，所以形成的小球不易脱落，会保留在织物的表面，影响服装的外观。

短纤维的捻度，明显地影响织物的耐用性。捻度太低，纱线容易松解、强度较低；捻度过大，纱中内应力增加，纱线的强力降低且纱线容易产生扭结，影响纱线的外观和强力。所以，中等捻度的短纤维纱织成的织物的耐用性最好。

（四）对保型性能的影响

纱线的结构也影响服装的保型性能。结构松散、捻度较小的纱线的防污能力比强捻纱的差，织成的织物在洗涤过程中易受机械作用的影响而产生较大的收缩和变形。

纱的捻度小或经纬纱的密度不平衡时，在服装穿着和洗涤过程中也容易造成纱和缝线的滑脱以及织物的变形。

对热敏感的纱线，在洗涤和烘干等热处理过程中，因为纤维本身的弹性较小，在热处理时会发生明显的收缩。一些变形纱织成的织物，在穿着过程中，膝部和肘部等处易发生伸长变形。

第三节　服装用毛皮与皮革

一、毛皮

（一）天然毛皮

天然毛皮是动物毛皮经过后加工而制成，又称裘皮。动物毛皮（俗称生皮）是"裘皮"的原料，经过化学处理和技术加工，转换成柔软御寒的熟皮。

1. 毛皮的结构

天然毛皮是由皮板和毛被组成。皮板是毛皮产品的基础，毛被是关键。

（1）皮板。皮板的垂直切片在显微镜下观察，可以清楚地分为三层，即表皮层（上层）、真皮层（中层）和皮下组织（下层）。

（2）毛被。所有生长在皮板上的毛总称为毛被。毛被由锋毛、针毛、绒毛按一定比例成簇有规律地排列而成，也有的毛被由一种或两种类型的毛组成。

①锋毛。锋毛也称箭毛，是毛被中最粗、最长、最直，弹性最好，数量最少的一类毛，占毛被总量的 0.5%~1%，弹性极好，呈圆锥形。

②针毛。针毛是毛中较粗、较长、较直，弹性、颜色、光泽均较好的一类毛。针毛长于绒毛，在绒毛上形成一个覆盖层，起到保护绒毛的作用。针毛有一定的弯曲，形成毛被的特殊花弯。针毛的质量、数量、分布状况决定了毛被的美观和耐磨性能，是影响毛被质量的重要因素。

③绒毛。绒毛是毛被中最细、最短、最柔软、数量最多的毛。上下粗细基本相同，并带有不同的弯曲。绒毛的颜色较差，色调较一致，占总毛量的95%以上，在动物体和外界之间，形成了一个体温不易散失、外界空气不易侵入的隔热层，这是毛皮御寒的重要因素。

2. 毛皮的加工过程

毛皮加工包括鞣制和染整。

（1）鞣制。鞣制就是将带毛的生皮转变成毛皮的过程。鞣制前，生皮通常需要浸水、洗涤、去肉、软化、浸酸，使生皮充水、回软，除去油膜和污物，分散皮内胶原纤维。鞣制后，毛皮应软、轻、薄、耐热、抗水、无油腻感，毛被松散、光亮，无异味，皮板对化学品和水、热作用的稳定性大大提高，降低了变形，增强了牢度。

（2）染整。染整是对毛皮进行整饰，使毛皮皮板坚固、轻柔，毛被光洁艳丽。对毛皮染色，可以修改或改进毛色。毛皮的整理一般在染色后进行，包括以下主要工序。

①加油：适量添加油脂，增加皮板的柔软度和防水性。

②干燥：皮板晾至半小时，将皮板向各个方向轻轻拉伸。

③洗毛：用干净的硬木锯末与毛皮作用，吸走毛上的污垢，然后除去锯末。

④拉软：用钝刀在皮板显硬的地方推搓，使之柔软。

⑤皮板磨里：对皮板朝外穿用的毛皮及反绒革面的加工。使用磨革机械刮刀机将皮板里面反复研磨，使板面绒毛细密，厚薄均匀，消除或掩盖皮板的缺陷。

⑥毛被整理：将毛梳直或打蓬松，使毛被松散挺直，具有光泽。

3. 毛皮的质量

毛皮的质量优劣，取决于原料皮的天然性质和加工方法。毛被质量的检测指标有毛被的疏密度、颜色和色调、长度、光泽、弹性、柔软度、成毡性、皮板厚度以及毛被和皮板的结合强度等，通过这些指标综合评定毛皮的质量。

（1）毛被的疏密度。毛皮的御寒能力、耐磨性和外观质量都取决于毛被的疏密度，毛密绒足的毛皮价值高而名贵。

（2）毛被的颜色和色调。毛皮的颜色决定了毛皮的价值。野生动物毛皮可以根据毛被的天然花色来区别毛皮的种类，在毛皮生产中，经常采用低级毛皮来仿制高级毛皮，其毛被的花色及光泽越接近天然色调，毛皮的价值就越高。

（3）毛的长度。毛的长度指被毛的平均伸直长度，它决定了毛被的高度和毛皮的御寒能力，毛长绒足的毛皮防寒效果最好。

（4）毛被的光泽。毛被的光泽取决于毛的鳞片层的构造、针毛的质量以及皮脂腺分泌物的油润程度。

（5）毛被的弹性。毛被的弹性由原料皮毛被的弹性和加工方法所决定。毛被的弹性越大，弯曲变形后的回复能力越好，毛蓬松而不易成毡。

（6）毛被的柔软度。毛被的柔软度取决于毛的长度、细度，以及有髓毛与无髓毛的数量之比。被毛细而长，则毛被柔软如绵；短绒发育好的毛被光润柔软；粗毛数量多的毛被半柔软。

（7）毛被的成毡性。毛被的成毡现象是因为毛在外力作用下，散乱地纠缠，毛细而长，天然卷曲强的毛被成毡性强。

（8）皮板的厚度。皮板的厚度决定着毛皮的强度、御寒能力和重量，皮板的厚度依毛皮动物的种类而异。

（9）毛被和皮板结合的强度。毛被和皮板结合的强度由皮板强度、毛与板的结合牢度、毛的断裂强度所决定。

（二）人造毛皮

随着纺织技术的发展，为了扩大毛皮资源，人造毛皮有了较大的发展。这不仅简化了毛皮服装的制作工艺，降低毛皮产品的成本，增加了花色品种，而且价格较天然毛皮低，并易于保管。人造毛皮具有天然毛皮的外观，在服用性能上也与天然毛皮接近，是很好的裘皮代用品。

1. 针织人造毛皮

针织人造毛皮是在针织毛皮机上采用长毛绒组织织成的。长毛绒组织是在纬平针组织的基础上形成的，用腈纶、氯纶或黏胶纤维为毛纱，用涤纶、锦纶或棉纱为地纱，毛纱的一部分同地纱编织成圈，而毛纱的端头突出在针织物的表面形成毛绒。

通过调整不同毛纱的比例并模仿天然毛皮的毛色花纹进行配色，可以使毛被的结构更接近天然毛皮。这种人造毛皮既有像天然毛皮那样的外观和保暖性，又有良好的弹性和透气性，花色繁多，适用性广。

2. 机织人造毛皮

机织人造毛皮的地布一般是用毛纱或棉纱做经纬纱，毛绒采用羊毛或腈纶、氯纶、黏胶纤维等纺的低捻纱，在长毛绒织机上织成。

3. 人造卷毛皮

针织法生产的卷毛皮是在针织人造毛皮的基础上，对毛被进行热收缩定型处理而成的，毛被一般以涤纶、腈纶、氯纶等化学纤维做原料。人造卷毛皮以白色和黑色为主要颜色，表面形成似天然的花绺花弯，柔软轻便，毛绒整齐，毛色均匀，花纹连续，有良好的光泽和弹性，保暖性、透气性与天然毛皮相仿。

二、皮革

（一）天然皮革

经过加工处理的光面或绒面动物皮板称为"皮革"。天然皮革由非常细微的蛋白质纤维构成，其手感温和柔软，有一定强度，且具有透气、吸湿性良好、染色坚牢的特点，主要用作服装和服饰面料。不同的原料皮经过不同的加工方法，能获得不同的外观风格。如铬鞣的光面和绒面皮板柔软丰满，粒面细腻，表面涂饰后的光面革还可以防水，经过染整处理后的皮革可得到各种光泽和外观效果。由于其纤维密度高，故裁剪和缝制后缝线不会产生起裂等问题。

1. 皮革的种类及特征

服装用天然皮革多为铬鞣的猪、牛、羊、麂等，厚度为 0.6~1.2mm，具有透气性、吸湿性良好，染色坚牢，薄、软、轻的特点。

（1）猪皮革。毛孔圆而粗大，倾斜伸入革内，明显地三点组成一小撮，具有特殊风格。其透气性比牛皮好，较耐折、耐磨，但皮质粗硬，弹性较差，主要用于制作鞋、衣料、皮带、箱包、手套等。

（2）牛皮革。其分为黄牛皮革和水牛皮革。黄牛皮表面毛孔呈圆形，毛孔密而均匀分散。水牛皮表面毛孔比黄牛皮大，数量比黄牛皮少，表面粗糙，不如黄牛皮细腻。牛皮革强度高，耐折、耐磨，粒面毛孔细密、分散、均匀，表面平整光滑，吸湿透气性好。黄牛皮可制作衣服、鞋子；水牛皮一般用来制作箱包和皮鞋内腔底。

（3）羊皮革。其分为山羊皮革和绵羊皮革。羊皮表面毛孔呈扁圆形斜深入革内，且排列清晰，呈规则的鱼鳞状。山羊皮薄而结实，柔软而富有弹性，粒面紧密、细腻。山羊皮可制作皮装、高档皮鞋、皮手套等。绵羊皮质地柔软，强度较小，粒面细腻光滑。绵羊皮可制作皮装、皮手套等。

（4）麂皮革。麂皮毛孔粗大稠密，皮面粗糙，斑疤较多，不适于做正面革。其反绒革质量上乘，皮质厚实，坚韧耐磨，绒面细密，柔软光洁，透气性和吸水性较好，一般用于服装、鞋、帽、手套、背包等。

2. 皮革的质量评定

皮革的优劣和适用性如何，对于皮革服装的选料、用料与缝制关系重大。皮革的质量是由其外观质量和内在质量综合评定的。

（1）外观质量。皮革的外观质量主要是依靠感官检验，包括以下指标。

①身骨。指皮革整体挺括的程度。手感丰满并有弹性者称为身骨丰满；手感空松、枯燥者称身骨手瘪。

②软硬度。指皮革软硬的程度。服装革以手感柔韧、不板硬为好。

③粒面细度。指加工后皮革粒面细致光亮的程度。在不降低皮革服用性能的条件下，粒面细则质量好。

④皮面残疵及皮板缺陷。指由于外伤或加工不当引起的革面不良。

（2）内在质量。皮革的内在质量主要取决于其化学、物理性能指标，有含水量、含油量、含铬量、酸碱值、抗张强度、延伸度、撕裂强度、缝裂强度、崩裂力、透气性、耐磨性等。

通常对皮质的选择和使用要求是：质地柔软而有弹性，保暖性强，具有一定的强度，吸湿透气性和化学稳定性好，穿着舒适，美观耐用，染色牢度好，光面服装革要求光洁细致，绒面革则要求革面有短密而均匀的绒毛。

（二）人造革

人造革由于有着近似天然皮革的外观，造价低廉，在服装中已大量使用。近年来，人造革的质量获得显著改进，出现了聚氯乙烯人造革、聚氨酯合成革、人造麂皮等品种。

1. 聚氯乙烯人造革

聚氯乙烯人造革是用聚氯乙烯树脂、增塑剂和其他助剂组成混合物后涂覆或黏合在基材上（纺织品中的平纹布、帆布、针织汗布、再生布、非织造布等），再经过适当的加工工艺制成。

聚氯乙烯人造革同天然皮革相比，耐用性较好，强度与弹性好，耐污易洗，不燃烧，不吸水，变形小，不脱色，对穿用环境的适应性强。厚度均匀，色泽纯而匀，便于裁剪缝制，质量容易控制。但是人造革的透气、透湿性能不如天然皮革，因而制成的服装、鞋靴舒适性差。

2. 聚氨酯合成革

聚氨酯合成革由底布和微孔结构的聚氨酯面层所组成，按底布的类型分非织造布底布、机织物底布、针织物底布和多层纺织材料底布四种。

聚氨酯合成革的性能主要取决于聚合物的类型、涂覆涂层的方法、各组分的组成、底布的结构等。其服用性能特别是强度、耐磨性、透水性、耐光老化性等优于聚氯乙烯人造革，柔软有弹性，表面光滑紧密，可以有多种颜色，可进行轧花等表面处理，品种多，仿真皮效果好。

3. 人造麂皮

仿绒面革又称为人造麂皮（仿麂皮）。服装用的人造麂皮要求既有麂皮般细密均匀的绒面外观，又有柔软、透气、耐用的性能，主要的生产方式为对聚氨酯合成革进行表面磨毛处理。用超细纤维非织造布时，先用聚氨酯溶液浸渍，然后在底布上涂覆1mm厚的用吸湿性溶剂制备的聚合物和颜料的混合溶液，成膜后再经表面磨毛处理，就得到了具有麂皮外观和手感的人造麂皮。这种人造麂皮具有很好的弹性和透水透气性，且易洗涤，是理想的绒面革代用品。

第四节　服装辅料

一、服装里料及絮填材料

里料是部分或全部覆盖服装内表面的材料，通常称里子或夹里。絮填材料则是填充于服装面料与里料之间的材料。

（一）服装里料

1. 里料的作用与种类

（1）里料的作用。服装有无里料以及里料的品种、外观和性能，将对服装的外观、品质和服用性能有重要的影响。

①使服装穿脱方便并舒适美观。大多数里料材质光滑，尤其是袖里料及膝盖绸，可使服装穿脱更加方便。光滑、柔软的里料，穿着舒适度高，特别是一些比较合体的服装，里料的使用可使服装不会因摩擦而发生变形，从而影响美观。

②可使服装提高质量档次并获得良好的保型性。里料覆盖了服装的内表面，遮挡了接缝处及其他辅料，可使服装整体外观光滑美观。因此，大多数有里料的服装比无里料的服装档次高。同时，里料能给予服装以附加的支持力，特别是对易拉伸的面料而言，可限制服装的伸长，并减少服装的褶皱，使服装获得良好的保型性。

③使服装保暖并耐穿。带里料的服装能较好地保护服装面料，使面料的反面不会因摩擦而受损。同时，外衣里料也保护了内衣的面料。此外，使用里料的服装，其保暖程度较高。

近年来，随着人们对服装品牌的重视，企业注意了辅料的配套。在定织、定染里料的同时，在里料上常采用大提花织制或印制有品牌或商标的图案或文字。这不但可使里料显得美观和提高服装的档次，同时，也能很好地宣传服装品牌。

（2）里料的种类。现在常用的是按照里料使用的原料来进行分类，大致可分为以下三类。

①天然纤维里料。天然纤维里料主要有棉布里料、真丝里料、羊毛里料。

棉布里料：棉布里料吸湿透气性好，穿着舒适，价格便宜，但不够光滑。其主要用于儿童服装、便服、中低档服装。

真丝里料：真丝里料光滑柔软，质轻美观，舒适性好，但价格高，不耐磨，易脱散且加工要求高。其主要用于高档服装。

羊毛里料：羊毛里料滑糯挺括、保暖美观，舒适性好，品质优，但价格较高，不够光滑。其主要用于秋冬季高档皮革服装。

②化学纤维里料。化学纤维里料有黏胶纤维里料、醋酯纤维和铜氨纤维里料、涤纶或锦纶长丝里料。

黏胶纤维里料：吸湿透气，舒适性好，广泛用作服装里料。短纤纱制成的人造棉布以及短纤、长丝交织的富纤布，价格便宜，是中低档服装的里料。用黏胶有光长丝织成的人丝绸、美丽绸等里料，光滑，易于热定型，是中高档服装经常采用的里料。

醋酯纤维、铜氨纤维里料：其光泽度与弹性较好，湿强低，缩水率大，部分可应用于针织服装和弹性服装。

涤纶或锦纶长丝里料：其坚牢挺括，尺寸稳定，不皱不缩，穿脱滑爽，但吸湿性差，易产生静电，是目前国内外普遍采用的服装里料。

③混纺和交织里料。混纺和交织里料有涤棉混纺里料、黏胶长丝与棉纱交织里料。涤棉混纺（的确良）里料：吸湿、坚牢挺括、光滑。适用于各种洗涤方法，常用作羽绒服、夹克衫和风衣的里料。

黏胶长丝与棉纱交织里料：以黏胶有光长丝为经纱与棉纱为纬纱而交织成的斜纹织物被称为羽纱，正面光滑如绸，反面如布。适用于各类秋冬季服装里料。

2. 服装里料的选用原则

（1）里料的质量应与服装的质量相匹配。里料的质量直接影响服装质量，应光滑、耐用，并有好的色牢度。一般而言，里料应较面料轻薄和柔软一些，夏季服装的里料要注意透气性和透湿性，而冬季服装的里料应侧重其保暖性。

（2）里料的性能应与面料的性能相匹配。即里料的缩水率、热缩率、耐热性、耐洗涤性、强度以及重量等性能应与面料相似。此外，里料的防护性能与面料同等重要。

（3）里料的颜色应与面料的颜色相协调。男装里料的颜色要与面料相同，或在同类色中颜色稍浅。女装里料的颜色亦应与面料协调，但与男装相比，变化可稍大一些。里料的颜色不能深于面料，以免在穿着摩擦和洗涤后使面料沾色。除非两面穿的服装，里料一般不用面料的对比颜色。

（4）里料的价格直接影响服装的成本。要注意里料与面料的质量、档次相匹配。

（二）服装絮填材料

服装絮填材料是填充在服装面料与里料之间的材料。填充絮填材料的目的是赋予服装保暖、保温和其他特殊功能（如防辐射、卫生保健等）。

1. 纤维材料

（1）棉花。保暖，吸湿，透气且价格低廉，但棉花弹性差，受压后弹性与保暖性降低，且水洗后难干、易变形。其多用于婴幼儿服装和中低档服装。

（2）动物毛绒。

①羊毛、骆驼绒等。保暖性好，弹性优良，但水洗后易毡化。

②羽绒。主要是鸭绒，也有鹅、鸡、雁等毛绒。羽绒轻且导热系数小，广受欢迎。羽绒的含绒率是衡量保暖性的重要指标。用羽绒絮料时要注意羽绒的洗净与消毒，选用紧密的里料与面料，防止羽绒里扎与外扎。多用于高档冬季防寒服。

（3）丝绵。由蚕茧直接缫出的丝绵是冬季丝绸服装的高档絮填料，轻薄，弹性好，但价格较高，多用于高档服装和被絮。

（4）腈纶。因其轻而保暖，已被广泛用作絮填材料。中空涤纶以其优良的手感、弹性和保暖性而受到广大服装消费者的欢迎。

2. 天然毛皮与人造毛皮

（1）天然毛皮。皮板密实挡风，毛被的粗毛弯曲蓬松，毛中都储有大量相对静止的空气层，保暖性好，为高档防寒服絮填料。

（2）人造毛皮。人造毛皮主要包括机织类的长毛绒和针织类的驼绒，经割绒、拉绒等方式织制而成。织物丰厚且保暖性好，缝制方便。通常置于服装的面料与里料之间，有时也可直接用作具备保暖功能的里料或服装开口部位的装饰沿边设计。

3. 其他絮填料

（1）泡沫塑料。挺括而富有弹性，价格便宜，但不透气，舒适性差，易老化，较多运用于玩具填充料。

（2）混合絮填料。由于羽绒用量大，成本较高。经实验研究表明，以50%的羽绒和50%的0.03~0.056tex涤纶混合使用较好，可使其更加蓬松，提高保暖性，并降低成本。也可采用70%的驼绒和30%的腈纶混合的絮填料。混合絮填料有利于材料特性的充分利用，降低成本和提高保暖性。

二、服装衬料与垫料

（一）服装用衬料

1. 衬料使用的部位与作用

衬料是指用于面料和里料之间、附着或黏合在面料反面的材料。它是服装的骨骼和支撑，对服装有平挺、造型、加固、保暖、稳定结构和便于加工等作用。

（1）衬料的使用部位。衬料的使用部位主要为复杂的衣领、驳头、前衣片的止口、挂面、胸部、肩部、袖窿、绱袖袖山部、袖口、下摆及摆衩、衣裤的口袋盖及袋口、裤腰和裤门襟等。用衬的部位不同，其目的、作用和用衬的种类也不相同。

（2）衬料的作用。

①获得满意的服装造型。在不影响面料手感、风格的前提下，借助衬的硬挺度和弹性，可使服装平挺或达到预期的造型效果。例如，服装竖起的立领，可用衬料来达到竖立且平挺的效果；西装的胸衬也可令胸部形态更加饱满；肩袖部用衬料可使服装肩部造型更加立体，同时也可使袖衫更为饱满圆顺。

②提高服装的抗皱能力和强度。衣领和驳头部位用衬、门襟和前身用衬均可使服装平挺而抗折皱，这对以轻薄型面料制作的服装尤为重要。使用衬料后的服装，因多了一层衬料的保护和固定，使面料（特别在省道和接缝处）不致在缝制和服用过程中被频繁拉伸和磨损，从而影响服装的外观和穿着时间。

③使服装折边清晰、平直而美观。在服装的折边（如领口、袖口及袖衩、

下摆边等）处用衬，可使这些部位的折线更加笔直分明，从而有效地增加服装的美观性。

④保持服装结构形状和尺寸的稳定。剪裁好的衣片中有些形状弯曲、丝缕倾斜的部位如领窝、袖窿等，在使用牵条衬后，可保证服装结构和尺寸稳定；也有些部位如袋口、纽门襟等处，在穿着时易受力拉伸而变形，使用衬料后可使其不易变形，从而保证了服装的形态稳定性和美观性。

⑤改善服装的加工性。服装面料中薄型而柔软的丝绸和单面薄型针织物等，在缝纫过程中，因不易握持而增加了缝制加工的困难程度，使用衬料后即可改善缝纫过程中的可握持性。另外，在上述轻薄柔软的面料上绣花时，因其加工难度大且绣出的花形极不易平整甚至变形，使用衬料后（一般是用纸衬或水溶性衬）即可解决这一问题。

2. 衬料的种类与特点

（1）衬料的分类方法及其种类名称。衬料的分类方法很多，主要有以下几种分类方式。

①按原料分，衬料可分为棉衬、毛衬（黑炭衬、马尾衬）、化学衬（化学硬领衬、树脂衬、黏合衬）和纸衬等。

②按使用的对象分，衬料可分为衬衣衬、外衣衬、裘皮衬、鞋靴衬、丝绸衬和绣花衬等。

③按使用部位分，衬料可分为衣衬、胸衬、领衬和领底呢、腰衬、折边衬和牵条衬等。

④按加工方式分，衬料可分为黏合衬与非黏合衬。

⑤按底布（基布）分，衬料可分为机织衬、针织衬和非织造衬。

这是常用且能较全面介绍衬类的方法，也是目前我国衬布企业生产的主要品种，其中绝大多数已应用于服装生产中。

（2）常用衬料的性能特点与应用。

①棉、麻衬。棉衬，本白平纹布（硬衬，上浆；软衬，不上浆），用作一般质量服装的衬布。麻衬，硬度大，可满足造型和抗皱要求，多用于西服胸衬、衬衫领、袖等部位。

②马尾衬。马尾衬是用马尾鬃作纬纱、以棉纱或涤棉混纺纱作经纱而织成的衬布，因马尾衬主要靠手工或半机械织造，且受马尾长度的限制，故普通马尾衬幅宽一般不超过50cm，主要用于高档西服。包芯马尾纱做纬纱与棉纱交织而成的马尾衬布，也称作夹织黑炭衬，它较一般的黑炭衬更富有弹性，使用效果更好。

③黑炭衬。黑炭衬是以毛纤维（牦牛毛、山羊毛、人发等）纯纺或混纺纱

为纬纱，以棉或棉混纺纱为经纱而织成的平纹布，再经树脂加工和定型而成的衬布。黑炭衬主要用于大衣、西服、外衣等前衣片胸、肩、袖等部位，使服装丰满、挺括和具有弹性，并有好的尺寸稳定性。

④树脂衬。树脂衬是用纯棉、涤棉或纯涤纶布（机织平纹布或针织物），经树脂整理加工而成的衬布。树脂衬具有成本低、硬挺度高、弹性好、耐水洗、不回潮等特点，广泛应用于服装的衣眉领、袖克夫、口袋、腰及腰带等部位。手感、弹性、水洗缩率、吸氯泛黄、游离甲醛含量和染色牢度等是树脂衬的主要质量指标。

⑤黏合衬。黏合衬是将热熔胶涂于底布（基布）上制成的衬。使用黏合衬时不需繁复的缝制加工，只需在一定的温度、压力和时间条件下，使黏合衬与面料（或里料）的反面黏合，挺括、美观而富有弹性。黏合衬一般是按底布（基布）种类、热熔胶种类、热熔胶的涂布方式及黏合衬的用途而进行相应的分类。

⑥其他衬料。腰衬：腰衬用于裤腰和裙腰的衬布，主要作用是：硬挺、保形、防滑和装饰。

组合衬：为了达到男、女高档西服前衣片的立体造型丰满效果，要对盖肩衬、主胸衬和驳头衬等进行工艺处理。先由衬布生产厂按照标准的服装号型尺寸，制作各种前衣片用衬的样板，并依样板严格裁制主胸、盖肩等黑炭衬或马尾衬，将胸衬、牵条衬及其他衬布组合，并按工艺要求加工而成组合衬。

牵条衬：其又称嵌条衬，用于易变形部位，如袖窿、领窝、接缝等部位，主要起牵制、加固补强、防止脱散和折边清晰的作用。

领底呢：其又称底领呢，是高档西服的领底材料，领底呢的刚度与弹性极佳，可使西服领平挺、富有弹性而不变形。领底呢有各种厚薄与颜色，使用时应与面料协调配伍。

纸衬与绣花衬：在轻薄柔软、尺寸不稳定的材料上绣花时，也可用纸衬来保证花型的准确和美观。根据这些要求研制了一种在热水中可以迅速溶解而消失的水溶性非织造衬（又称绣花衬），它是由水溶性纤维（主要为聚乙烯醇纤维）和黏合剂制成的特种非织造布，主要用作水溶性绣花衣领和水溶花边等。

3. 服装衬料的选用原则

（1）与服装面料的性能相匹配。包括服装面料的颜色、重量、厚度、色牢度、悬垂性、缩水性等。

（2）与服装造型的要求相协调。根据服装的不同设计部位及要求，选择相应类型、厚度、重量、软硬、弹性的衬料，并在裁剪时注意衬布的经向、纬向，以准确完美地达到服装设计造型的要求。

（3）有利于服装的使用和保养。服装衬料要适应穿衣环境与使用保养方法。常接触水或需经常水洗的服装，就应选择耐水洗的衬料，而毛料外衣等需干洗的服装，应选择耐干洗的衬料。同时应考虑到服装洗涤的整理熨烫，衬料与服装面料在尺寸稳定性方面都应具备很好的配伍性。

（4）要考虑制衣设备条件及衬料的成本。在满足服装设计造型要求的基础上，应本着尽量降低服装成本的原则来进行选配，以提高企业经济效益。

（二）服装垫料

服装垫料是指在服装的特定部位，用以支撑或铺衬，使该特定部位能够按设计要求加高、加厚、平整、修饰等，以使服装穿着达到合体挺拔、美观、加固等效果的材料。

1. 垫料的主要种类与应用

垫料是用来保证服装的造型和弥补人体体型的不足，就其在服装中使用的部位不同，垫料有肩垫、胸垫（胸绒）、袖山垫、臀垫、兜（袋）垫及其他特殊用垫等，其中肩垫和胸垫是服装用主要的垫料品种。

（1）肩垫。俗称攀丁，用于肩部的衬垫。一般而言，肩垫大致可分为三类。

①针刺肩垫。用棉、腈纶或涤纶为原料，用针刺方法将材料加固而成，弹性、保型性好，多用于西服、军服、大衣等。

②热定型肩垫。用模具加热定型制成，尺寸稳定、耐用，多用于风衣、夹克衫和女套装等服装上。

③海绵及泡沫塑料肩垫。通过切削或用模具注塑而成，价格便宜，但弹性、保型性差，外层包布后用于一般的女装、女衬衫和羊毛衫上。

（2）胸垫。也称胸绒，主要用于西服和大衣等服装前胸夹里内，以保证服装的立体感和胸部的饱满度，还可使服装的弹性好、挺括丰满、造型美观，并具有良好的保型性，广泛用于西服加工中。

2. 服装垫料的选择

在选配垫料时，主要依据服装设计的造型要求、服装种类、个人体型、服装流行趋势等因素来进行综合分析运用，以达到服装造型的最佳效果。

三、服装紧固材料

（一）纽扣
1. 纽扣的种类与特点
纽扣的大小、形状、花色、材质多种多样，因而纽扣种类繁多，现就其结构与材料分类做简单说明。

（1）按纽扣的结构分类。

①有眼纽扣。在纽扣的表面中央有四个或两个等距离的眼孔，以便用线手缝或钉扣机缝在服装上。其中正圆形纽扣量大面广，四眼扣多用于男装，两眼扣多用于女装。

②有脚（柄）纽扣。在扣子的背面有凸出的扣脚（柄），其上有孔眼，或者在金属纽扣的背面有一金属环，以便将扣子缝在服装上。

③编结纽扣。用服装面料缝制布带或用其他材料的绳、带经手工缠绕编结而制成的纽扣。这种编结扣有很强的装饰性和民族性，多用于中式服装和女时装。

④掀纽（按扣）。广泛使用的四合扣是用压扣机铆钉在服装上的。掀纽一般由金属（铜、钢、合金等）制成，也有用合成材料（聚酯、塑料等）制成的。掀纽是强度较高的扣紧件，容易开启和关闭，耐热、耐洗、耐压。

（2）按纽扣的材料分类。

①树脂扣。树脂扣有良好的染色性，色泽鲜艳，能耐高温（180℃）熨烫，并可在100℃热水中洗涤1h以上，其耐化学品性及耐磨性均好，所以广泛应用于中高档服装。

②ABS注塑及电镀纽扣。ABS为热塑性塑料，具有良好的成型性和电镀性能，制成的纽扣美观高雅，有极强的装饰性。

③电玉扣。硬度高，结实耐磨，又有较好的耐热性，耐干洗，不易变形和损坏，价格便宜，被广泛地应用于中低档服装上。

④胶木扣。胶木扣价格低廉，耐热性好，光泽差，是目前低档服装用扣。

⑤金属扣。价格低，装订方便，被广泛采用，用在牛仔服、羽绒服、夹克衫等服装上。

⑥有机玻璃扣。有机玻璃扣具有晶莹闪亮的珠光和艳丽的色泽，极富装饰性，表面不耐磨，易划伤，而且不耐高温和不耐有机溶剂。因此，它多用于女时装上。

⑦塑料扣。易脆而不耐高温，不耐有机溶剂。价格便宜并有多种颜色可选用，多用于低档女装和童装。

⑧木扣和竹扣。木扣耐热，耐洗涤，符合天然、环保要求，多用于环保服装和麻类服装上。木扣的缺点是吸水膨胀后再晒干时，可能出现变形与裂损。竹扣与木扣的性能相似，但其吸水变形情况要好些。

⑨贝壳扣。用各类贝壳制成的纽扣，有珍珠般的光泽，并有隐约的花纹。坚硬、耐高温、耐洗涤，也是天然、环保型的纽扣。小型贝壳扣广泛用于男女

衬衫和内衣，经染色的贝壳扣广泛用于高档时装。

⑩织物包覆扣与编结扣。用服装面料（各种纺织品，人造革与天然皮革）包覆而成的包覆扣，可使服装高雅而协调，常用于流行女装或皮装。编结扣则可使服装具有工艺性和民族性。

⑪组合扣。用两种及以上材料组合起来的纽扣。如用 ABS 与人造玉石、人造珍珠组合，金属件与树脂组合，以及树脂与 ABS 组合等。组合扣高雅富丽，常用于男衬衫袖扣和高档西服及女时装。

⑫其他纽扣。在纽扣的新产品开发中，也有少量具有特殊性能的纽扣，如有香味、夜光等纽扣等。

2. 纽扣的选配

选配纽扣与选配其他辅料一样，要求它们在颜色、造型、重量、大小、性能和价格等方面与服装面料相配伍。

（1）纽扣应与服装颜色相协调；纽扣的形状也要与服装款式相协调。

（2）纽扣的大小尺寸和重量应与面料配伍。金属扣用在厚重面料和休闲的服装上。轻薄面料要用轻巧的纽扣，否则容易损坏面料，使服装穿着不平整。

（3）纽扣的性能应与服装穿着保管条件相匹配。高档的毛料服装，因要干洗并高温熨烫，所配用的纽扣不但要耐高温并要耐有机溶剂；衬衫、内衣及儿童服装要耐水洗，宜轻薄。

（4）纽扣选择应考虑经济性，应与服装面料的价格相匹配。

（二）拉链

拉链用作服装的紧固辅件时，既操作方便，又简化了服装加工工艺，因而使用广泛。

1. 拉链的结构

拉链牙是形成拉链闭合的部件，其材质决定着拉链的形状和性能。头掣和尾掣用以防止拉链头、拉链牙从头端和尾端脱落。边绳织于拉链底带的边缘，作为拉链牙的依托。而底带衬托拉链牙并借以与服装缝合。底带由纯棉、涤棉或纯涤纶等纤维原料织成并经定型整理，其宽度则随拉链号数的增大而加宽。

拉链头用以控制拉链的开启与闭合，其上的把柄形状多样而精美，既可作为服装的装饰，又可作为商标标识。拉链是否能锁紧，则靠拉链头上的小掣子来决定。插针、针片和针盒用于开尾拉链。在闭合拉链前，靠针片与针盒的配合将两边的带子对齐，以对准拉链牙和保证服装的平整定位。而针片用以增加底带尾部的硬度，以便针片插入针盒时配合准确与操作。

2. 拉链的种类

拉链可按其结构形态、加工工艺和构成拉链牙的材料进行分类。

（1）按拉链的结构形态分类。

①闭尾拉链（常规拉链）。有一端或两端闭合。一端闭合用于裤子、裙子和领口等，两端闭合拉链则用于口袋等。

②开尾拉链（分离拉链）。主要用于前襟全开的服装（如滑雪服、夹克衫及外套等）和可装卸衣里的服装。

（2）按拉链的加工工艺分类。

①金属拉链。用金属压制成牙以后，经过喷镀处理，再连续排装于布带上。金属（铜、铝等）拉链用此法。

②注塑拉链。用熔融状态的树脂或尼龙注入模内，使之在布带上定型成牙而制成拉链。由于这些树脂（聚甲醛等）或尼龙可染色，所以可制成牙与布带同色的拉链，以适应不同颜色的服装。这种拉链较金属拉链手感柔软，耐水洗且牙不易脱落，运动服、羽绒服、夹克衫和针织外衣等普遍采用。

③螺旋拉链（圈状拉链）。这种拉链是用聚酯或锦纶丝呈螺旋状缝织于布带上。拉链表面圈状牙明显的为螺旋拉链。

④隐形拉链。将圈状牙隐蔽起来的即为隐形拉链，轻巧、耐磨而富有弹性，也可染色，普遍用于女装、童装、裤子、裙装及T恤衫等服装上。特别是尼龙丝易定型，可制成小号码的细拉链，用于轻薄的服装上。

（3）接拉链牙的材料分类。按拉链牙的材料，拉链又可分为金属拉链（铜、铝、锌等）、树脂（塑胶）拉链、聚酯（聚甲醛、聚酯等）、尼龙拉链等。

3. 拉链的选择

（1）通过外观和功能的质量选择拉链。拉链应色泽纯净，无色斑、污垢，无折皱和扭曲，手感柔和并啮合良好。针片插入、拔出及开闭拉动应灵活自如，商标清晰，自锁性能可靠。

（2）根据服装的用途、使用保养方式、服装厚薄、面料的颜色以及使用拉链的部位来选择拉链。常水洗的服装最好不用金属拉链，需高温处理的服装宜用金属拉链。拉链的颜色（底带与拉链牙）应与服装面料颜色相同或相协调。牛仔服要用金属拉链，连衣裙、旗袍及裙子以用隐形拉链为好。色彩鲜艳的运动服装最好用颜色相同或对比强烈的大牙塑胶拉链。

（三）绳带、尼龙搭扣和钩环

1. 绳带

通常服装辅料中的绳带是指纺织绳带，是绳子和织带的统称。通常服装上的绳带既用于服装固紧，也有很好的装饰作用。

应根据服装的档次、风格、颜色、厚薄等来确定绳带的材料、花色和粗细，并要注意配以相应的饰物。应指出的是，儿童服装不宜多用绳带，以免影响活动和安全。松紧带比较适用于童装、运动装、孕妇装及女式内衣等。

2. 尼龙搭扣

尼龙搭扣是由尼龙钩带和尼龙绒带两部分组成的连接用带状织物。钩带和绒带复合起来略加轻压，就能产生较大的扣合力，广泛应用于服装、背包、篷帐、降落伞、窗帘、沙发套等。

3. 钩和环

钩与环是服装中比较常见的紧固辅件之一，它们由一堆紧固件的两个部分组成，一般由金属加工而成，也有用树脂或塑料等材料制作的。这些辅料主要用于可调节的裙腰、裤腰、女士文胸、腰封等不宜钉扣及开扣眼的部位。

四、服装用缝纫线

（一）缝纫线的种类与特点

缝纫线有多种分类方法，最常用的是按其所用的纤维原料进行分类。

按缝纫线原料分，缝纫线可分为天然纤维缝纫线、合成纤维缝纫线。

1. 天然纤维缝纫线

（1）棉缝纫线。具有较高的拉伸强力，尺寸稳定性好，线缝不易变形，并有优良的耐热性，能承受 200℃ 以上的高温，适于高速缝纫与耐久压烫。但其弹性与耐磨性较差，容易受到潮湿与细菌的影响。

（2）丝线。可以是长丝或绢丝线，具有极好的光泽，其强度、弹性和耐磨性能均优于棉线，适用于丝绸服装及其他高档服装的缝纫，是缉明线的理想用线。

2. 合成纤维缝纫线

合成纤维缝纫线的主要特点是拉伸强度大，水洗缩率小，耐磨，并对潮湿与细菌有较好的抵抗性。由于其原料充足，价格较低，可缝性好，是目前主要的缝纫用线。

（1）涤纶线。涤纶强度高、耐磨、耐化学品性能好，价格相对较低，因此涤纶缝纫线已占主导地位。

（2）锦纶线。锦纶缝纫线主要有长丝线、短纤维线和弹力变形线三种。一般用于缝制化学纤维面料、呢绒面料。它与涤纶线相比，具有强伸度大、弹性好的特点，且更轻，但其耐磨和耐光性不及涤纶。

（3）腈纶线与维纶缝纫线。腈纶由于有较好的耐光性，且染色鲜艳，适用于装饰缝纫线和绣花线（绣花线比缝纫线捻度约低 20%）。维纶线由于其强度好，化学稳定性好，一般用于缝制厚实的帆布、家具布等，但由于其热湿缩率大，缝制品一般不喷水熨烫。

（二）缝纫线的质量与可缝性

1. 缝纫线的质量要求

优质缝纫线应具有足够的拉伸强度和光滑无疵的表面，条干均匀，弹性好，缩率小，染色牢度好，耐化学品性好，具有优良的可缝性。

2. 缝纫线的可缝性

缝纫线可缝性是缝纫线质量的综合评价指标。它表示在规定条件下，缝纫线能顺利缝纫和形成良好的线迹，并在线迹中保持一定的力学性能。由此可见，缝纫线可缝性的优劣，将对服装生产效率、缝制质量及服装的服用性能产生直接的影响。

（三）服装用缝纫线的选用原则

1. 面料种类与性能

缝纫线与面料的原料相同或相近，才能保证其缩率、耐化学品性、耐热性等相匹配，以避免由于线与面料性能差异而引起的外观皱缩弊病。

2. 服装种类和用途

选择缝纫线时，应考虑服装的用途、穿着环境及保养方式。

3. 接缝与线迹的种类

多根线的包缝，需用蓬松的线或变形线，对于 400 类双线线迹，则应选择延伸性较大的线。

4. 缝纫线的价格与质量

缝纫线的选择既影响缝纫产量，又影响缝纫质量。因此，需要合理选择缝纫线的价格与质量。

五、其他辅料

除了上述介绍的服装辅料之外，还有一些服装装饰材料（如花边、珠片等）、标识材料（如商标、尺码带等）和包装材料（如纸袋、布袋等）。这些辅料虽小，但是材料和形式多样，不可忽视。

（一）服装装饰材料

1. 花边

花边是当今女装和童装中常被采纳的流行时尚元素之一，常用于女时装、裙装、内衣、童装、女衬衫以及羊毛衫等，花边的使用可以提高服装的装饰性和档次。花边分为编织花边、针织花边、刺绣花边和机织花边四大类。

（1）编织花边。编织花边可以根据用户的需要改变花型、规格和牙边的形状。这种花边在各式女装、童装、内衣、睡衣及羊毛衫上应用较多。

（2）针织花边。该类型花边用经编机织制，故亦称经编花边，原料多为锦纶丝、涤纶丝。针织花边轻盈、透明，有很好的装饰性，多用于内衣及装饰物。

（3）刺绣花边。有些高档刺绣花边是将花绣于带织物上，然后将刺绣花边装饰于服装上。而目前应用较多的是用化学纤维丝绣花线将花绣在水溶性非织造底布上，然后将底布溶化，留下绣花花边。这种花边也称水溶花边，常用于高档女时装或衬衫衣领。

（4）机织花边。该类型花边用提花机织制，使用原料有棉纱线、真丝、锦纶丝、涤纶丝及金银丝等。机织花边质地紧密，立体感强。

2. 珠片

近年来，珠片在服装上应用非常广泛，尤其在礼服、表演装、女装和童装中表现尤为抢眼。

为了服装生产便捷有效，现在市场上的珠片大都被再次设计加工成了各种珠片链、珠片花、珠片衣领、珠片亮片匹布等，大大节省了生产周期，提高了生产效率。

（二）服装标识材料

服装标识是服装企业品牌和产品说明的信息载体和说明方式，它主要包括服装的商标、规格标识、洗涤保养标识、吊牌标识等，是非常重要且不能缺少的服装辅料种类。

1. 商标

服装的商标是企业用以与其他企业生产的服装相区别的标记，通常这些标记用文字和图形来表示。服装商标的种类很多，从所用材料看，主要有胶纸、塑料、织物（包括棉布、绸缎等）、皮革和金属等，其制作的方法有印刷、提花、植绒等。商标的大小、厚薄、色彩及价值等应与服装相匹配。

2. 规格标识

服装的规格标识即服装号型尺码带，是服装的重要标识之一。我国对服装有统一的号型规格标准，它既是服装设计生产的依据标准，也是消费者购买服装时的重要参考。服装的规格标识一般用棉织带或化学纤维丝缎带制成，说明服装的号型、规格、款式、颜色等。

3. 洗涤保养标识

服装的洗涤保养标识是消费者在穿着后对服装进行洗涤保养的重要参考依

据，它不仅关系到服装正确的保养方法，还可有效地提高服装的持久可穿性，有效降低因洗涤保养不当而造成的投诉和纠纷，为服装营造一个良好的服用环境。

4. 吊牌标识

服装的吊牌标识是企业形象的另一个名片，因为在服装的吊牌上印刷有企业名称、地址、电话、邮编、注册商标等重要信息。吊牌的材料大都采用纸质、塑料、金属、织物等。

（三）服装包装材料

服装包装是服装整体形象的一个重要环节。服装包装已成为服装品牌宣传和推广的重要手段之一，直接影响服装的价值、销路和企业形象，因此服装包装材料是服装材料中不可缺少的必要组成部分。一般情况下，服装包装可分为内层包装、外层包装和终端包装。

1. 内层包装

主要作用是保持服装数量便于清点和运输，是服装储存、运输的重要保障。

2. 外层包装

一般采用瓦楞纸箱、木箱、塑料编织袋三种方式，这主要是为了便于运输、储存。此外还要采取相应的防潮措施，以防服装受潮而影响质量。

3. 终端包装

指服饰用购物袋，主要用于展示服装品牌和形象宣传，同时便于消费者买后携带。

总之，服装辅料关系到服装的整体效果，使用得当，将有利于提高服装的舒适度，并利于终端销售。

第四章 纺织服装面料设计法则与技法

第一节 纺织服装面料设计的形式美法则

一、统一与变化

统一与变化是构成形式美最基本的美学规律，它涉及事物的差异与统一。"统一"体现了各事物的共性或整体联系。在纺织服装面料创意设计中"统一"所指的是面料形状、肌理材质、色彩元素上相同或相似的各种要素汇集而成一个整体，它在形式上具有同一性和秩序感。统一分为绝对统一和相对统一两种形式，绝对统一是指其构成的要素完全相同一致，在视觉上具有强烈的秩序感和稳定感；而相对统一指的是元素既存在相似性又有一定的差异，从整体效果上仍可感受到秩序与稳定但同时具有变化和差异。

变化则是统一的对立面。"变化"是指性质相异的形态要素并置在一起所形成的对比，变化具有多样性和运动感的特征。这种变化是以一定规律为基础的，无规律的变化则会导致混乱和无序，变化即一种对比关系。变化分为两类：从属变化和对比变化。从属变化是指以一定前提或一定范围的变化，这种形式可取得活泼、醒目之感。例如，面料创意设计作品以魔方为灵感，把画面分割成多个立方体，在图案的形状上形成了统一，而在面料的肌理以及色彩的光泽上都存在强烈的对比与变化关系。对比变化是指各种对比元素并置在一起，造成强烈的冲突感，具有不稳定的效果。无论是色彩、肌理还是形状都存在强烈的对比关系，给人不协调感、跳跃感。

在统一与变化关系中，单有变化容易造成杂乱无章、溃散无序之感，而仅仅是统一又会带来单调、贫乏、呆板的局面。在纺织服装面料创意设计中，应以统一为前提，在统一中找变化；或以变化为主体，在变化中求统一，即面料的色彩、形状、材质三大要素需准确把控其统一与变化的关系，三者需以统一为前提，以变化为韵律才能使作品在秩序上产生最佳的视觉美感。

二、对比与调和

在量与质方面，两个或两个以上的要素之间形成对比，并实现要素个性与共性的融合，可称为对比与调和。在设计中只要有两个以上的设计元素就会产生对比或调和的关系，因此这种关系在设计中具有重要地位。

对比是把异形、异色、异质、异量的设计元素并置在一起，形成相互对照，以突出或增强各自特性的形式，它能使主题更鲜明，视觉效果更活跃。对面料进行创意设计可充分利用对比法则，通过面料的裁剪与组合，形成软或硬、凹与凸、厚或薄、抽象或具体等元素的组合对比，从而产生强烈的视觉冲击力。设计师利用抽纱、镂空等破坏性手法，形成残缺与完整、虚与实的对比处理。但如果面料对比过于强烈，则易产生不协调、刺目感；而面料过分调和也易产生乏味、单调感。在面料创意设计中，要善于衡量两者关系，根据要求灵活处理。

调和可理解为协调各种不同的元素，在变化的元素中寻求过渡，使画面趋向于"统一"和"一致"，使人感到融合，协调。在调和中有相似调和与相对调和两种类型。相似调和是将相似的因素结合起来，给人一种统一柔和的美感；相对调和是将变化对立的元素相结合，在对立变化中寻求秩序与和谐的创作方式。在纺织服装面料创意设计中，色彩的调和既可以利用色彩的渐变或间色来进行调和，也可以运用相同装饰手法或相同形状进行调和，在视觉上形成和谐与统一。

三、节奏与韵律

节奏与韵律是指作品中一些元素有条理地反复、交替或排列，使人在视觉上感受到动态的连续性从而产生一种规律感。节奏是韵律形式的纯化，韵律是节奏形式的深化，节奏富于理性，而韵律则富于感性。纺织服装面料创意设计产生节奏美感需要符合两个基本条件：第一是存在对比或对立因素，具有本质的区别和对立关系的视觉造型因素的并置或连续呈现，必须具备一定数量的较大程度的差异和对立。第二是有规律的重复，从而体现对象的一种连续变化秩序，即对比或对立因素有规律地交替呈现。当我们以整体的、关联的方式安排和处理设计元素时，我们才能使面料作品具有某种节奏，也只有当我们这样观察和体会设计作品时，才能把握它的节奏。

在纺织服装面料创意设计中，节奏的基本形式包括：有规律节奏、无规律节奏、放射性节奏、等级节奏等，不同的节奏给人不同的视觉和心理感受。以线为构成元素进行等级有序的设计，运用多种不同材质的线性材料如：软与硬、粗与细、光滑和粗糙、实与虚、曲与直、长与短等进行交错搭配来表现由近及远的节奏感。节奏表现形式有重复、渐变、律动、回旋、起伏等。

韵律通常是指有规律的节奏经过扩展和变化所产生的流动的视觉美感。在音乐的概念里，韵律定义为：当几个不同高度的乐音和某种样式的节奏组合在一起，即获得了最简单的最具生命力的音乐形式。在纺织服装面料创意设计中，重复的图形、色彩以强弱起伏、抑扬顿挫的规律变化就会产生优美的律动感。有韵律的面料创意设计作品一定是有节奏的，而有节奏的面料创意设计作品未必一定有韵律。由小到大，由细到粗，由密到疏变化的图形，在一定的架构下不断重复，这不仅体现了韵律在节奏基础上的升华，也是韵律与节奏相辅相成的最佳体现。纺织服装面料创意设计作品借助色彩的反复与变化造就一种有强弱起伏规律、有动感的形式也是体现韵律美的一种有效的手法。

四、对称与均衡

对称与均衡是不同类型的稳定形式，即保持物体外观量感均衡，以达到视觉上的稳定态势。对称是指作品中轴线两侧图形比例、尺寸、色彩、结构呈镜射结构，在对称形式中对称点或对称轴线会成为视觉的聚集焦点，能够起到突出中心的作用。对称的形态在视觉上有端庄、静穆、均匀、协调、庄重、稳定、秩序、理性、沉静的朴素美感，符合人们的视觉习惯。在纺织服装面料创意设计中，可以采用左右对称、斜角对称、多方对称、反转对称、平移对称、结构对称等方式来进行创作。采用结构对称的形式，展现均衡、稳定的美感。

均衡是指物体上下、前后、左右间各构成要素具有相似的体量关系，通过视觉表现出来的秩序以及平衡感。在纺织服装面料创意设计中，均衡结构是一种自由稳定的结构形式，一个画面的均衡是指画面的上与下、左与右取得的面积、色彩、重量等的大体平衡。例如作品以蒙德里安构图为灵感，画面中的方块并非左右完全对称，但在不规则的构图里，色彩的量感以及不同区域的肌理都通过占比面积使作品产生了一份自然平衡的美感。

在各种纺织服装面料设计中，出于人们对于上下、左右对称形式的视觉习惯，对称结构的服装及面料设计是较为常见的。但在面料创意设计中频繁、大量的对称也可能会使作品过于呆板而缺乏生动的变化。而均衡的结构形式能打破这一局面形成更为生动活泼和富有运动感的视觉效果，但有时候也会由于变化过强而导致失衡。因此，在纺织服装面料创意设计中要注意把对称、均衡两种形式有机结合起来，灵活运用。

五、比例与分割

比例与分割是艺术设计中非常关键的形式美法则，它是指设计作品的整体与局部、局部与局部之间的尺度或数量关系。合理的比例是形成良好视觉效果的基础，在对面料进行创新设计时，应首先对面料比例进行合理划分，应结合服装甚至人体的具体尺度，分析服装的局部整体结构、人体活动的特征，合理分割面料，以此突出作品的完美比例。

比例与分割的纺织服装面料创意设计主要通过打散重组原有材料，重组个体，合理地分配面积、色彩、材质的数量关系，并通过绗缝、刺绣、褶皱等手法来完成和实现。

设计师通常根据视觉习惯、体型尺度以及审美需求等因素来确定设计主体的比例关系，常被广泛使用的比例关系有黄金比例、等差数列、等比数列等。其中，黄金分割比例是被公认为最能引起美感的一种比例形式，黄金分割比例是一个数字的比例关系，即将一条线一分为二，而长段与短段的比恰巧为整条线段与长段之比，其比值近似为1∶0.618。人体也可以以相同的方式进行分割，即以人的肚脐为界，上半身长度与下半身长度与黄金比数值一致。服装设计中用分割线、色块、面料肌理严格控制服装与人体的比例关系，使得视觉保持审美、和谐统一。如人体的结构和比例是服装结构设计的依据，不同身体部位，如肩膀的宽度、腰线位置、袖子长度等都有约定俗成的尺寸和比例关系。创意面料所装饰的部位、面积的大小、色彩配色对服装以及视觉比例都具有关键性的作用。因此，对面料的创意设计可以被认为是调节服装比例与分割的一种重要的手段。

值得说明的是，设计中的比例与分割形式并不是绝对和一成不变的。在设计的过程中需要考虑设计对象的风格、功能以及受众人群等多方面的因素来进行比例的合理调整和灵活控制，在满足其实用功能的基础上实现美学价值。

所以在设计过程中，形式美法则的运用是纺织服装面料创意设计的理论依据，而不是束缚设计创新的框架，在灵活利用形式美法则的基础上，也要敢于有新的尝试和突破。这种突破可分为局部和整体的突破，局部突破指在小面积脱离形式美法则的规律，而并不影响服装整体的审美与艺术效果；整体突破则是全盘否定形式美法则的审美习惯并建立新的设计结构，被称为"反常规"设计。整体突破虽然不是设计的主流和惯用的方法，但是在服装设计领域也不乏优秀大胆的"反常规"作品。两种突破形式是设计师寻找新的设计方法和挑战新的设计构思的有效途径。

第二节 纺织服装面料创意设计思维方法

一、设计与创造性思维

（一）思维

人类的思维是一种具有实践性、艺术性的精神活动。思维既是人脑对客观事物能动的、间接的和概括的反映，也是人类智力活动的主要表现形式。思维表现为人不仅能直接感知个别、具体的事物，认识事物的表面联系，还能运用已有的知识经验去间接地、概括地认识事物，揭露事物之间的本质联系和内在规律。对于设计师而言，服装产品就是设计思维展示出来的结果。在设计过程中，各类思维之间灵活转换，相互融合。

（二）设计思维

设计思维指从设计的角度出发，妥善处理设计的理性与艺术的感性之间的关系，是将理性概念、意义、思想、精神通过设计的表现形式加以实现的过程。设计思维过程是复杂的心理现象，通常被认为是创造性思维和设计方法学的有机结合，同时又是逻辑思维与形象思维、发散思维与辐合思维等方式在设计过程中的有机结合。设计师经过有意识的训练与长期设计实践，逐渐认识设计对象与客观环境之间的各种联系，逐渐掌握设计规律，从而形成一定的设计思维方式和方法。设计师的灵感来自观察和体会，设计思维的演进是由形象思维启发到逻辑思维推理渐进的复杂过程。

（三）创造性思维

仅仅依靠常规性的思维方法难以实现创新的构思，创造性思维在这个时候就发挥了极其重要的作用。创造是人类劳动中最高级、最活跃、最复杂、最有意义的实践活动。具有创造性思维的设计师可以想别人所未想、见别人所未见、做别人所未做之事，敢于突破原有的框架，或是从多种规范的交叉处着手，或是反向思考，从而取得突破性的成就。

创造性思维通过从逻辑思维到形象思维的转变，使抽象的理念向具象的图、文、声转化。创造的意义在于突破已有的束缚，以独创性的崭新观念或形式进行设计构思。没有创造性思维就没有设计，整个设计活动过程就是以创造性思维形成设计构思并最终产生成品的过程。

创造性思维是从各种思维形式中吸取长处，共同融合，交叉发挥功能的综合性思维。调研、分析、突破、重构是创造性思维的一般过程。在设计的创造性思维形成过程中，通过调研得到可供发展的思维火花，根据确立的设计目标进行分析，为突破、创新准备条件。突破是创造性思维的核心，设计方案中存在突破性的创新因素，合理组织这些因素，围绕着目标进行重构就形成了创造性思维的主要内容。

设计师在服装设计过程中使用各种设计手法使服装的色彩、搭配、比例、对比、量感、节奏等既自然和谐，又具有一定的创新性，满足消费者追求个性的心理以及市场的需求，就要求服装设计师具有创造性思维。创意作为设计的灵魂，并不是属于少数人的能力，每个人都拥有创意的天赋，关键在于其观察世界的角度。有人认为，创意是用"脚"走出来的，因为走的路多了，看得多、听得多、想得多，创意就出来了。服装设计师须对各种艺术融会贯通，培养艺术的通感；同时不断地在实践中开阔视野，丰富艺术的想象力，提高艺术的鉴赏力和创新能力。

人的创造力要靠后天的培养调动起来。只要做一个设计的"有心人"，创意便无处不在。以下是一些发现创意的技巧：①善于观察，勤于记录。②对生活充满好奇心，发现别人看不到的事物。③全方位探索各种各样的可能性。④学会带着问号看周围的世界。⑤建立自己的信息平台。⑥旅行是激发思考、获取创意的方法。⑦勤与他人沟通交流。⑧兴趣是创意的摇篮。⑨及时了解新技术。

二、服装设计中的思维类型

（一）逻辑思维

设计思维以逻辑思维和形象思维为主要形式。逻辑与中国古代的"道"类似，"形而上者谓之道，形而下者谓之器"。"道"就是指规律、法则与原理，是"逻辑"的基本内涵。逻辑思维是指人们在认识过程中借助于概念、判断、推理反映现实的过程。

逻辑思维在设计艺术中的应用无处不在，设计物本身具有一定的逻辑关系，无论是建筑、器物的造型还是平面设计都离不开数与量、比例与秩序的关系。逻辑思维是人类生活经验的总结，它使设计更趋于合理，又使设计具有无限的张力。

在服装设计中，逻辑思维无时无刻不运用在设计构思过程中。首先，服装服务于人，在进行设计时必须考虑人体的尺寸，服装与人的关系、服装的可穿性及舒适性；其次，服装作为产品，性别、年龄、季节、穿着场合、市场、成本、工业制衣规律等都需要设计师通盘考虑；最后，服装作为文化精神符号，政治、经济、社会、人文等因素也都是设计师需要关注的方面。

（二）形象思维

形象思维是用直观的形象或表象解决问题的思维方式，其特点是形象的具体性、完整性和跳跃性。形象思维是一种感性的思维运动。设计师通过对客观世界的观察，将无数表象在头脑中储存起来形成形象，进行服装设计时再将记忆中的这些形象经过分析、选择、归纳、整理，重新组合成新的形象。

"形象"要素是形象思维的核心，也是服装设计思维的显著特征。从艺术角度来说，形象是服装作品的基本特点；从产品角度来说，形象是设计产品的视觉语言。没有了形象，服装设计就没有了思维载体和表达语言。

"想象力"是形象思维的基础。想象力是人类认识自然、认识自我的一种心理机制。想象是形象思维的较高级阶段，是人脑利用原有的表象形成新形象的心理过程。设计师借助于想象力可以"看到"服装的面貌。在这个阶段，设计师不受现有感性材料和记忆表象的束缚，突破直接经验的限制，将服装"创造"出来，通过设计表达进一步将服装形象化、具体化。

"联想"是形象思维的重要手段，是现实事物之间的某种联系在人脑中的反映。人的联想往往建立在过去经验的基础之上，有的来自直接体验，有的来自间接学习。设计师平时的积累越多，联想就越灵活、越敏捷；设计经验越丰富，联想就越具有宽度和深度。服装设计强调联想的运用，是一种有意识的、自觉的心理行为。从想象到联想，是将感性思维上升到理性思维，再将理性思维融于感性领域，进而获得合乎设计要求形象的过程。

形象思维不受时间、空间限制，可以施展强大的主观能动性，借助想象、联想，甚至理想、虚构来创造新形象。它具有浪漫主义色彩，同以理性断定、推理为基础的逻辑思维有着本质的不同。

服装设计师在运用形象思维时通常采用三种方法：第一种是"深化法"，即通过对来自生活的典型形象进行加工和深化，在构思过程中创造生动的新形象。这种加强和深化是以现实生活为依据的。例如，鱼尾裙、喇叭裤、马蹄袖等都源自设计师对生活中形象的艺术加工。第二种是"分化法"，它类似于图案中的写生变形，即由一种形象拓展出多种形象，并保持着原来的基本特点和重要符号。这种方法也被称作"再创造"，多用于系列化联想中。第三种是"变异法"，这种构思往往带有某种虚构和理想成分，同时也最具创造性。设计者可以不受时空限制，在已有的形象材料基础上进行分解、组合、打散，构成新的形象。

我们不能孤立地看待服装设计中的形象思维和逻辑思维，二者有着本质不同却又相互统一。逻辑思维是运用抽象的概念进行判断和推理，形象思维则是运用物象的表面特征展开联想和想象。逻辑思维的推进往往伴随形象思维的发生，以逻辑思维为主的理性思考往往指导着形象思维的具体运用。在服装设计过程中，二者总是相辅相成，相互促进。

（三）发散思维

发散思维是以感性思维为基础的开放性思维，是从已知的或限定的因素出发，进行多角度思考，探索多种解决方案的思维方法。发散思维具有独创性、灵活性、变通性、流畅性的特点。由于思维朝不同的方向扩散，使得更多的创意和构思、更多的解决方案和设想被提出。

发散思维主要适用于设计构思的初始阶段，其作用是帮助设计师摆脱思维定式的束缚，有意识变换视角，扩大视野范围，突破框架进行变化创新。例如以"鹦鹉"作为主题进行发散性思考，可以从鹦鹉的外部造型、羽毛的纹理与色彩、眼睛与爪子等局部细节、飞翔的样子等方面着手，探寻有用的信息，将这些信息转化为服装的设计元素。

运用发散思维的关键在于确定发散点和发散方向。发散点作为引发整体设计的起始点是至关重要的，只有确定发散点，才能有方向地联想到相关形象，触发形象思维，展开具体形式构思。设计发散点的选择没有任何限制，它可以是一幅画、一首诗、一件工艺品、一种肌理，也可以是一种风格、一种类型、一种功能、一种结构，甚至是一根纱线。只要是能激起兴趣、引发灵感的事物都可以作为设计的发散点。对服装设计而言，确定可行的发散点必须结合既定的设计方案，以确保设计拓展的有效性，提高设计效率。发散方向是以发散点为依托，从造型、结构、色彩、材料、装饰、工艺、功能、数量、大小、比例、层次等多方面、多角度展开设想，寻求获得足够多的设计变化。

服装设计师要提高发散思维能力，需要做到以下几点：首先，必须有明确的构思方向，做到有的放矢；其次，要有对世界的理解和观察能力；最后，要有大量由实践积累起来的设计技巧和经验。

在进行发散思维时不能忽略头脑风暴法和思维导图的作用。头脑风暴法是发散思维的一种展开方式，是一种创造性设计思维互动的组织形式。头脑风暴法围绕主题寻求多种解决方案。在进行头脑风暴的过程中，凡是头脑中由这个主题触发而思考出来的、闪现出来的信息都要写下来，只有这样思绪飞跃，才可能挖掘出别人没有注意到的想法，形成创造性的思考。思维导图是英国学者托尼·布赞（Tony Buzan）于20世纪70年代提出的应用于记忆、学习、思考的思维"地图"。它利于发散思维的展开，帮助人进行有效的思考，尤其是在设计领域，可以帮助设计师寻找设计灵感，是一种可以帮助思考的便捷工具。思维导图通过由一个主题出发在平面上画出相关联的对象的方式层层递进，像一个心脏及其周边的血管图，所以又被称为"心智图"。由于这种表现方式比文本更加接近人思考时的想象，所以被越来越多的设计师用于构思过程。

在服装设计中，发散思维往往通过以下几种方式表现出来。

1. 加减法

加减法是对原型进行复杂化或简化的一种处理方法。原型的概念不受限制，既可以是服装的基本款，例如衬衫，也可以以某一服装类别，或者以自己设计的某一款服装作为原型。

2. 极限法

极限法是采用夸张的手法将设计元素表现出来，使其突破原有的尺度，达到极限。例如使大的变得更大，小的变得更小，长的变得更长，短的变得更短，粗的变得更粗，细的变得更细等手法进行变化处理；或者在色彩设计中采用使冷的变得更冷，暖的变得更暖的表现手法。通过极限设计的方式形成强烈的视觉冲击力，实现对比的形式美。

3. 逆向法

逆向法通常针对惯性思维而言，没有现成的逻辑和规律可循，需要设计师着眼于新的视角，跳出原来固有的思维模式，打破常规的定律。例如缝缉线原本隐藏于服装的内部，运用逆向思维的方法，可以将其运用在服装的外面，起到一定的装饰作用；又或者将上装变为下装等。逆向思维给设计打开新的天地，令人眼前豁然一亮，带来新鲜的感受，形成新颖的形象。

4. 组合法

组合法是将不同功能、不同款式的服装或不同材质的各种设计元素组合起来，通过设计师的构思，在原有设计元素的基础上重新组合形成新的造型的方法。例如，将帽子与上衣相结合组成连帽衣可以追溯到哥特时期的服饰。组合法可以贯穿东西方文化，打破季节的界限，糅合经典与前卫的表现手法，诠释出新的服装形象，是创意设计的常用手法。

5. 变更法

变更法是逆向思维的一种表现形式，通过对原有服装的某一局部加以变化，或改变常用的材质，或改变加工的手法，或改变配饰等，使服装产生相应的变化，达到服装创新的目的。

6. 联想法

联想法是将生活中观察到的各种事物，或直接或间接地与设计相关联的方法。仿生设计就是联想法的一种。燕尾服、马蹄袖、蝙蝠衫、鱼尾裙等都是联想构思的结果。这些表现形式使服装呈现出千变万化的形态。

（四）辐合思维

当运用发散思维产生了各种不同的设想之后，就需要筛选最能兼顾设计条件的方案作为深入构思的线索，根据设计经验，不断取舍直至形成理想的设计方案，这个过程就需要辐合思维的整合作用。辐合思维是对各种创造性设想进行归纳和整理，依据价值观判断可行性直至完善的思维方法。辐合思维以理性思维为基础，强调事物之间的相互关系，主要适用于设计构思的中后期，在选择、深化和完善设计构思过程中发挥着重要作用。

发散思维与辐合思维相互补充、转化和融合，构造创新思维的运行模式。发散思维与创造力有直接关系，它可以使设计师思维灵活、思路开阔；而辐合思维则具有普遍性、稳定性、持久性的效果，是掌握规律的重要思维方式。如果说发散思维反映出设计师的智慧灵性和丰富想象力的话，辐合思维则体现出设计师对设计语言的整体把握能力和资源整合能力。作为设计师，一方面要加强发散思维，力求形成更多、更新、更富创意的构思；另一方面又要遵循设计风格和定位，依靠辐合思维调整设计方向，把握设计结果。唯有两种思维方法有机结合，才可能形成高水平的创造成果，实现在延续中创新，在创新中发展。

第三节　纺织服装面料创意设计工艺技法

一、加法工艺

（一）编织工艺

编织工艺是中国传统民间手工艺术中最具有代表性的一种艺术表现形式。从古老的结绳记事到现代的编织纺织艺术品，编织工艺都以独特的魅力在手工艺术中占有重要的地位。随着时代的发展，编织艺术以其独特的肌理质感、丰富的色彩变化、独特的材质创新被广泛运用于产品、服装设计等领域，设计师们汲取编织艺术的精华，结合时尚资讯、潮流趋势能创造出极具时代感的编织艺术作品。

1. 编织工艺的艺术特点

编织工艺的艺术之美在于编织材料具有丰富多变的生命力、编织的方式与编织者的情感交织在一起表达了艺术作品所要展现的情愫。中国传统的编织材料都是选用动植物的天然纤维的绳线，而现代的编织工艺可选用的材质范围越来越广泛，如尼龙绳、曼波线、金葱线、合成纤维材料等。丰富的材料加之丰富的编织技法如结、穿、绕、缠、编、抽等，可创造出丰富多变、独特创新的编织艺术作品。设计师可随着对编织工艺的熟练掌握以及编织材料深刻的挖掘对绳、线进行灵活多变的艺术加工，完成具有自我独特艺术风格的艺术作品。

编织材料的绳线韧性较好，因此大部分编织作品具有圆滑和流畅的特点，绳线编织形成纵横交错、牢固结实的结构。不同材料组合和色彩的搭配能使编织而成的艺术品具有较强的视觉表现力和丰富的肌理感。通过设计师的创意思维来进行加减变化，使编织成的面料及服装设计作品具有强烈的表现力和艺术感染力。

2. 编织工艺技法制作流程

（1）所需工具。

纸、皮革、剪切工具（剪刀、激光切割设备）、网格面料、线、针。

（2）编织工艺步骤流程。

步骤一：用纸质材料做编织作品的初稿小样，把纸质材料切割成宽 1cm 的纸条，切割后按照编织的工艺进行结构的尝试和定型。

步骤二：用纸质材料进行各种编织工艺技法的尝试，确定编织小样的结构和编织手法。在操作尝试过程中确定以平纹组织方式进行编织。平纹组织是一种以 1:1 比例交替出现的基础组织，按照经纬走向，纸条一上一下相间交织而成的结构。

步骤三：经过一系列材料的筛选和肌理效果的尝试，最终选定不须边、易切割的皮革面料进行裁剪，切割宽度为 1cm、长度为 100cm，后期长度会根据服装的造型进行调整。

步骤四：作为编织肌理的载体，需以白坯布进行样衣制作。以立体裁剪的方式结合经典的风衣版型结构做出版型结构设计，以确定服装的轮廓与结构造型。

步骤五：为了结合编织肌理效果，选用网状的材质进行服装制作，把立体裁剪的风衣裁片进行剪裁与缝合。为编织平纹结构的肌理做准备。

步骤六：在制作好的风衣基础上进行平纹组织的皮革编织，根据服装的结构与变化分别进行局部的肌理编织，并把皮条编入网状面料进行拼合，使编织肌理与服装形成完美和谐的统一。在拼合的过程中，尝试使用流苏、折叠等其他设计手法与网状材质进行合编，使服装在细节与结构上拥有更多的变化和层次。

（二）扎染工艺

1. 扎染的概念与艺术特征

在中国历史上，扎染曾被称作"绞缬"或"撮缬"，它与蜡染——"蜡缬"、蓝印花布——"夹缬"统称为"三缬"。扎染工艺传承几千年，是中国最典型的防染印花工艺之一。扎染作为一门传承久远的染织工艺，特色的扎缝和染色工艺造就了其特殊的美感，自然素雅的扎染纹样拥有鲜明的艺术风格，具有令人惊叹的艺术魅力。其特征可从三个方面进行概括：色彩效果、面料肌理、图案造型。

（1）色彩效果。色彩效果是扎染工艺最典型的艺术特征。扎染纹样染与防之间是一种丝丝连连，延绵不断的斑驳效果，从而形成层层叠叠的渐染色彩。晕色分为两种：一种是单色晕染效果。典型的如传统蓝白风格的扎染，极具宁静平和的美感和古朴素雅的意蕴。另一种是多色调和晕色。通过不同色相、不同明度的染液进行多次染色，产生的色彩图案犹如写意中国画，朦胧含蓄的美感被淋漓尽致地表现出来。由于晕染能产生出变幻莫测、朦胧柔美的视觉感染力，使得扎染制作成的面料经常被用于女性的服装与饰品设计中，能达到一种梦幻般的抽象效果与独特的色彩美感。

（2）面料肌理。面料肌理是扎染艺术的另一大特色。扎染过程中需要对面料进行捆扎或夹压，形成了特殊的渗化、折皱的效果，一方面形成了晕染图案，另一方面也改变了面料的肌理，这样就会使最终的面料呈现出褶皱或纹理效果。扎系方法不同，其所形成的面料肌理也不尽相同，这些褶皱使得面料在触感上多了一份内涵。它们呈现出一种斑驳的浮雕感的艺术效果，这些自然而不造作的肌理赋予了扎染艺术独特的视觉张力与触觉感染力，是扎染艺术强烈个性美感的表现。

（3）图案造型。扎染具有丰富多样的图案造型，扎染图案包括写实型图案、抽象型图案、装饰型图案和组合型图案等。尤其是传统扎染，涵盖了从对自然界万事万物的描摹到对人文世界的刻画的各个方面，反映出人们对自然美的赞叹和对生活的热爱。另外，由于扎染工艺的特殊性，其创作中既保留了设计者的设计思想理念，又会呈现出一些设计之外的偶然变化。从传统到现代，扎染纹样题材丰富，图案造型特色鲜明，实现了造型设计必然与偶然的统一，具有高度的艺术价值与实用价值。

2. 扎染工具与工艺流程

（1）扎染原料与工具。中国的扎染以大理白族地区为胜。白族传统扎染原料为纯白布或棉麻混纺白布，染料为苍山上生长的廖蓝、板蓝根、艾蒿等天然植物熬煮出的蓝靛溶液。扎染所用到的工具主要有用于提取植物染料的大锅、浸染用的木制大染缸、搅拌染料的木染棒，还有用木棍、竹竿或钢材等搭成的晒架。过去，还有压平布料的石碾。现在则多用烘干机、脱水机、熨烫机等机械工具替代手工劳作。

（2）白族传统扎染的工艺流程。

步骤一：扎花。扎染图案除一些简单的、已十分熟识的图案之外，扎花之前一般首先要在白布上画或印好相应图样，再根据图案进行扎花。扎花是用手工缝扎布料的工序，即用折、叠、挤、缝、卷、撮等方法在白布上扎出各种花纹图案。扎好的布料缩成一团团、一簇簇的"疙瘩布"。扎花是扎染中第一道关键工序，漏扎、错扎、多扎均会影响图案的成形。没有扎紧的，浸染后图案就不清晰。由于用肉眼很难识别纹样的形制，只有浸染、拆线后才能检验工艺效果，而此时，无论扎得好坏与否都已无法补救，故扎花不仅需要耐心，还需要高超的手艺。

步骤二：浸染。染布所需的各种原料，其比例很有讲究，要根据所需布料颜色的深浅程度来配比印染原料。在制作染料时，先在木制的大染缸中放入水，加入一定量的土靛即染料，用染棒将染料调匀，再加入适量的辅料。染料配好后，就可将浸泡过的布拧干放入染缸中浸染。染过一遍后，要滤水、晾晒，然后再一次浸染，根据布料需要的颜色深浅度，反复浸染数次，达到预期效果。

步骤三：漂洗、脱水。漂洗就是将浸染后的布料放在水中清洗。漂洗的程度也要因所需布料颜色的深浅而定，漂得过多或漂洗不够都会影响花纹图案的成色。漂洗后的扎染布料要晾干，以前都是自然晾晒，现在几乎都用脱水机、烘干机取代人工晾晒了。

步骤四：拆线。脱水后，晾晒干后的布料就可以拆线了。拆线就是将扎花时缝、扎过的地方的线拆掉，使图案花纹显现出来。这道工序虽不算复杂，却必须要细心，否则拆破了布料，一块精心准备的扎染布就成废料了。

（三）刺绣工艺

刺绣是针线在织物上游走穿梭形成的各种装饰图案的总称。即用针将丝线或其他纤维、纱线以一定图案和色彩在绣料上穿刺，以绣迹构成花纹的图案。它是用针和线把设计思想和制作手法反映在任何存在的织物上的一种艺术形式。

刺绣是中国民间传统手工艺之一，在中国至少有三千多年的历史。刺绣在东方形成体系后，通过贸易交流传到西方，并一度盛行于欧洲皇室贵族的上流社会，欧洲人对于刺绣产品的痴迷也引导了欧洲刺绣工艺的发展。欧洲刺绣与东方刺绣最大的区别在于，东方刺绣善于用各路针法逼真地表现花鸟、人物、风景，主要绣材是丝线。而欧洲人则偏重研究各种刺绣材料，如珍珠、磨细的贝壳、宝石，甚至金链子都可以用于刺绣之中，其用线也不拘泥于丝线，缎带、亚麻、棉线、毛线等都是常用的绣材。

1. 法式钩针工艺

法式钩针绣原意为"隐藏式反面刺绣法"。刺绣时，面料正面朝下，用一种名为 luneville（吕纳维尔）的钩针，将珠片、水晶等从背面固定在面料上。法式钩针是一种"盲绣"，绣者在刺绣时没办法用眼睛判断，只能通过钩针与手指感觉图案与线条走向，因为那个漂亮的图案其实是成型在布面的底下。但这样的刺绣，背面整洁干净，这也是法式刺绣多用于高级成衣的原因之一。

（1）起针。

步骤一：下针前仔细校对钩针针尖是否与针杆的螺柄在一条直线上。起针，使钩针保持垂直，从上至下穿刺绣布，钩住布料下方的绣线向上提拉。

步骤二：在线圈提起后，再次垂直穿刺绣布，大拇指顺时针绕线一圈，以钩针上的坐标点为参照，钩针同时顺时针转动一圈，向上提起。

步骤三：把线拉起以后，钩针以逆时针方向转半圈向前拉再下针，完成起针。

（2）法式钩针基础针法——锁链针法。

步骤一：起针。

步骤二：起针后，钩针从上至下刺入绣布，用左手的食指和拇指捏住线，以顺时针方向转一圈。左手绕线一圈以后，钩针也跟着顺时针转动半圈，然后垂直把线勾住提拉上来。

步骤三：钩针提拉至布面上，顺时针方向转半圈，钩针从上至下刺穿绣布。用食指捏住线，钩针顺时针转半圈，垂直刺入绣布。

步骤四：依次往复，继续下一个锁链针。在缝制过程中，需注意开始下一个锁链针法时，始终保持螺母和钩针的方向与缝制图形的方向相一致。

步骤五：收针的方法有多种，可以使用向前一针、向后一针的固定方法，也可以连续走非常密的三针进行收针。

（3）钉珠。

步骤一：首先，把需钉缝的珠子穿进绣线中。钉珠需在绣布的背面进行钉缝。

步骤二：钩针向上垂直提拉，用小拇指按住线的一端，起针。固定好绣线后，把珠子挪至手中。

步骤三：起针后，用食指送一粒珠子至布背面，食指、拇指捏住绣线顺时针方向绕线一圈，用钩针勾起绣线向上提拉。目测珠子的直径长度调整锁链针的单位长短。

（4）钉亮片。

步骤：亮片缝制的步骤与珠子钉缝相同，可以运用同一种技法进行。但需要注意亮片的间隔更灵活，根据设计可以调整亮片之间的间距。根据此工艺设计的作品欣赏。

2. 刺绣基础针法工艺

（1）梯状针法。

步骤一：用铅笔画两条间距为 2cm 平行的辅助线，用平针针法在两条线上进行线绣。为了后期的绕线针法，左右两条线的针迹需插空进行。

步骤二：依照工艺图中的字母顺序进行缝制。

（2）羽状锁链针法（feathered chain stitch）。

步骤一：用铅笔绘制四条间距为 0.5cm 的平行辅助线。

步骤二：依照工艺图中的字母顺序进行缝制。

（四）毛毡工艺

羊毛作为一种天然的纤维材料，在织物发展的历史长河中拥有其独特的地位。与其他动物毛相比羊毛具有更好的毡化功能。由于毛毡的可塑性被纤维艺术家视为不可多得的材料，这种古老的装饰材料被重新唤醒，并受到越来越多人的青睐。毛毡作为一种简单而粗糙的织物，没有工业时代的雕琢痕迹，它的纹理甚至是纠结的，然而它的简单质朴却深深打动了许多设计师，被大量运用于家居饰品、服装饰品、旅游纪念品的设计中。

1. 毛毡的特性

与传统的纺织材料相比，毛毡属于无纺制品，无经无纬，完全利用毛纤维特有的毡化性，在温度、压力、弱碱性溶液等条件影响下，加之外力反复揉搓，正负鳞片交织毡化而成。毛纤维具有高度的吸湿性，可以充分吸收染料，一旦染色则不易褪色，相对其他材料在色彩的着色持久性上更为稳定。其制作工艺主要运用湿毡法和针毡法，所用制作工具简单、易操作，无论毛料、色彩、工艺、制品的疏密、厚薄及造型，都可由制作者掌控，成型后的毛毡不易变形，具有良好的可塑性和还原性。毛毡在裁剪过程中，边缘不会出现纤维散落的现象，可直接裁剪，在面料处理与服装设计上有更多的创作自由。

2. 毛毡的制作工艺流程

利用毛纤维毡化的原理，用戳针反复戳刺，使毛纤维相互摩擦、缠结，达到毡化效果。这种方式多用于局部造型及图案制作上。

（1）材料及工具。毛毡面料、羊毛、泡沫垫、毡化针。

（2）制作过程。

步骤一：根据作品配色方案准备所需的羊毛材料，注意不同色号羊毛的比例以及使用的先后顺序。将备好的羊毛根据设计好的图案铺在绣绷的布料上，用戳针轻戳固定最后覆盖的那层羊毛。一边滚动圆盘边缘一边均匀地进行戳刺动作；不能只戳刺一个地方，否则会变得不平坦。修成大致的圆形后，继续用戳针戳刺圆盘上部和底部，直至成平面状。继续边滚动边戳刺修整边缘弧度，使其更圆滑紧实。

步骤二：把橙色羊毛平铺于白色羊毛底的圆盘上，将羊毛拉扯至所需形状，用戳针轻戳固定。把不同色彩的羊毛根据设计方案依次平铺于圆盘之上，一边使用戳针轻戳进行固定，一边调整羊毛摆放的形状和位置。

步骤三：完成大色块的分布与拼接，一边滚动圆盘边缘一边均匀地进行戳刺动作，使羊毛分布平整，并与基布紧密结合在一起。根据设计方案在已经毡化的毛毡上进行穿戳，用戳针把毛毡一层一层轻轻拨开直至露出底布。然后用戳针将拨开的羊毛重新塑形，使羊毛在毛毡表面形成圆形的洞眼。依照上述方法，根据设计方案依次在毛毡上用戳针穿戳出圆形洞口，注意洞眼的分布、大小以及排列组合关系。完成毛毡的圆洞制作，使毛毡作品形成有凹凸感的半立体造型。

步骤四：选一缕羊毛用编绳的手法做线性装饰。在毛毡表面用手缝针把编织好的羊毛固定于毛毡底料上。选一缕羊毛用手缝针缠绕钉缝于毛毡表面，用戳针轻挑羊毛使捆绑好的羊毛呈现蓬松感，形成一个个节点。用手缝针以及配色绣线在毛毡上进行点状装饰，运用刺绣技法中的打籽绣来完成。

（五）绗缝工艺

绗缝在工艺美术上被称为一种软浮雕艺术，是把单独纹样、适合纹样、二方连续、四方连续等纹样从平面图形转换为有凹凸肌理变化的半立体图形。绗缝工艺在广义上可概括为：用缝制、缀挂、拼贴等方式在面布、夹层棉絮与底布上进行固定和装饰的过程。绗缝工艺作为一种传统的手工艺，其发展起源较为模糊，经过长期的发展与改良并经过多种文化的碰撞衍生出了丰富的形态、材质、图案以及创新技法。

1. 绗缝工艺的分类

（1）线式绗缝。线式绗缝是绗缝工艺中最为常见的一种，它以针法的变化与线迹走向形成丰富的图案与纹样。线迹纹样以自然生物、传统纹样、几何图形等方式呈现。线迹的色彩与底布的色彩可以对比、呼应或一致。

（2）贴布绗缝。贴布绗缝在美式绗缝中占有较为重要的地位。其图案多以自然物、动植物、图腾元素为主，其色彩搭配较为大胆、鲜艳且具有鲜明的民族性及宗教性特征。贴布绗缝有三种形式，包括正向贴布、逆向贴布以及滚条贴布。正向贴布是在一块底布上利用新的布料进行贴缝，以中心辐射对称式图案居多。逆向贴布是按设计图案在面布上进行剪切，挖空层叠的上层面布逆向做贴布镂空缝，贴着布料的轮廓绗缝上线迹。滚条贴布是滚条进行盘绕，用具有对称结构与对称错叠等方式相呼应，重复绗缝出层次丰富的规律性变化图形。

（3）凸面间花绗缝。在两层以上的织物上进行压线，在压线后的轮廓区进行夹层絮料填充，形成强烈的凹凸浮雕装饰。

（4）拼布绗缝。拼布绗缝的风格丰富多变，其纹样图案源于自然和生物；色彩以鲜艳、素雅、中间色相混的搭配方法来体现图案的立体感。形状不一的布片组合成具象或抽象的面布，如中国传统的"百衲衣"。

2. 绗缝的工艺流程

步骤一：素材准备。首先，需准备好绗缝所用的素材与工具，如手缝针、丝线、铅笔、绣绷、底布、棉絮、面布、纹样图纸等。其次，在面布上用铅笔绘制出所需绗缝的纹样图案，为步骤二绗线做准备。再次，在底布上、面布下，均匀地铺上一层絮料，形成三层夹棉的结构。最后，以面布的图案为中心，把三层面料固定在绣绷上。

步骤二：绗缝绣制。准备好绗缝所需的针、线和绣绷，依照表层面布所绘制纹样，使用针线穿刺面布结合平针针法进行绗缝。根据图案的形状以中心向外辐射进行初步绗绣，固定夹絮材料使其均匀地平铺在图案下方，半立体浮雕效果初见雏形。先绗后缝，在已绗定的面料上进行图案的进一步完善，运用线迹、打籽针法进行图案的装饰，形成绗缝独有的凹凸浮雕视觉效果。

二、减法工艺

（一）抽纱工艺

1. 抽纱的概念

抽纱工艺是一种历史悠久的传统工艺，在西方国家"抽纱"被认为是刺绣中的一种工艺形式，被称为"花边"或"蕾丝"，而在中国普遍被称为"抽纱"。随着时代的发展，人们的审美情趣发生变化，设计师开始对抽纱工艺进行新的研究和探索。

抽纱工艺指的是根据图案组织设计在原始纱线和织物表面抽去数根面料的经纱或纬纱而产生的透明和半透明的视觉效果，或抽去一个方向的纱线使之形成流苏感造型。面料的经纬纱线有同色和异色之分，在面料进行抽纱处理后会形成虚实相间的视觉效果或是产生色彩相间的感觉。抽纱面料在服装设计的应用中能产生虚实关系，隐约叠透出肤色和其他色彩，产生丰富的视觉层次感。抽纱工艺选料一般多采用平纹布、棉布、亚麻布、牛仔面料、刺绣布等。抽纱的形状不是一成不变的，抽出纱的数量也不是固定的，可以根据设计的需要而定。

2. 抽纱工艺制作流程

（1）所需工具。亚麻布、牛仔面料、针、线、镊子、剪刀。

（2）牛仔面料的抽纱工艺。

步骤一：准备抽纱工具，在牛仔面料上把需进行抽纱工艺的位置用剪口形式标注出来。

步骤二：用针在需抽纱的区域挑起其中一根纱线，用镊子进行纱线抽除。

步骤三：沿着已拆除的纱线，依次往复按顺序拆除需抽纱的纱线，抽纱的数量可由自己把控。

步骤四：按照标注的抽纱区域进行抽纱，形成具有破坏美感的斑驳肌理。

（二）剪纸与切割工艺

1. 剪纸工艺的概念

剪纸工艺是一种传统的平面造型艺术，常被广泛运用于服饰、产品、包装等设计领域中。由于剪纸工艺具有丰富多变、繁而有序的特征，经常成为各类设计师的灵感来源。剪纸元素在服装设计运用中要达到较为理想的效果，需在面料与材质上进行精心地挑选，所以设计师在选择面料时应考虑剪纸图案与所选择的服装面料、服装结构造型、服装风格是否能结合得相得益彰。在剪纸元素的运用中，服装面料可以选择不容易抽丝、有稳定造型效果的各类厚型呢绒和绗缝织物；也可选择有光泽感、结构紧实的缎纹结构织物或是便于切割、不易须边的皮革材质。

随着数码印花、激光切割、3D打印等新技术的革新，设计师们把服装设计与剪纸艺术巧妙地结合，不但传承了中国传统艺术文化，还体现了现代设计的新理念，创造出独具匠心的设计作品。

2. 剪纸与切割工艺应用

（1）图案镂刻。从传统技法来看，剪纸就是在纸上进行镂空剪刻，在二维空间呈现出所需表现的图形纹样。在服装设计中，剪纸工艺的载体虽发生了变化，但是其艺术表现形式和设计手法是一致的，设计师根据服装的风格类型在剪裁好的面料上设计有镂空剪纸效果的图案纹样，并与其他面料缝合成一件件服装。在制作过程中，剪纸图案可局部点缀也可整体造型，镂空的虚实感不仅产生了层次变化，细腻的图案还赋予了服装新的寓意和内涵。

图案镂刻工艺运用于服装设计时，会产生抽纱、须边等缺点或者操作程序较为复杂，在大批量生产中会受到诸多限制。随着科技发展，近年来，激光切割技术运用于剪纸图案中是一种潮流。这种方法是将设计图案输入计算机，对材料进行激光加工，然后实现切割或镂空的技术效果。激光切割适用的面料较为广泛，如雪纺、棉布、皮革以及太空棉等。这些面料进行切割后图案没有毛边，易出效果。在许多服装设计品牌中，设计师开始不再拘泥于传统制作方式，而将剪纸图案采用激光切割技术在面料上进行镂刻创新，结合不同的材质以及服装的色彩、结构造型以及其他形式的面料创新技法，创造着新颖别致的视觉艺术作品。

（2）几何切割。除镂刻雕花外，几何切割工艺也是近年来流行和提升服装设计质感的一种手法，这种手法能让几何图案在原有的服装上增加细节设计。同时也可以用切割机切割图形之后在服装原廓形的基础上进行叠加，并结合折、叠、拼、编等手法进行组合运用以扩展服装体积，从而达到更立体的视觉效果。几何切割工艺在皮革面料以及裘皮材质上运用尤为广泛，因此切割工艺不仅适用于服装设计，在服饰品如包饰、手套、鞋等配饰中也开始尝试运用这种新工艺为产品注入新的血液。

三、立体造型工艺

（一）抽缩工艺

抽缩工艺是一种传统的手工装饰技法，在一些介绍装饰工艺技法的书上又称为面料浮雕造型，其做法是按照一定规律把平整的面料整体或局部进行手工针缝，再把线抽缩起来，整理后面料表面形成一种有规律的立体褶皱。

抽缩法所使用的材料以丝绒、天鹅绒、涤纶长丝织物为宜，这些织物的折光性较好且有厚实感，可形成立体感强的褶皱。由于抽缩工艺会导致面料面积变小，抽缩的布料长度根据布料的厚薄程度可定为最终成型长度的2~3倍，如薄型面料可取成型长度的2~2.5倍，厚型面料可取成型长度的2.5~3倍，个别的特殊的面料可达到3倍以上。

1. 基础抽缩工艺制作流程

步骤一：将面料熨烫平整，按照所需肌理面积来设计面料大小。在面料反面按所需肌理大小绘制格子。

步骤二：绘制设计肌理，按照针法图形在面料背面标记针点位置。

步骤三：制作肌理，用针线将预先画好的点连接并抽缩在一起。

步骤四：整理肌理效果，调整面料肌理造型使纹理清晰，平整。

2. 基础抽缩工艺技法介绍

（1）网状编结工艺技法。

步骤一：熨烫面料，以1cm×1cm的正方形绘制单元格。

步骤二：用针线以一定的顺序抽缝，打结。为了使肌理背面看上去更整洁，所使用的缝线的颜色最好与面料色彩相近为宜。

步骤三：整理面料肌理图形，使得肌理达到预期设计效果。

步骤四：把整理好的肌理图案运用于服装的局部造型。

（2）箱型编结工艺制作流程。

步骤一：熨烫面料，以 1.5cm×1.5cm 的正方形绘制单元格。

步骤二：以顺时针方向抽缝面料并打结。

步骤三：距离第一个单元形两格再进下一个单元形制作。

步骤四：整理面料肌理图形，完成肌理小样制作。

（3）花型编结工艺制作流程。花型编结工艺的制作方法流程与箱型编结大致相同，不同之处在于单元形之间的间距为一个格子的距离。

（4）工字编结工艺制作流程。

步骤一：熨烫面料，以 1cm×1cm 的正方形绘制单元格。

步骤二：以一定的顺序抽缝面料并打结。

步骤三：整理面料肌理图形，完成肌理小样制作。

3. 创意抽缩工艺

在传统的抽缩工艺基础上，采用不同质地的面料，改变肌理的单元大小，以及变换肌理排列形式都会使得基础的抽缩工艺产生新的艺术效果。根据不同的设计需求，除了使用常规面料还可使用有图案的面料来进行抽缩缝制，以达到丰富面料层次的视觉效果。在已成型的肌理上还可结合一些丰富的服装辅料，如使用钉珠、绳、亮片来加强立体装饰效果。

（二）折叠工艺

折是纸艺中最具代表性的技法之一，即在二维平面的基础上运用翻、折、转、叠等手法创造出三维立体形态。"折纸艺术"运用于纺织品服装设计中，其最大的特点在于体积感和雕塑感的呈现。

折纸理念运用于服装和面料创意中是受到理性、冷峻、简约的极简主义和东方风格的影响，并在此基础上又融合了西方的合体剪裁，能使服装造型和结构极具创意性。将面料进行有序地折叠或堆砌，无论是细长、挺直的手风琴式褶皱，还是同一方向的折纹，抑或是内外交错的折叠等，都能使得平整、简约的面料显得立体而富有节奏，给人惊艳、完满、厚重的视觉效果。

1. 三宅一生的折纸艺术

以折纸工艺创新而闻名的服饰设计大师三宅一生（Issey Miyake）凭借著名的"一身褶"震撼了整个时尚界，在强大的西方设计体系掀起了日式设计的浪潮，而其灵感源泉是日式古老而传统的折纸艺术。三宅一生曾说过"我一直认为布料和身体之间的空间创造了服装，经过手工折叠，我们创造出一种全新的、不规则的起伏空间"。因此将布料打造成折纸艺术品般的设计是一种全新的将二维转换为三维的设计理念。以数字命名的"132.5系列"是三宅一生与Reality Lab（真实实验室）创意中心研发的全新概念作品。每个数字都有其意义所在，数字1表现使用一整块面料，3代表三维立体，2则表示面料根据二维形状对折。最后的5则代表设计所希望带来的全新立体体验。Reality Lab通过计算机进行几何图案设计，三宅一生采用日式折纸技术，以一种新型循环纸张（来自制作塑料瓶的PET材料）设计多款服装，看似平面，但垂直拉起布料时就会摇身变成立体时装作品。

2. 折叠技法与制作步骤

（1）所用工具：铅笔、卡其面料、大头针、缝纫设备、熨斗、棉线。

（2）制作工艺步骤。

步骤一：绘制纸样，根据所设计的褶裥宽度进行辅助线的绘制，虚线代表折痕，实线代表折峰。以箭头方向一侧依次折叠。纸样确定之后即可运用于所选面料上，进行辅助线的绘制，为折褶做准备工作。

步骤二：按照绘制好的辅助线依次把虚线和实线进行褶裥对折，并用大头针固定。折褶完成后用熨斗进行高温熨烫进行，褶裥定型。

步骤三：当褶裥基本定型之后，可用缝纫设备进行缝线固定。据此完成的设计作品赏析。

3. 花型折叠的制作步骤

（1）所需工具：面料、大头针、铅笔、手缝针、棉线、高温熨斗。

（2）制作工艺步骤。

步骤一：剪两块半径同为8.53cm的圆形面料，根据设计效果，选择两种花色不同的面料形成对比，并把面料进行缝合。在其中一块面料上用铅笔绘制一个边长为12cm的正方形。

步骤二：以所绘制的正方形四边边长为折线，把圆形四边进行向内翻折，并用大头针进行固定，折叠后为边长12cm的正方形图案。

步骤三：把面料进行翻转，在背面进行操作。

步骤四：以正方形每一条边长的中点为连接点用铅笔绘制一个菱形。以菱形四边为折线把正方形的四角分别用针、线固定在菱形对角线的中点处。

步骤五：立体折叠完成，可用高温熨烫设备进行图形的定型。

4. 折叠工艺在服装设计中的应用

湖南女子学院艺术设计系学生以独特的文化视角运用中国非物质文化遗产

女书文字与折纸艺术相融合，进行了一次大胆的时装实验。她们在探索中不断深入对于"折"这个技法的认识，分别运用了"褶裥""折痕""折叠"三种不同的折纸工艺来进行开拓式的设计。在设计过程中，用分解、解构的手法对文字的图案变形提出了新的设想和创意，用时尚的服装语言作为载体重新诠释了古老而神秘的女书文字。

第五章　针织面料的结构与特征

第一节　针织面料的发展及艺术效果

一、概述

我国自古就开始进行手工编织，这就是最早的针织物生产形式。1982 年，在湖北省江陵马山砖瓦厂出土的针织品就是战国中晚期（公元前 340 年～公元前 278 年）的单面双色提花丝针织服装，距今大约有两千年的历史，这证实了我国具有悠久的针织织造历史。

1896 年，我国第一家针织厂在上海建立，标志着我国针织工业的开始。20 世纪 50 年代，主要生产内衣，少量外衣针织服装开始以横机进行加工。20 世纪 60 年代，随着化学纤维工业的迅速发展及针织技术水平和针织机械性能的不断提高，针织面料的纤维使用范围得到拓展。20 世纪 70 年代，服装市场领域呈现出针织服装发展的趋势。20 世纪 80 年代，针织服装的品种、质量和生产数量得到高速发展。20 世纪 80 年代至 21 世纪是针织服装发展非常迅速的时代，针织面料用途变得非常广泛，已由内衣制作逐渐开始向设计外套发展，尤其是经编的发展促进了面料的多样化，也为针织面料的外穿服装提供了丰富的面料品种，针织面料成为一种时髦款式创意设计的常用面料。

21 世纪后，针织服装的外衣化、时装化与绿色化时代全面到来。许多服装企业都将针织服装作为重要的服装品类，浙江森马、上海恒源祥、宁波博洋、海澜之家等公司的休闲服装品牌都有大量的针织服装品类。

二、针织服装的艺术效果

针织服装就是指采用针织面料加工的服装款式。针织服装的设计具有典型的工业化、面料特殊性和学科交叉性的三大特征，也使针织服装含有一定的技术含量。

当今，针织服装在整个服装产品中的比例不断增大，已达到 70% 以上，是一种很常见的款式，由麻纤维原料开发而成的针织短袖，是很舒适的夏季外穿服装，这在 20 世纪 90 年代是一种技术突破。

早期的针织面料主要用来制作内衣、羊毛衫、袜子、手套和围巾等。随着时代的发展，针织面料广泛应用在运动服装的设计中，许多针织服装企业都提出"时尚运动服装"的口号，努力打造时尚运动服装品牌，这使得针织面料的发展更趋于功能性和艺术性。

内衣外穿和科技发展，促使针织面料更加丰富多彩，时尚成为针织面料厂家的一种追求。通过编织的针织面料，在服装设计中加入时尚元素，使针织服装体现出机织面料服装不易体现的艺术效果。可见，针织面料的价值越来越明显，针织面料的设计、生产与开发在服装产品开发设计与创意中占据越来越重要的地位，针织面料的应用和针织服装的开发有着广阔的发展前景。

第二节　针织面料的基本结构与特性

一、针织面料的基本结构

针织面料是按服装材料的织造方式划分的一类面料。针织面料是由棒针进行手工编织发展而来的，利用织针将纱线弯曲成线圈并相互串套连接而形成。

针织面料的基本组织由线圈以最简单的方式组合而成，线圈是构成针织服装面料的基本单元。针织物的组织就是指线圈排列、组合与连接的方式，它决定着针织物的外观与性能。针织物的组织一般分为基本组织、变化组织、花色组织三大类。根据生产方式不同，又可分为纬编和经编两种形式，例如，纬编针织物中的纬平针组织、罗纹组织和双反面组织，经平针织物中的经平组织、经缎组织和编链组织。

变化组织是在一个基本组织的相邻线圈纵行间配置另一个或几个基本组织的线圈纵行，如纬编针织物中的双罗纹组织、经编针织物中的经绒组织和经斜组织。

花色组织是以基本组织或变化组织为基础，利用线圈结构的变化，编入一些辅助纱线或其他纺织原料而成，例如，添纱、集圈、衬垫、毛圈、提花、波纹、衬经组织及由上述组织组合的复合组织。

（一）经编针织面料的基本结构

经编针织物基本结构是由一组或几组平行排列的纱线在经编机上沿经向做纵向运动而形成连续的成套针织线圈。经编针织物比纬编针织物在纵向的尺寸稳定些，在横向的弹性和延伸性要小些，但抗皱性和脱散性要好些。

（二）纬编针织面料的基本结构

纬编针织物是纱线沿着"纬向"顺序弯曲成圈，并相互串套而形成的针织物。它们由横向两个左右相邻线圈不断连接而形成连续线圈组织。这种由线圈圈柱覆盖圆弧的一面称为针织物正面，反之是反面。由于圈柱对光线反射一致，因此，正面的光泽好些，反面则暗淡些。

若线圈的圈柱或圈弧集中分布在针织物一面，称为单面针织物，其正反面外观区别较大；若线圈与圈柱分布在针织物两面，称为双面针织物，其两面外观无明显区别。在针织物中，线圈沿横向连接的行列称为针织物横列，线圈沿纵向串套的行列称为线圈纵行。

二、针织面料的特性

因为针织物所采用的原料不同、纱线不同、组织不同，以及后整理工艺不同，针织面料的外观和服用性能也不同。针织服装大都以棉和化纤棉纱的针织面料制成，服装具有良好的保温性、弹力性、吸湿性和透气性，穿着舒适。针织面料适宜设计与制作内衣、羊毛衫、袜子、手套与运动服装等。针织工艺也可以制作较粗支纱的羊毛衫，针织横机具有自动收放针的功能，服装衣片可以自动成型，不需要裁剪可直接缝合穿用。针织服装应用领域较广，近年来发展较快。针织服装除了有和梭织服装的共性外，还具有四个独特性。

（一）容易变形

虽然针织服装的弹性较好，但面料经过反复拉扯会慢慢失去弹性而逐渐变形。所以，许多针织服装穿了一年后就容易出现变形现象，导致服装造型完全失去了原有效果。一般经编织物比纬编难以变形。

（二）容易卷边

由于织物边缘线圈内应力的消失而造成的边缘织物容易卷边。这个缺陷容易造成服装衣片的接缝处不平整，也使服装边缘的尺寸产生一定变化，从而导致服装的整体造型效果和服装的规格尺寸不稳定。为了防止这种现象出现，针织服装在加工时通常采用锁边机进行缝制，加放尺寸进行挽边，镶接罗纹或绲边，以及在服装边缘部位镶嵌黏合衬条等。但有时可利用这种特点来获得独特花纹或分割线的效果。

（三）容易脱散

由于针织物由线圈相互串套而形成，所以针织物比机织物容易脱散。由于该缺陷，所以针织服装设计时，利用面料的简单与针织品的柔软适体风格，尽量不要使用省道、切割线、拼接缝等工艺和制作手段，以免面料在加工后产生脱散而影响服装的服用性能。

（四）延伸性好

针织面料具有良好的延伸性，在造型设计时可最大限度地减少人为接缝、收褶、拼接等工艺，也减少了推、归、拨、烫的造型制作麻烦，仍可在一定尺寸范围内保证服装的合体性。但是在服装加工时，要先预测面料的伸缩量大小，这样通过松量的控制可保证服装的穿着效果。

第三节 经编面料

一、经编基本组织面料

经编织物由一组或几组平行排列的纱线分别排列在织针上，同时沿纵向编织而成。用来编织这种针织面料的机器称为经编针织机。一般经编面料的脱散性和延伸性比纬编面料的要小些，且其结构和形状的规整性较好，它的用途也得到拓宽，除了可作为衣用面料外，还可作为蚊帐、窗帘、花边装饰织物、医用织物等。经编机同样可以按针床、织针针型进行区分。

经编面料是在经编针织机上编织完成的，可形成平幅面料，也可形成圆筒状面料。经编面料可采用各种纤维材料，如棉、麻、毛、丝、涤纶、锦纶、腈纶等进行织造，其特点是纵向尺寸稳定性，面料挺括，比纬编面料的脱散性小，不容易卷边，透气性好，横向弹性、拉伸性和柔软性比纬编面料差。

经编面料包括普通经编组织面料和花式经编组织面料。普通经编组织面料包含经平组织面料、经缎组织面料、经绒组织面料等；花式经编组织面料包含网眼组织面料、毛圈组织面料、褶裥组织面料、起绒组织面料、丝绒组织面料与经编提花面料等。

（一）经平组织面料

经平组织是经编针织物的基本组织之一，特点是同一根经纱所形成的线圈轮流配置在两个相邻线圈纵行中。经平组织面料纹路简单，许多经平面料是单色的，有的面料有网孔，过去主要用来做蚊帐布等，现在可以用来制作礼服，而且效果较好。

（二）经缎组织面料

经缎组织也是经编针织物的基本组织之一，每根经纱有顺序地在许多相邻纵行间构成线圈，一个完全组织中，50%的横列线圈向一个方向倾斜，而另外50%的横列线圈向另一个方向倾斜，在织物表面形成横条纹效果。

经缎组织常与其他的经编组织复合织造得到一定的花纹效果。经缎组织的花色多样，种类丰富，特别适合用于设计外套。

（三）经绒组织面料

经绒组织（即经绒平组织）面料的主要特征是两梳针的前针背垫纱均为反向时，线圈呈直立状态，织物正反面均为前梳纱线，又由于织物反面是前梳长延展线，覆盖在后梳短延展线的上面。这种面料的正面表现纵行清晰，显示 V 型线圈排列状，表面密度低，手感柔软，延伸性好，脱散性小，光泽亮等。

由两个系统的经纱（地经与毛经）和一个系统的纬纱（上下层纬纱）交织而成的，地经与纬纱交织成地布，毛经与纬纱交织并起绒。经绒面料的表面绒毛形态有多种，如绒毛耸立的立绒，向一个方向倾斜或倒伏的倒绒，另外还有提花绒、烂花绒、烤花绒与轧花绒等。

经绒织物按其表面毛绒的高度不同，分为短毛绒织物和长毛绒织物。短毛绒织物的毛绒高度为 1~3mm，长毛绒织物的毛绒高度为 7~10mm。由于面料具有绒毛的感觉，可以用来制作成保暖服装，如冬季裤子、休闲服装与裙装等。

二、花式经编组织面料

花式经编组织面料是指能形成花纹图案的经编面料，其花纹形式多种，形成的面料也多样。

（一）网眼组织面料

1. 普通网眼面料

普通网眼面料是指人们生活中常见的网眼面料。该网眼组织是通过变化的经平组织等进行织造而成，在织物表面形成圆形、方形、柱形、鸭蛋形、菱形、六角形的孔眼等，孔眼的大小和多少都可根据实际需要设计。经编网眼面料多采用涤纶长丝织造，因所用的纱线细度不同，有的面料质地轻薄，有的面料质地厚重，面料有良好的弹性和透气性，手感清爽柔挺。轻薄的经编网眼面料主要用于衬衫、裙子的设计制作，较厚的经编面料多用作运动服装的里料。

传统的网眼形式相对单一，因为单薄露透，主要用作针织罩衫，网眼设计的服装到处可见。现在网眼面料成为服装设计的重要材料，设计师们经常利用网眼面料布面挺爽、透气性好等特性，以及可形成提花或织造不同图案等多功能性的艺术效果，进行创新。

2. 新型网眼面料

新型网眼面料是随着科技进步而出现的一类与常用网眼面料不同的面料,如以针织线圈形成的凹凸风格类的珠地网眼面料等,花纹独特,外观新颖,有的面料强力非常好,具有一定的功能性。该面料和皮肤接触具有很好的透气性、排汗散热性等,服装服用性能优于普通的单面汗布组织,常常用作 T 恤与运动服装等。

(1) 三明治网眼面料。也称潜水面料网眼布,它是一种由合成纤维纱复合而成的新型面料,主要由上、中、下三个层面组成。表面一层通常设计为网孔,网眼数量多,具有独特的弹性功能,强力好,光滑舒适。中间一层主要起连接表面网眼布与底层面料的作用,能在横、纵向都保持一定的延伸性,不会松弛,从而保证表面网眼布不变形,增强了面料的牢度,使面料经久耐用、不起球。下层为密织的平板网布。因为面料透气性和透湿性良好,所以三明治网眼面料,也被称为"会呼吸的网布"。三明治网眼面料用作鞋面或者运动服装时,往往要经过防霉抗菌处理,能有效抑制细菌的产生。另外服用功能非常好,使用时便于清洗和晾干,可干洗、手洗和机洗。三明治网眼面料的色彩鲜明柔和,不易褪色,外观时尚美丽。这种带有立体式的网孔结构也显示出一定的经典风格。

由于网眼面料的单一性,设计师们开创出网眼面料与其他面料复合或者拼接方法,实现网眼面料的多功能使用,其中运动型网眼面料特别抢眼。设计师借用了网眼的造型,通过贴合技术可形成特殊的设计风格。

(2) 3D 网眼面料。随着 3D 技术的诞生,开发出的一种新型织物材料,它采用高新纺织编织工艺而形成三维空间状态。3D 网眼面料是一种特厚的三明治网眼面料,因为进行了双层网孔设计,所以有很好的弹性、透气性与扩撑性能。3D 网眼面料的密度是弹簧的 800 倍,能够提供缓冲保护作用,节约资源,环保无毒,安全卫生。

概念网眼面料是服装创意设计的重要材料。同样,许多世界品牌也利用这点推陈出新。例如芬迪(Fendi)喜欢采用拼接手法,将流行运动的网眼元素和皮草元素相结合,利用非常规的工艺手法将不同风格的面料衔接起来,在服装上创造一种新鲜的美感。

亚历山大·王(Alexander Wang)是网眼面料开发中技术含量较高的服装品牌,品牌不再直接使用潜水面料网眼布,而是开发镂空网眼面料,外观看起来很像中国竹匠编制的竹篮,通过编制和打结手法制作出超密度的立体"渔网"面料,具有非常好的承载性能,同时灰色和绿色搭配使服装具有运动感。

(3) 透气网眼面料。也称"鸟眼布",是指面料表面呈现出像"蜂巢"大小网眼的一种经编针织面料，有的是单眼鸟眼花纹，有的是花纹鸟眼图案。这种面料的原料可以是全涤纶或全棉纤维。一般，大多数的透气网眼面料用100%涤纶织造，再经过染色与其他后整理加工而成，广泛用于加工运动休闲服饰等。

（二）毛圈组织面料

毛圈组织面料是花色针织物的一种，一般是由一面或两面的环状纱圈（也称毛圈）覆盖在织物表面而形成的。针织物毛圈在织物表面按一定规律分布而形成花纹效应。单面毛巾织物的一面是竖立的环状纱圈，另一面是平整布面；双面毛巾织物的两面都竖立着环状纱圈。

毛圈组织所织成的面料表面手感丰满，布面厚实，弹性优良，吸湿性好，保暖性好，毛圈结构稳定。毛圈组织面料主要用于睡衣、长袖衫、短袖衫、童装、浴衣、T恤衫和运动服装等。

（三）褶裥组织面料

经编褶裥面料是由缺垫组织周期性地在某些横列上进行缺垫、抽紧从而形成的类似棒针编织织物的面料。其面料织造的送经机构采用间隙送经机构，在缺垫横列时停止送经或负速送经，而其余梳栉正常编织，因而被缺垫纱线收紧起拱，形成褶裥。

（四）起绒组织面料

经编起绒组织面料常以涤纶长丝作为原料，然后采用编链组织与变化经绒组织编织而成，最后拉毛整理。经编起绒织物表面一般具有丰满厚实的绒面，其悬垂性好，摸起来手感柔软，属于"易洗快干"织物，但容易吸附灰尘，易产生静电。起绒组织面料分为经编麂皮绒、珊瑚绒面料与金光绒面料等。该面料主要用于男女大衣、风衣、上衣和西裤等。

（五）丝绒组织面料

丝绒组织面料的地纱为涤纶长丝，绒纱为腈纶纱，采用拉舍尔经编机编织，再经割绒而形成两片单层丝绒，又可分为条绒、平绒、色织绒等。丝绒组织面料也可相互交错形成多色彩丝绒面料。面料柔软丰满，具有弹性和保暖性。该面料主要用于冬季服装。

（六）经编提花面料

经编提花面料是经编机织造出的大提花面料。该面料花纹清晰，立体感强，悬垂性好，手感挺括，花型丰富。

经编提花面料花纹多样，立体感强，有的具有透明感，主要用于女性外套、内衣和裙子等。

第四节　纬编面料

一、纬编基本组织面料

纬编针织面料具有较强的毛型感，弹性和延伸性很好，织物柔软，顺滑抗皱，易洗快干，缺点是容易脱散、卷边和挂丝。纬编针织面料多以低弹涤纶丝或异形涤纶丝、锦纶丝、棉纱、毛纱等为原料，在各种纬编机上编织而成。纬编针织物面料品种繁多，按织物组织形式分为平针组织面料（变化平针组织、罗纹平针组织、双罗纹平针组织）、提花组织面料、毛圈组织面料等；按纤维不同分为涤纶色织针织面料、涤纶针织劳动面料、涤纶针织灯芯条面料、涤盖棉针织面料、人造毛皮针织物、天鹅绒针织物、港型针织呢绒和纬编提花针织物等面料。

纬编基本组织面料有平针组织面料、罗纹组织面料、双罗纹组织面料与双反面组织面料四种。

（一）平针组织面料

平针组织面料正面看起来有平行排列的一条条"辫子"，反面则没有这种现象，看起来像一行行的"田埂"。生活中最常见的是汗衫布。

正面由线圈的圈柱组成，反面由线圈的圈弧组成，该组织由大小均匀的同一种线圈形成，即日常所说的纬编单面组织结构。

（二）罗纹组织面料

罗纹组织的正反面是由线圈上下针在纵行交替配置而成的。因为正反面的纵行线圈配置数不同，织物体现不同的外观纹路和风格。

（三）双罗纹组织面料

由两个罗纹组织彼此复合而形成的纬编罗纹组织，在一个罗纹组织的纵行之间配置了另一个罗纹组织的纵行。两面均显正面线圈，但相邻两纵行线圈相互错开半个圈高。

（四）双反面组织面料

针织物双反面组织是由正反面的线圈横列交替编制而形成。由于圈弧突出在外面，圈柱凹陷在里面，纱线形成的线圈具有弹力作用，织物具有一定收缩力，致使圈弧突出在织物的表面而形成正反面相同的外观效果，具有梯田感的凹凸纹路。该面料可用于制作袜子、手套、婴儿服、童装、运动衫与羊毛衫等，应用范围广。

二、纬编针织物变化组织面料

纬编针织物变化组织面料是指在一个原组织的相邻纵行之间配置着另一个或几个其他原组织，或者用不同色纱、不同粗细纱线等改变组织原有性能的一种针织物结构面料。

（一）变化平针组织面料

变化平针组织面料可通过使用两种或多种不同的原组织或者色纱，形成两色或多条纹路或者不同颜色纵条纹，如果是色条纹，它的宽度可根据两个平针线圈纵行的相间数量确定。

（二）变化罗纹组织面料

用一个 1+1 罗纹和一个 2+2 罗纹间隔形成类似的变化罗纹组织，或用一个 2+2 罗纹加一个 1+1 罗纹相间排列形成 3+2 变化罗纹组织。

三、纬编针织花式组织面料

纬编针织花式组织面料的组织形式比较丰富，根据所形成花纹的种类和特点，典型的有以下几种。

（一）提花组织面料

纬编提花组织是当前用来设计服装的重要面料，它既可以用来装饰，也可以用来直接制作服装。

纬编提花组织面料是针织物生产中常用的一种面料，它是在基本组织和变化组织的基础上形成的。织造时，将各种不同颜色和性质的纱线，按花纹要求，由织针有选择地进行编织。根据花纹要求，将某些纱线垫放在某些织针上成圈，其他纱线则不参加成圈，而是浮在织针的后面形成花纹，线圈和浮线是提花组织的结构单元。纬编提花面料横、纵向拉伸时有很好的弹性，而经编和梭织提花面料横、纵向拉伸时没有弹性。因此，纬编提花针织物被广泛应用。

纬编提花组织面料可分为单色（或称为素色）和多色提花面料，其织造工艺比较复杂。织造时，通过经纱和纬纱相互交织沉浮而形成不同的图案，图案凹凸有致，通常是花、鸟、虫、鱼与飞禽类等图案。面料看起来质地柔软、细腻爽滑，而且光泽度、悬垂性及透气性很好。大提花面料的图案大且精美，立体感强；小提花面料的图案相对简单。

提花组织面料又包括单面提花组织面料和双面提花组织面料。单面提花组织是由两根或两根以上的不同颜色的纱线相间排列形成一个横列的组织。单面纬编提花组织的正面有花纹，反面没有花纹。花纹又分为结构均匀和不均匀两种提花形式，结构均匀提花组织的线圈大小基本相同，结构不均匀的提花组织在它的一个完全组织中各线圈纵行间的线圈数不等。双面提花面料是指面料的正反两面都有花纹，正反面的花纹可以是相同，但仍可看出正反面；面料的正反面也可以不同。一般提花组织面料的反面花纹较多的是直条纹、横条纹、小芝麻点及大芝麻点等。

（二）集圈组织面料

集圈组织面料主要利用集圈单元形成的凹凸孔现象，或是在罗纹组织和双罗纹组织的基础上通过集圈编织而形成。集圈组织分为单面集圈组织和双面集圈组织。

珠地网眼布是集圈组织中的代表面料，它的正面为单针单列集圈组织，反面为平针组织，属于单面线圈面料。

（三）添纱组织面料

添纱组织面料包括全部线圈添纱组织面料和绣花添纱组织面料。全部线圈添纱组织面料织造时，所有线圈均由两根不同的纱线形成两个线圈进行重叠而形成，面料的一面是一种纱线，另一面则是另一种纱线。浮线添纱组织以平针组织为基础，地纱线密度小，面纱线密度大，由地纱和面纱同时编织出紧密的添纱线圈。添纱衬垫组织面料它由面纱、地纱及衬垫纱编织形成，其中面纱和地纱编织成添纱平针组织。线圈添纱组织面料可以清楚看到编织的线迹。

（四）毛圈组织面料

毛圈组织面料包括普通毛圈组织面料和花式毛圈组织面料。普通毛圈组织面料的地组织是平针组织，却能使每一个附加线的沉降弧形成毛圈。

花式毛圈组织采用两种或两种以上色线，按设计的花纹图案，形成两种或多种不同高度的毛圈，其两面的纹路特征与普通毛圈组织相同，但增加了花纹色彩，具有很强的图案设计感。

（五）复合组织面料

复合组织面料是当前在企业产品开发中应用较为广泛的一种面料。很多服装企业将两种或者两种以上的面料复合后能得到多种图案、色彩及立体效果，充分利用了多种织物的组织风格特点，给人一种意想不到的服装创意效果。复合组织面料包括集圈—平针复合组织面料、罗纹复合组织面料、平针—罗纹复合形成的单胖组织面料和双胖组织面料、平针—衬纬—罗纹的复合组织（也称为侧缝组织）面料等。可以通过针织方法复合，也可以通过机织方法复合与黏合方法复合。

针织复合面料是通过两层单层面针组织形成空气层，再由纱线相互牵扭结合在一起而形成的复合针织面料，也可通过黏合涂层复合来形成多层布的复合面料。复合组织面料适宜设计与制作保暖、透气的休闲服、运动服、登山服和裙装等。

（六）空气层面料

空气层面料在市场上主要用作睡衣、保暖服装、春秋服装等贴身衣类。空气层面料也是一种很重要的纺织辅料，质量轻便，保暖性好，穿着舒适，不易产生褶皱。其形成的工艺有两种：一种是将纯棉面料浸泡在化学溶液中，使面料表面产生无数根极细的绒毛，从而在面料的表面形成一层极薄的空气层，达到蓬松和保暖的效果；另一种是将两种不同面料缝合在一起，中间因存在间隙而能容纳空气，形成空气层。

四、常见的纬编针织面料

（一）色织针织面料

色织针织面料主要采用染色纱线，按设计要求配置不同的颜色，采用提花组织编织形成多种色彩的花形图案，如花卉、动物、山水、几何等图案，主要用作童装、背心、棉袄、上装、风衣与裙类服装。该面料可以使服装显得光彩鲜艳，外观紧密厚实，毛型感强，保暖，给人的感觉像毛织物中的花呢。

（二）针织劳动牛仔面料

也称针织牛仔面料。该面料通过提花组织进行编织，面料表面带有许多细小的本色色点。这种面料耐磨性好，厚实紧密，外观挺括，弹性很好。若面料中的原料含有氨纶包芯纱，则可织造成针织弹力牛仔布，利用它的优良弹性可用作运动类男女上装和长裤等。

（三）针织灯芯条面料

针织灯芯条面料采用变化双罗纹组织编织而成。织造时，每隔几条纵行线圈就抽松1~2针，使得面料表面呈现出宽窄不等、凹凸不平的直向条纹。这种条纹的粗细是根据设计而确定的，该面料手感饱满厚实，弹性和保热性良好，主要用作男女上装、裤子、裙子与童装等。

（四）涤棉针织面料

涤棉针织面料的里层是棉纤维，外层是涤纶，吸湿透气好，穿着舒适柔软，外观挺括抗皱，坚牢耐磨，染色后可设计与制作衬衣、夹克衫与运动服装等。

（五）人造毛皮针织面料

人造毛皮针织面料是采用经编方法编织而成的，一般以棉纱、黏胶纱或丙纶纱作为底纱，以腈纶纱线作为绒毛，可将纤维束与地纱一起形成圈状结构，其绒毛会露在面料的表面，再在它的反面用黏合剂固定，经梳毛、印花、剪毛等后整理工序，得到具有多种外观效应，手感柔软，质感厚实，保暖性好。这种面料主要用作大衣面料、背心、衣领与帽子等。

（六）天鹅绒针织面料

天鹅绒针织面料采用棉纱、涤棉混纺纱或涤纶长丝等作为地纱，同时以这些纱作为起绒纱，采用毛圈组织编织而形成毛圈，再经割圈、剪毛、烫毛加工而形成。这种面料主要用作外衣、睡衣、领子、帽子、婴儿服装与童装等。该面料做成的服装手感柔软，织物厚实，坚牢耐磨，绒毛浓密耸立，色光柔和。

（七）港型针织呢绒面料

港型针织呢绒面料是采用高级羊绒与涤纶丝织造而成的纬编针织呢绒组织面料。这种面料既有羊绒面料的滑糯、柔软与蓬松手感，又有丝织物的良好光泽、柔和性和悬垂性，且不缩水，透气性强。该面料主要用作春秋装与冬装等。

（八）纬编提花面料

纬编提花面料弹性好，穿着舒适，手感柔软，装饰感强，主要用于女式背心、胸衣、睡衣与睡裙等。

（九）钻石棉针织面料

钻石棉针织面料的表面色泽亮丽，且面料的光泽和亮度会随着光线而变化。该面料具有钻石一样的光泽，是由于扁平涤纶丝比常规圆形丝可显示出更强的光泽。这种面料的手感柔软，透气性好，属于优良舒适面料，适合设计大气、美丽与时尚的裙装、饰品等。

（十）天丝针织面料

被称为"21世纪的纤维之梦"的天丝是一种纯天然的再生纤维，它是由英国 Acordis 公司从桉树中提取的 100%天然木浆作为原料研制而成的。用天丝加工的针织面料既具有普通黏胶纤维的优良吸湿性、柔软滑顺性、飘逸舒适性等优点，也具有强力和悬垂性好及光泽亮丽等特点。该面料做成的服装比真丝服装更柔软，比棉织物的吸湿性更好，轻薄、易洗、易干等。

（十一）莫代尔针织面料

莫代尔针织面料是奥地利兰精公司开发的一种高湿模量黏胶纤维，它采用欧洲的棒木木浆通过专门的纺丝工艺加工而成。该纤维为天然材料，对人体无害，能够自然降解，对环境友好，是一种广泛用于服装产品开发的针织面料。它的最大特点是面料吸湿性强，服装穿着感觉太湿，最好和合成纤维混纺或者交织，其服用性能更好。

（十二） 氯纶针织面料

氯纶针织面料的商品名是聚氯乙烯纤维针织面料，具有良好的抗化学药剂与耐腐蚀性，绝热与隔声性能优良，阻燃等，但容易产生静电，其耐热性和染色性能差。氯纶针织面料可用于儿童舞蹈服装等。

（十三） 氨纶针织面料

氨纶针织面料的最大优点是弹性好，对身体无压迫感，具有优良的身体适应性。氨纶针织面料很适宜作紧身服装，如健美服、体操服、运动服等。

第五节　毛衫面料

一、毛衫的设计特点

广义上讲，毛衫也属于针织服装，或者说是横机针织服装。毛衫质地柔软，弹性好，是比较理想的保暖服装。

毛衫类服装是以横机或者以手工编织方法编织而成的衣服。毛衫类服装以纱线弯曲成的线圈相互有规律地穿套编织而成，其中的纱线是在垂直方向转换成线圈。毛衫所用的原料是毛纱或毛型的化纤纱等，所以也称羊毛衫。现在毛衫的原料非常广泛，不仅有毛类，还有其他化纤类品种。

毛衫设计是对服装结构知识和毛衫编织知识全面综合了解的基础上进行的服装产品开发的实践活动。设计服装时，原材料及其色彩、织物组织、服装造型及花纹设计都是毛衫服装设计的重要因素。毛衫设计既包含针织服装了设计所涉及的一切内容，又包含面料设计与工艺设计。下面介绍毛衫设计的特点。

（一） 款式设计的多样性

毛衫的款式比较丰富，可以设计多种类型。一是毛衫具有良好的弹性，可以较好地贴合在人体表面；二是毛衫具有很好的御寒保暖作用，可以设计保暖毛衫，三是随着经济的发展和科技的进步，人们生活节奏迅速加快，在休闲之余，大家更盼望一种自然、宽松与惬意的生活环境，在服装上也同样追求，毛衫正是这种生活的一种表现，毛衫外穿已经越来越普遍地被人们接受。现在许多设计师在毛衫设计上下功夫，在款式上加大了设计思维的创作，更多地体现毛衫服装的弹性和织片肌理，从服装整体的角度去实现无形和变形的造型设计，从平面的角度到立体的角度来实现结构主义立体造型和思维方式。

（二）面料加工纱线的多样性

随着现代科技进步和针织设备的飞速发展，毛衫服装的加工技术发生了巨大的变化，从而促进了毛衫服装从实用性向时尚性发展。毛衫面料设计的灵活性及加工的特殊性，使得毛衫服装种类丰富，变化多样。毛衫面料的特殊性主要表现在纱线的多样性与织造方式的复杂性两方面。毛衫服装设计与机织服装设计的最根本区别首先就在于纱线种类决定了毛衫服装的设计水平。

纱线的种类和形态不同，在毛衫的织物基本性能、织物组织结构、服装缝制工艺、服装外观风格和款式设计等方面有一定区别。毛衫面料加工技术的特殊性决定了毛衫设计的特殊性，也决定了毛衫款式设计的思维定向。毛衫款式的变化最终是在面料的花色风格设计上，同时纱线的性质也决定了毛衫独特的外观效果和色彩风格。在毛衫服装的编织中采用毛线编织，毛线主要分为全毛纱线和混纺纱线。毛衫服装设计主要由毛衫的款式和颜色决定，而毛衫的款式和颜色主要受纱线影响，如毛线、绒线及各种花式纱线等对服装设计的影响较大。

1. 羊绒线

羊绒也称开司米（cashmere），是取自山羊身上的一层直径 $14\sim17\mu m$，长度 $30\sim45mm$ 的细绒毛。羊绒质量非常轻，一只绒山羊年产无毛绒 $75g$ 左右，$5\sim6$ 只绒山羊一年所产的绒够织一件普通羊绒衫。羊绒摸起来有轻、柔、软、润、滑与暖的感觉。羊绒光泽亮丽，弹性好，价格昂贵，素有"软黄金"之称。

羊绒纤维表面覆盖的鳞片薄而稀，较平滑，手感滑糯，卷曲数少但卷曲深度大，伸直度可达 300% 以上。因此，山羊绒制品的保暖性优于羊毛。一般羊绒比羊毛容易吸湿，羊毛在水中浸湿要几分钟，而羊绒浸湿只需要几秒钟。

中国的羊绒产量一直处于全球垄断地位。目前，全球羊绒产量 2 万余吨，中国约 1.8 万吨，占全球总产量的 90% 以上。其中，优质山羊绒占全球 90% 以上，出口量占全球 80% 以上。中国现有 2600 多家各类羊绒加工企业，已经形成了内蒙古鄂尔多斯、河北清河和宁夏灵武、同心等几大羊绒加工集群。世界羊绒消费市场有 $3/4$ 以上的商品产自中国。羊绒线一般用于织造羊毛衫、毛裤、毛背心、围巾、帽子以及编织各类春秋服饰等，穿起来柔软、舒服，服装表面光泽柔和、亮丽，且保暖性很好。

2. 羊毛线

羊毛是细长的蛋白质纤维，呈卷曲状。纤维的平均长度为 $50\sim75mm$，最长的也在 $300mm$ 以下。吸湿性比棉好，公定回潮率为 $15\%\sim17\%$；羊毛具有明显的缩绒性特点，即羊毛集聚体容易收缩纠缠与毡化，使织物厚度和紧度增加，从而产生整齐的绒面效果，外观显得漂亮；羊毛纤维的弹性好，是天然纤维中弹性回复性最好的纤维；羊毛强度比其他纤维低，但有较高的断裂伸长率和优良的弹性，所以，羊毛制品比其他的天然纤维纺织品要稍坚牢些。羊毛线主要用来制作同羊绒线类似的服装，但穿起来感觉厚实，表面没有明显的毛绒层。

3. 棉线

棉线的主要成分是棉纤维，其纤维长度一般为 23～38mm，细度为 1.3～1.7dtex，比毛和丝细。纤维手感柔软，可纺较细的棉纱。纤维吸湿性好，遇水膨胀。成熟度较好的棉纤维，其结晶区较大，纤维素的化学稳定性较高。棉纱的强度大，但弹性一般，易褶皱。棉纤维耐热性较好，熨烫温度可达 190℃，耐日晒性较好，易发霉。所以，用棉纱编织的毛衫一般水洗几次后表面显得黯淡无光。

4. 膨体线

腈纶是膨体线的主要原料，在高温下不受外力作用时产生收缩变形而形成，所以，膨体线也是腈纶的高收缩纤维。膨体纱的形成过程是在玻璃化温度以上对腈纶进行拉伸时，螺旋状大分子沿受力方向运动，使得纤维伸长，此时纤维内大分子处于能量较高的不稳定状态，若在伸长状态下将纤维迅速冷却固定，纤维内具有较大的内应力，纤维有恢复到原来稳定状态的趋势。膨体纱也称为"人造羊毛"，它的蓬松度很好，有稍刺眼的光泽。腈纶毛衫穿起来很轻，但与羊毛不同的是，容易起毛起球，外观质感不好。

5. 花式纱线

花式纱线的基本性能和种类在第三章中已经详细描述过，因为花式纱线的种类偏多，在毛衫的风格设计中应用较多，所以，这里主要针对其在毛衫中的应用进行说明。

花式纱线常用在针织物上，主要用于制作羊毛衫和高档针织服装。花式纱线作为毛衫设计的一种新型材料，其种类繁多，不仅丰富了毛衫风格的种类，同时满足了消费者对美的追求。

花式纱线因其加工方式的不同大致可以分为以下几类。

（1）普通花式纱线。主要是指通过普通纺纱设备与系统加工而成的花式线。用这些纱线编织出的毛衫效果靓丽、精致，富有现代时尚感。

（2）染色花线。染色花线是采用染色方法加工的花色纱线。将彩色纤维按照一定比例混入基纱的纤维中，使纱线呈现出长短鲜明、大小不一的彩段、彩点。

（3）彩色花线。彩色花线制作的服装绚丽多彩，富有很强的艺术感。这种纱线多用于女装和男夹克衫等。

（4）加捻花线。指采用花式捻线机加工而成的花式线，其中按芯线与饰线喂入速度的不同与变化，又可分为超喂型（如螺旋线、小辫线、圈圈线）、控制型（如大肚线、结子线等）。这类花式纱线类型很多，纱线编织的服装具有很强的装饰效果，非常休闲。

（5）特殊花式线。主要是通过不同的特殊设备加工而成的纱线，如雪尼尔线、包芯线、拉毛线、植绒线等。特殊花线可以用来制作紧身服装，如雪尼尔线可以制作童装，植绒线可以制作较好的保暖性服装等。

（三）织造方式的多样性

织造方式是决定针织面料具有加工多样性的第二重要因素。毛衫主要由横机或手工编织方法制作，因此按照编织工具可分为手工编织毛衫和横机编织毛衫。

1. 手工毛衣与机织毛衣加工

没有立体织造以前，毛衫也是由衣片组合而成的，但它们不像机织服装的衣片那样根据尺寸裁剪后缝合而成，而要考虑毛线的粗细和编织手法的松紧以决定衣片的宽度。所以，编织毛衫不只是一个简单工艺问题，还渗透着一些技术性，毛衫服装产品的开发水平是设计与技术综合水平的体现。一般毛衣也有大身、后背、两个袖子，少数毛衫还有领子。一般套衫是四片，开衫是五片。如果是手工编织的毛衣，则这些衣片都需要用毛衣织针来实现，而且还要进行各种花式针法图案的编织设计，并且利用手针来转移线圈，从而达到网眼织花等花样编织效果。手工操作步骤比较简单，易学易操作，缺点是花样变化比较少，比较费工费时。

横机编织毛衫时，首先在机器上把衣片编织出来，然后用圆盘缝纫机缝合而成。一种毛衫织片是手机织片，它是人工操作机器完成的；另一种是电机织片，它由电脑横机自动完成。通过手工编织的衣片，可以在编织时进行任何花型设计和衣片连接，不需要每个衣片织完后再通过缝合完成，通过人工操作横机可以将整件毛衫编织完成，包括领片、胸片及口袋等。

2. 手工毛衣与机织毛衣的外观

手工毛衣与机织毛衣的区别是手工编织的毛衫布面不均匀，但更松软些。

如果采用花式纱线设计毛衫时，编织的重点要从织物色彩设计和织物组织肌理设计两方面出发，注重花式纱线的用量对毛衫设计的影响，以及组织对毛衫功能性与修饰性的影响。另外，为了使花式线的色彩效果、结构效果和特殊效果反映到织物的外观上，我们应该注重织物的原料搭配、花式类型以及织物的用途等，这样才能充分体现毛衫服饰的创意性和艺术效果。

二、毛衫编织针法

针法对毛衫设计非常重要。毛衫编织的针法很多，这里主要介绍几种常用针法的运用。

（一）平针法

编织毛衫时，平针包括上平针和下平针两种，即下针和上针。编织时，从底下往上织叫下针；从上往下织叫上针。

手工编织平针时，第一步，先起好针，这里起任意的针数就可以了，织毛衣的时候可以根据衣身的宽度确定起针的针数。第二步，左手拿着起好针的毛线针，右手则拿起还没有上线的毛线针。第三步，把针从里到外戳进第一个毛线圈里，注意针法，是右手的针在左手的针下方，从里到外戳进去。此时右手拿着线，从外向里绕一下线，要注意的是，此时右手的针还是放在左手的针下方。第四步，轻轻把线抽出来，注意不要把刚才绕过去的线也抽走了，如果不习惯，可以借助手指先按一下刚刚绕起的线。注意，织每一针的时候力度要均衡，避免毛衣织得太松或者太紧。

简单的平针也可以编织出各种花纹效果，是用相同颜色的纱线采用平针编织出的不同布面效果。同样，将多种颜色的纱线通过图案设计可以编织出各种花纹效果。

（二）罗纹针法

罗纹针法是毛衫设计和编织时的一种基本组织针法。它是由织针上的线圈按一定配置相互穿套形成正、反凹凸的花形结构。罗纹结构的最大特点是布面不卷边，保形性好，弹性强，这使得罗纹针法在毛衫服装设计中有着其他组织花型不能替代的作用。

罗纹针法和其他针法交替编织可以形成意想不到的花纹图案，而且花纹看起来有一定的立体效果。

（三）花式针法

一般毛衫在进行设计时，除了对用线的色彩进行选择外，还要对各种花式针法进行设计。一般针法有元宝针、镂空针、麻花针、菠萝花、铜线针法渔网针、鱼骨刺针、菊花针、狗牙针、凤尾花针、辫子针和混合针法。

1. 元宝针

元宝针是在单针罗纹的基础上变化而来的，广泛用于编织毛衫、帽子和围巾等。编织方法：首先起头，第一针挑在右针上不打，打了一针下针，把线绕上面；上针挑在右针上，不织，织下针，线从下针上绕过去；织下针，再把线绕上面，把上针挑下不织，编织一行到头；再把毛衣针反过来，还是第一针挑下不织，织法和上面相同，织几排以后就可以看出效果了。

2. 镂空针

镂空针法像钩针织出来的效果。镂空针的编织方法：第一步，先从右针上绕线，然后将右针从左针上第一个线圈的左侧插入该线圈中，并使右针位于左针下面。第二步，继续运用普通的下针法编织，一个镂空针就完成了。第三步，继续运用普通的下针法编织下一行，直到完成。

3. 麻花针

麻花针也称扭麻花，该针法是毛衫制作常采用的一种编织针法。编织方法：先把右面的用麻花针穿起，放在前面，然后织左面的，织好了，把在麻花针上的针眼，穿回左面的针上，然后编织完成。麻花针有一扭、二扭、三扭、四扭等麻花式样。

4. 菠萝花针

菠萝花也称凸珠花，如四针四行针法：第一行，一针里放三针，每放一针都要在线圈上绕一圈，以使花形凸出。第二行，全上针。第三行，三针合并一针，将第一行一针里放出的三针并为一针，一针放三针，以此类推。第四行，同第二行。菠萝花针法可编织各种毛大衣、儿童毛衫、男女开衫以及背心等。

5. 铜钱花针

铜钱花针法属于装饰针法。起针时要编织若干行罗纹针，织到合适的宽度后再开始编织铜钱针。铜钱针总共有三针，用第一针挑过第二针、第三针，这个地方和收针一样，然后织一针加一针再织一针，这样还是三针，保持了原针数不变。循环编织，编织到合适的针数收针就可以了。

6. 渔网针

编织毛衫时也会采用渔网针法。这种编织方法一般分为四排。第一排先织一排下针。第二排的第一针挑下不织，再第二针用右针从左针下面的线里穿出，绕线，连同左针下面的一根线一起挑出来，第三针就织一针下针，第四针针法和第三针相同，以此类推，编织完整一行。第三排和第一排一样，编织完一排下针。第四排和第二针织法相同，直到最后编织完成。

7. 鱼骨刺针

鱼骨刺针的表面效果很像鱼的刺骨。编织方法：因为鱼骨针花样是三针一个花，所以，首先起三的倍数针，然后加二针。第一针一般吊下不织，将线绕到上面。第二针，用右针往左针上的两根线里穿出，将线往穿出的右针前边绕一下，然后将线织出来。第三针织下针，将右针往左针下方线里穿出，将线往穿出的右针前边绕一下，然后将绕的那根线织出来，这就完成了一朵花。以此类推完成整个织物。

8. 菊花针

菊花针也称太阳花针，根据花纹大小设置针数。八花针为八针四排，编织时，第一排下针，第二排全上针，第三排七针下，每针下针都在针上绕两圈，第八针不织，第七针的线从第八针下面绕过去，继续织后面的花。第四排，把第三排七针下的两圈线放开，并且把这七针合成一针。然后在这一针中又放出七针来，第八针不织，第七针织完后，把线甩上来，绕过第八针，再把线甩下去，继续编织后面的花纹。

9. 狗牙针

狗牙针是一种常见的简单易学的起针方法。一般多数用在裤腰上，又称狗牙边，舒适又美观大方。编织方法：首先织八行下针，第九行二针并一针，加一针空针，第十行织回来以后再织八行下针，以第九行为中线对折，将每一针和起头的边一一对应起挑起并织，狗牙边的宽窄取决于开始编织的下针行数，可以根据线的粗细和织物的要求决定行数的多少，灵活运用。

10. 凤尾花针

凤尾花针是一款很美观的花式针法，用在毛衣或者衣领上特别漂亮。编织方法：一般十八针、六行为一朵花。首先织两行边，下针织，上针不织。第一行两针并一针连续并六次，加一针，再织一平针，再加上一针，再织一平针，加一针，再织一平针，再加上一针，再织一平针，加一针，再织一平针，再加上一针，织三行平针，第四行重复第一行，将第一行的第一个加针和第一个并针并在一起，是这一行的第一针并针。这样就完成了一个凤尾花。依此类推完成整个编织物。

11. 辫子针

辫子针也常用来编织毛衣衫。编织方法：首先在毛衣针上面打个活结，然后将毛线较长的一条边沿编织方向搭在毛衣针上面，再把钩针通过刚才打的活结中间，沿箭头的方向钩出毛线的一条边。这样，毛衫的起针的第一针就准备好了。接着，将毛线边搭在毛衣针上面。最后用钩针把这条毛线边钩过来。

12. 混合针法

混合针法就是采用多种针法共同编织一件毛衫的布样，形成了不拘一格的花纹效果，具有多彩的毛衫效果。

第六章　机织面料工艺的结构与特征

第一节　机织与机织面料

一、机织面料体现的服装效果

很多服装设计作品是在机织面料基础上创意设计出来的。服装面料的织物组织结构设计是影响服装穿着外观效果非常重要的基本因素，它影响到服装服用的美观、手感及特性，也是服装面料选择的基本知识要素。利用机织物组织结构设计不仅可以得到服装设计所需要的各种大小花纹，还可以使服装产生起皱、加厚、起绒、起孔或毛圈等设计效应，从而影响到服装面料的造型、美感及服用特性。

企业在进行面料织物结构设计时，既要考虑其织物结构的专业性和加工性，也要考虑面料的美观性和舒适性。因此，作为服装产品开发人员或者服装设计人员需要掌握一定的服装面料结构设计知识。

面料由纱线相互交织而构成，其相互交织的过程与原理是依据面料的组织结构设计来完成的。其纱线交织而形成的基本织物形式分机织物和针织物两种，但采用其他形式还可以形成非织造织物、锭编织物与钩编织物等。

二、机织物的基本概念

机织物是服装中较为常见的面料品种。机织物是指通过经纱（长度方向上的纱线）和纬纱（横向上的纱线）按照一定的规律相互沉浮交织而成的，这种织物中经纱和纬纱相互交错或彼此沉浮的规律叫作织物组织；经纱与纬纱的交织点称为组织点。凡经纱浮在纬纱上，称经组织点（或经浮点）；凡纬组织点浮在经纱上，称纬组织点（或纬浮点）。当经组织点和纬组织点浮沉规律达到循环时，称为一个组织循环（或完全组织）。

当经组织点和纬组织点的排列规律循环出现时，便形成一个组织循环，也叫完全组织。关于简单的织物组织可以用方格表示。一般情况下只需画出一个组织图或者一个循环图。

三、机织设备与织造流程

（一）机织设备的发展过程

1. 土工织布机的发展

机织技术已有 5000 多年的历史，主要经历了原始手编、土工织布机、自动织机和无梭织机等阶段。所谓的原始手编，就是用两根棍子分别放在要织布的长度两端进行固定，把经纱一根根依次平行绕在两根棍子间，纬纱则是用手指挑动单数或双数纱线而引入纬纱进行编织。随后人们用棍子代替手指挑纱，用一根分纱小木棍按单、双数将经纱分开放入经纱中，通过小木棍完成纬纱穿入并打纬使织物变得更加紧密。穿纬纱的小木棍继续发展变成木刀或骨刀，在打纬刀上刻上一条凹槽，将穿线梭子在凹槽中快速划过去，使织布速度进一步提高，慢慢演变成线综提经工具和挑花工具，形成了土工织布机。

2. 织布机的发展

1785 年，传教士英国人卡特赖特把开口、投梭、打纬和送布的过程初步实施连续地机械化操作。在 19 世纪初，由罗伯茨设计制造出现代有梭织机原型，奠定了现代有梭织机的基础。

现代有梭织机的最大特点是从手工穿经一跃成为机器自动穿经，劳动生产率提高 8~10 倍，面料幅宽加大，综框明显变多，面料花色开始丰富。

20 世纪 50 年代，开始出现各种织布机的电子自控装置，设备上装有自动控制屏。为了进一步提高织机的生产率，20 世纪 50 年代先后出现了各种无梭织机，包括有片梭织机、喷气织机、喷水织机或喷射织机与剑杆织机等，如瑞士的片梭织机、捷克斯洛伐克的喷气织机和喷水织机、意大利和西班牙等国的剑杆织机等。20 世纪 70 年代以后又出现了连续引纬的多梭口织机。

（二）机织面料的织造流程

机织设备的加工原理是根据机织面料的织造流程而设计的，织造流程决定了设备的雏形，设备的继续改造不能离开织造流程而无根据地发展，所以很有必要了解和学习机织面料的织造流程。

第二节　基本组织面料

一、平纹组织面料

平纹组织的特点为每根经纱与每根纬纱间隔地沉浮交织，交织点最平凡，表现为一上一下（1/1），屈曲点最多；织物挺括、坚牢，不易磨毛、抗勾丝性能好；外观平整，正反面外观相同，表面光泽较差，手感较差；服装面料的应用范围最广，各种纤维都可以设计出平纹组织面料，因此经常使用这种面料开发各种不同服装产品。

（一）平纹织物面料

1. 棉平纹织物

棉平纹织物的整体特性为吸湿性好，一般大气条件下，棉纤维的回潮率可达8.5%左右；光泽平和自然，没有刺眼的亮光；织物厚度与棉纤维的线密度（指纤维的粗细程度）相关，纱线条干好，可纺织出较细纱，形成的平纹织物一般较薄，强力也越好；正常成熟的棉纤维，截面粗、强度高、转曲多、弹性好、可丝光、纤维间抱合力大、成纱强力高，面料强力也较好；服装保养容易，耐碱不耐酸，但洗涤时，对洗涤剂的酸碱性没有太多要求；可太阳晒干，但不能长时间暴晒，以免面料脱色等。

（1）平布。平布是我国出现较早的织物组织，为平纹织物，其织物表面平坦，手感平整，质地比较坚牢、耐磨性好。平布又分为粗平布、中平布和细平布。一般平布经向紧度仅有50%。中平布又称市布，市场上销售的白色平纹布也称白市布，即用中特棉纱或棉/黏纱、涤/棉纱等织造而成。该织物结构较紧密，布面平整且丰满，质地坚牢，手感较硬。服装企业主要用它制作白坯样衣、衬里布、衬衫裤及夏季的睡裙等。

（2）粗布。也叫粗平布，大多数使用纯棉粗特纱织造而成，而且有的布面上会含有棉籽壳，因此，这种面料布身厚实、粗糙，坚牢耐用。

（3）帆布。一种较粗厚的棉织物或麻织物。帆布一般采用平纹组织，少数为斜纹组织，经纬纱均用多股线。粗帆布常用58tex纱即10英支纱线的4~7股线织造而成，面料坚牢耐磨，不易折皱，具有良好的防水性能。细帆布的经纬纱一般为58tex的2股纱至28tex的6股纱织造而成，一般用于制作劳动类工作服装。

（4）细布。也叫细平布，是用细特棉纱、黏纤纱、棉黏纱、涤棉纱等织造而成。细布织纹的纹路清晰,质地轻薄紧密,布面平整细洁与柔软丰满。细布布料主要是经印染加工成白布、色布或花布等,它的用途非常广泛,可以用来制作内衣、衬衫、夏季外衣、裤子、裙子、印花手帕与床上用品等。

(5)府绸。高密度的平纹组织织物,采用细支纱织造而成。其主要特点是经向紧度比一般平布大,为75%~90%,而纬向紧度则较平布稍低,具有丝绸织物的飘逸风格。府绸面料轻薄,结构紧密,经纬纱排列整齐,质地坚牢,外观细密,布面光洁,颗粒清晰,手感饱满。优良的府绸织物必须具有"均匀洁净、颗粒清晰、薄爽柔软、光滑如绸"的特点。府绸是用来制作衬衫的较理想衣料。府绸织物由于组织结构不同,品种繁多,根据其纱线结构,可分为纱府绸、半线府绸(经向为线,纬向为纱)与线府绸三种。

(6)泡泡纱。泡泡纱是轻薄平纹细布,因其薄型织物布面呈现凹凸不平形似泡泡而得名。泡泡纱外观立体感强,穿着不贴身,轻薄舒适,手感柔软,洗后服装不需要熨烫。这里说的织造泡泡纱,其原料采用纯棉或涤/棉纱,其泡经线密度大于地经线,或泡经采用股线,地经采用单纱。穿着时不贴身,有凉爽感,适合做女夏季服装,不易起皱,但泡泡随服装穿着时间的延长会逐渐平坦些。洗涤时,不宜用热水浸泡,会使泡泡消失。

(7)玻璃纱。玻璃纱是一种稀薄透明的平纹织物,经、纬纱线较细,捻度较大,经、纬密度较小,显得细稀,布孔清晰,面料透明,手感挺爽,透湿透气。玻璃纱的原料既可以是纯单纱或股线棉纱,也可以是涤棉单纱或股线。玻璃纱主要用于制作夏季衬衣裙和睡衣裤等,穿着时显得外观精致、素雅。

(8)牛津布。牛津布是一种常见的青年人穿着服装面料,一般是特色棉织物或者棉与涤纶的交织面料,也有经纱用色纱,纬纱用纱支13~29tex的漂白纱。当前市场上牛津布服装透湿、透气性好,舒适柔软,外表光泽自然,由于含有氨纶纤维,面料有弹性,保形性好。牛津布适用于裙类、衬衫类、男式裤子与童装等。

2. 毛平纹织物

羊毛是纺织工业的重要原材料,弹性好、吸湿性强、保暖性好。细度是确定毛纤维品质和使用价值的重要工艺特性,一般用纤维的直径微米或品质支数来表示。细度越小,则它的支数越高,纺出的毛纱就越细。细毛的延伸率在20%以上,半细毛为10%~20%。在细度相同的情况下,羊毛越长,纺纱品质就越高,成品的性能就越好。弯曲性能是常用来估价羊毛品质的重要参数。弯曲形状整齐一致的羊毛,纱线纺成的毛纱和制品的手感松软,其弹性和保暖性也好。

(1)超细羊毛平布。最近非常流行的超细羊毛平布印花围巾,手感柔软,面料非常轻飘，为轻薄平纹纯毛织物，克重接近蚕丝绸面料，为 $60\sim80g/m^2$。主要是先织造出白色平布，然后再印花而成，也可用来制作裙子、上衣类。

（2）派力司。该面料是用混色精梳羊毛织成的轻薄平纹纯毛织物、毛与化纤混纺织物和纯化纤织物。派力司为条染产品，布面上呈现出很独特的纵横交错的隐约有色细线条纹，表面光洁，手感滑爽，平整挺括，织物质量比凡立丁稍轻，单位面积质量为 $140\sim160g/m^2$。派力司一般以混色中灰、浅灰和浅米色为主色，可用来设计夏季女装衣服。

（3）凡立丁。凡立丁是一上一下的精梳单色股线毛纱织制的平纹薄型织物。布面平整，不易褶皱，身板挺括，织物表面纹路清晰，光泽柔和，透气性好，手感滑爽，颜色素净。凡立丁纱支较细、捻度较大，其单位面积质量为 $170\sim200g/m^2$。凡立丁主要为全毛面料，现在也有仿全毛风格的毛混纺或者纯化纤面料产品。

（4）法兰绒。因其布面柔软、光洁平滑、轻薄舒适、不露织纹，细腻的绒面效果，受到消费者的青睐。法兰绒可以说是珊瑚绒的升级品，法兰绒的设计是在生产过程中将部分染色羊毛中加入一部分原色的羊毛，然后经过混匀纺纱形成混色毛纱，再经过缩绒拉毛整理而成。法兰绒摩擦时会有掉绒现象，所以，为了提高成品的耐磨性也加入了少量的锦纶纤维。法兰绒主要用来设计抵御寒冷的睡衣、棉袄。

（5）薄花呢。薄花呢为平纹组织，是呢绒中花色变化繁多的品种，大多为条染产品，其面料质地轻薄，手感滑爽。薄花呢一般单位面积质量小于195g/m²，花呢起花方法有纱线起花、组织起花与染整起花等。纱线起花可构成星点、条格等花型，采用花式纱线作装饰使花样很别致。组织起花常利用平纹变化组织、斜纹变化组织、缎纹变化组织和各种联合组织及双层组织等织纹变化技巧，把色纱排列和织物组织结合起来，形成精美的几何图形。薄花呢是制作西服常用的面料。

3. 化学纤维平纹织物

化学纤维平纹织物是指涤纶、腈纶、锦纶、涤纶短纤维及再生纤维素纤维织物，如黏胶、莫代尔、竹纤维等。

（1）人棉平布。人棉平布属于人造纤维素纤维的黏胶短纤，面料通过染色显得时尚清新，色泽艳丽，厚度超薄，布面光滑，手感平整、细腻与柔软，服装透气舒适，吸湿性能比纯棉织物都好，悬垂性好，手感与莫代尔服装产品手感相似。适宜做女性的各类夏季服装和睡衣、睡裤及贴身服装等，穿着美观，保形性强，具有优良的抗皱性和免烫性，穿着方便、自然。

（2）涤棉细布。织物外观性能与棉细布相同，只是采用了涤纶与棉纤维的材料进行混纺或交织。

（3）涤棉平布。织物外观性能与棉平布相同，只是采用了涤纶与棉纤维的材料进行混纺或交织。

（4）涤纶泡泡布。通过机织的形式形成泡泡布，凹凸是很规整的方块格，其形态稳定，具有较精细的效果。

（5）桃皮绒。采用涤/锦混纺纱线形成的平纹织物后起绒而形成，绒毛细腻，可以设计秋冬装等。

4. 真丝平纹织物

（1）塔夫绸。也称塔夫绢，该面料是优质桑蚕丝织成的绢类平纹丝织物。塔夫绸密度大，是绸类织品中最紧密的一种。

塔夫绸包含素塔夫、方格塔夫、花塔夫，紫云塔夫和闪色塔夫等多种。花塔夫绸是塔夫绸中的提花织物，地纹用平纹，花纹是八枚缎组织。塔夫绸织物紧密，表面光洁细滑，色泽亮丽，外观硬挺，折皱后易起皱折，因此不宜折叠和重压。面料花派流畅、大方，适宜做服装、旗袍与礼服等。

（2）香云纱。有的真丝香云纱是平纹组织结构，其厚度有不同类型，部分是轻薄面料，也有部分是稍重一些的面料。对于不同的品号，其原料用量不同，它的单位面积质量就不同，比如双/就有 02 双绉、03 双绉和 04 双绉等。

5. 麻平纹织物

（1）夏布。主要因用于制作夏季服装和制品而得名，它是古代劳动者作为服饰用料的典型面料品种，也是用苎麻以纯手工纺织而成的平纹布。夏布使用的主要纤维材料是苎麻，也称白叶苎麻。目前手工夏布主要产地在江西、湖南、重庆等地。随着科技的发展和市场的需求，机织苎麻布产量逐步增加，其产品色泽柔和，吸湿、透湿性好，已成为服装用的一种高档纯麻面料。

（2）苎麻布。苎麻布是指用纯麻纤维纱线或者纯麻纤维与其他纤维混纺制成纱线而织成的织物，也包括各种含麻的交织物。麻布跟夏布一样，其吸湿透湿快，强度高，断裂伸长小、弹性差。

（3）剑麻。叶片含有丰富的呈长形结构纤维，纤维长，拉力强，质地坚韧，耐摩擦和腐蚀，色泽洁白，弹性好，不易被酸碱腐蚀，不易打滑等，主要用于地毯、工艺品等。

（4）罗布麻。也叫野麻、夹竹桃麻、茶花麻、茶棵子、大花罗布麻等。罗布麻纤维细长，拉力强，柔软而有光泽，耐高温而又抗腐蚀，用途很广，可纺成 60~160 公支高级细纱，与棉、毛混纺成高级衣料。罗布麻具有医用功效，能清热降火，平肝熄风，主治头痛、眩晕、失眠等症状。

（二）平纹面料的服装设计案例

棉平布是我国机织物面料诞生的最早产品，其特点是透气、舒适、抗静电、不起球、不褪色、冬暖夏凉等。粗布分为本色粗布和坯布粗布两个品种，坯布粗布一般进行漂白、染色后可以制成衬衫、裤子和床上用品等。服装企业主要用粗布制作服装衬布等，或者山区的农村家庭可以用它来制作粗布长短袖衬衫、保暖衬衣、睡衣、床单、被套等床上用品。

在应用平纹织物进行服装设计时，面料的最大特点是平整光滑，通过利用平纹织物面料的各种特点设计出各具特色的服装，从而使服装重现美丽的外观和服装所需要的性能。

对于单色的平纹织物面料服装色泽单一，活泼性不够，需要增添一些色彩，这时企业常常会利用多种颜色的纱线进行平纹织造，也叫色织物，可以在面料上织出花纹，丰富了平纹织物的品种。当然也可以用其他色彩的面料对服装的止口进行包边来增添服装的色彩感。

部分平纹织物是素色面料，色泽单一，可以在服装上进行二次再造，如印花、绣花、贴珠等，从而进一步实现设计师的创意与构想。

因为涤纶等合成纤维材质的平纹面料光滑，人们利用人工褶皱的加工方式形成百褶的效果，很好地实现了裙子的立体造型，常用来制作婚礼服和其他特色服装。

真丝面料玻璃纱在夏季穿起来凉爽透气，具有飘逸和自然的造型美。

平纹织物的泡泡效果经过久穿也不会消失，并且平纹织物的皱织物很有造型，在设计服装时，皱织物的平纹面料可以很好地实现设计师的某种经典、雅致或潇洒的构想，达到创意目的。当前服装企业利用织造的涤纶泡泡布制作羽绒服，改变了原来羽绒服面料表面光滑呆板的感觉，使得服装具有很强的新颖、时尚感，令人耳目一新。

真丝被称为"人类的第二皮肤"，因此真丝面料制作的服装具有很好的服用性能，透气、柔软、滑爽，具有高贵的气质感。

二、斜纹组织面料

斜纹组织的特点是在组织图上经组织点和纬组织点连接形成连续的倾斜纹路。

构成斜纹的一个组织循环至少有三根经纱和三根纬纱；与平纹组织比较，斜纹组织的交织次数较少，斜纹组织的密度和厚度大；交织点少，织物光泽较好；手感松软，弹性较好，抗皱性能好，织物具有良好的耐用性能。

（一） 斜纹织物面料

1. 棉布斜纹面料

棉布斜纹面料的种类很多，基本组织为 2/1 斜纹，倾斜角为 45°左斜或者右斜，其产品特色也很容易区别。有的织物组织斜向纹路清晰，如果是多色的斜纹组织面料，其反面的纹路则不容易显示清楚。

（1）斜纹府绸。棉布斜纹府绸的经、纬纱粗细比较接近，其经密略高于纬密，手感较柔软。其面料特点是吸湿性与透气性较好，柔和轻松，贴身保暖，但面料容易收缩，易起皱。

（2）卡其。卡其面料较华达呢质地更紧密，手感厚实挺括，耐穿且不耐折皱。卡其织物组织是 2/2 斜纹、3/1 斜纹、急斜纹组织。2/2 斜纹组织织制的正反面纹路均清晰，故称双面卡，3/1 斜纹组织织制的正面纹路清晰，反面纹路模糊，故称单面卡。面料根据纱线不同可分为纱卡、半线卡和线卡，根据组织结构不同可分为单面卡、双面卡、人字卡、缎纹卡等。面料经染整加工后，可制作春、秋、冬季服装，如外套、风衣、工作服、军服、夹克等。

（3）牛仔布。牛仔布是一种较粗厚、坚固、硬挺的色织斜纹面料。过去牛仔布的主要成分是棉布，如涤棉牛仔布。牛仔布一般为靛蓝色，也称靛蓝劳动布，经纱颜色比较深，纬纱颜色比较浅，纬纱也常为浅灰或煮炼后的本白纱或漂白纱，从而形成了劳动布正反面色泽深浅不同的外观特征。牛仔布面料组织为 3/1 斜纹组织、变化斜纹组织、平纹组织或皱组织。可用于制作男女式牛仔裤、牛仔服，牛仔背心和牛仔裙等。

2. 毛料斜纹面料

（1）哔叽。哔叽是用精梳毛纱织制的一种素色斜纹毛织物，以各种品质羊毛为原料加工织成。哔叽表面平整光洁，织物纹路清晰，悬垂性好，紧密适中，面料以藏青色和黑色较多。一般为 30~60 公支的双股纱，为 2/2 斜纹组织，经密稍大于纬密，明显特征是斜纹角度右斜约为 45°。

各厚度哔叽织物单位面积质量：薄哔叽为 $190 \sim 210 g/m^2$，中厚哔叽为 $240 \sim 290 g/m^2$，厚哔叽为 $310 \sim 390 g/m^2$。分为线哔叽与纱哔叽两类，线哔叽正面为右斜纹，经染色加工可做男女服装；纱哔叽正面为左斜纹，经印花加工，主要用于制作女装和童装。

（2）马裤呢。采用急斜纹组织，正面为右斜纹贡子，丰满，反面为扁平的左斜纹路，质地显得比较厚实，呢子表面光洁实滑，手感富有弹性。该面料适合于军装、猎装、高级军大衣与男女秋冬季外衣等。

（3）斜纹绒。不同颜色的毛纱或绒线根据斜纹组织的结构织造而成，面料出现不同颜色的斜向条纹现象。

（4）斜纹毛绒呢。斜纹毛绒呢是采用不同灰色与白色羊绒纤维混纺在一起成纱而形成斜纹的白点状织物，有轻微毛绒感，可用来制作春秋装和冬装，面料有档次。

（5）黑白条格斜纹毛绒呢。采用黑白色的纱线做经纱通过斜纹织造形成，参数为毛料 150 英支/2，单位面积质量为 $200g/m^2$，幅宽 150cm，面料中等厚度，表面光滑，可以制作夏季裤子、春秋女装裙子和薄风衣等。

3. 真丝斜纹面料

（1）斜纹绸。采用斜纹组织织造而成的绸缎物，属于桑蚕丝中的高端面料。面料比素绉缎手感稍硬挺，光泽亮丽，便于服装造型，彰显穿着者品位，因此，许多消费者很喜欢斜纹面料。斜纹绸被欧洲人广泛用于制作大品牌的丝巾、方巾与裙子。但要注意，斜纹绸相对平纹面料来说，缩水率大些。

（2）斜纹花纹面料。利用染色纱线，通过斜纹组织设计可以形成一定斜向格子的图案面料。

（二）斜纹面料设计的服装案例

斜纹织物面料的最大特点是面料有一定斜纹，呈现一定方向性，该面料作为羽绒服的用料可以起到防羽毛渗透的作用。面料相较平纹组织厚实些，利用这个特点通过服装结构设计可以体现出设计师的独特创意与构想。

用斜纹面料制作春秋装或者冬装，由于面料上经常会有绒毛存在，面料上的斜向纹路不明显。

素色斜纹面料色彩单一，也可以在斜纹面料上进行印花。通过色纱进行斜纹组织设计，也可以形成方格类的图案。可以利用斜纹织物面料的各种特点设计出各具特色的服装，使服装呈现出特有的美丽外观。

三、缎纹组织面料

（一）缎纹组织及特点

缎纹组织每间隔四根或四根以上的纱线才发生一次经纱与纬纱的交错，其交错点是单独的，且连续均匀分布在一个循环组织内。缎纹组织布面平滑匀整，富有光泽，质地柔软，容易对光线产生反射；织物密度大，显得厚实，可以较好地防羽绒类渗透；布面质地柔软，悬垂性好。缎纹组织中的交错点在三原组织中是最少的，因此，织物易勾丝、磨毛和磨损。

1. 正则缎纹

缎纹组织可用分数来表示，分子表示一个完全组织中的纱线数，称枚数；分母表示组织点的飞数，像这种在一个组织循环中的飞数是一个常数的缎纹组织，则这种缎纹也叫正则缎纹组织。

2. 变则缎纹

如果在缎纹组织循环中的飞数是一个变数的话，那么这种缎纹组织被称为变则缎纹组织，一般 4 枚和 6 枚缎纹组织不能构成正则缎纹组织，但能构成变则缎纹。

3. 经面重纬缎纹

重纬缎纹是指延长缎纹组织的纬向组织循环根数，即延长该组织点的经向浮长所形成的缎纹组织。

4. 阴影缎纹

阴影缎纹是指由纬面缎纹组织逐渐变化到经面缎纹组织，或者是由经面缎纹组织逐渐变化到纬面缎纹而形成的缎纹组织。

（二）缎纹组织的典型面料产品

1. 直贡缎

直贡缎的经纬纱一般为中细特纱，尤其对经纱的要求较高。直贡缎所用经纬纱的情况有两种：一种是经纬纱用相同粗细的纱线，另一种是经纱粗于纬纱，突出经纱效应，且纬纱的强力增加。直贡缎为 5 枚或 8 枚的经面缎纹组织织物，布边采用方平组织。布的表面表现为缎纹自左下方向右上方倾斜，一种是织物倾向与浮线所形成的缎纹斜向一致，使织物表面光反射增强，富有光泽，具有丝绸的感觉；另一种是所用纱线较粗的厚型产品，质地紧密，表面暴露斜路，具有仿毛风格。直贡缎多用作老年人冬季服装面料等。

2. 横贡缎

横贡缎是纬面缎纹组织织物，具有良好的仿绸缎风格。横贡缎所用纱线一般多为纯棉精梳纱，经纬纱配置相同的线密度，一般为 14.5tex（40 英支）。布料特点是织物表面光滑平整，细致紧密，富有光泽，不显露斜纹痕迹。设计时经密大于纬密，横贡缎的纬纱宜用较低加捻系数的纱线，以保持良好光泽。

3. 绉缎

绉缎是指一类全真丝的，纬线为强捻纱线，经线不加捻，织物组织为 5 枚缎的真丝缎类品种。真丝绉缎的门幅有 90cm、114cm、140cm、235cm、240cm、280cm。中等窄幅主要用来做服装。绉缎有素绉缎和重绉缎面料产品。

素绉缎是常规全真丝绸面料，织物手感滑糯，光泽较强，悬垂性好，弹性好，其缎面比反面的手感更加光滑，但面料缩水率较大，做服装时，它的服用性能特别优秀，既有双绉类织物的抗皱优点，又有缎类织物光滑柔软的特性，特别适宜做睡衣等贴身类服装，具有非常舒适的丝滑感。

重磅绉缎也叫重绉缎，其面料厚实些，耐用性较好，悬垂挺括，但手感没有真丝素当缎那么细腻柔软，其缩水率在真丝面料中是比较小的。

4. 汉麻毛花呢

汉麻毛花呢是采用毛纤维（占 55%）、涤纶（占 25%）和汉麻纤维（占 20%）形成的纱线，通过缎纹组织形成的织物，面料光滑平坦，挺括，具有轻微立体感觉，用来设计裤子、裙装等，具有现代时尚感。

第三节 变化及复合组织面料

一、变化组织面料

（一）平纹变化组织面料

平纹变化组织分为重平组织和方平组织。

重平组织是指某一方向组织点延长相等，若组织中浮长线长短不同则称变化重平组织，又分为经重平、纬重平。重平组织织物表面呈现纵、横间凸条纹。

方平组织的经向与纬向同时延长组织点，并填充组织点呈方块。方平组织的织物外观平整，布纹端正，质地柔软，配以不同色纱，可在布面呈现美丽的小方块长纹。这类面料中的原花呢及边组织也常采用方平组织。

如果牛津布是平纹变化组织，一般来说纬纱是用 2~3 根纱来并列织造，经密大于纬密。面料适用设计制作女装短裙、衬衫、女装套裙、男女裤子与童装等。

平纹变化组织面料图案灵活，在一块面料上可以出现多种花纹形式，因此，用这种面料设计的服装往往显得休闲和随意，多用于休闲服装的设计。

（二）加强斜纹组织

加强斜纹组织是指在原组织斜纹上通过加大斜向纹路的宽度而设计的一种斜纹组织。

1. 双面加强斜纹

双面加强斜纹是在原组织点上添加了一个组织点而构成，所以斜向纹路比原组织斜向纹路增加了一倍。常用的加强斜纹组织面料有毛棉及合成纤维织物，如哔叽、啥味呢、华达呢、卡其、女式呢等。

2. 山形斜纹

山形斜纹是通过左、右斜纹的组合而形成的像"山"字形的组织，其对称轴两侧斜纹线改变但组织点相同。山形斜纹也有点像"人"字形，所以也称作人字斜，采用棉纤维、毛纤维等天然纤维或者天然纤维的再生纤维加工的面料轻盈透气，舒适柔软，如果是环保染色，则可以成为绿色面料，适合制作女士衬衫、裙装与休闲长裤等。

3. 破形斜纹

破形斜纹组织是由左右两个方向的斜线按一定要求排列，其组织的断界两侧斜纹线处反向调整了组织点，这也称为"底片翻转法"。

4. 菱形斜纹

菱形斜纹是指按照左、右斜纹方向织造而形成的布面是菱形图形的织物。

二、复合组织面料

（一）平纹复合变化组织面料

平纹复合变化组织是指由组织循环数较大的平纹组织组成，织物表面呈现宽窄不同的平纹组织特征。

（二）斜纹复合变化组织面料

斜纹复合变化组织是指由组织循环数较大的斜纹组织组成，织物表面呈现宽窄不同的斜纹组织特征。

（三）机织提花组织面料

机织（即梭织）提花织物是面料采用平纹、斜纹或缎纹组织织造的同时用经、纬组织变化形成的花纹图案，纱支比较精细，对原料要求很高。梭织提花面料的横、纵向拉伸时是没有弹性的。提花面料的织造工艺比较复杂，如果是大提花织机，其经纱和纬纱的色彩很丰富，通过经纱和纬纱的相互交织沉浮，可以使设计出的面料图案与色彩非常丰富，而且具有凹凸有致的效果，能织造出花、鸟、鱼、虫、飞禽与走兽等各种多彩美丽的织纹图案。提花织物面料质地柔软、细腻、爽滑，光泽度好，悬垂性及透气性好，色牢度高（纱线染色）。大提花面料的图案幅度大且精美，色彩层次分明，立体感强，而小提花面料的图案相对简单，较单一。机织提花织物包括单色提花、双色提花和多色提花。

1. 单色提花染色面料

先经过提花织机织造出提花坯布，然后对坯布进行染色整理，面料虽有花纹，但花纹和其他部分是纯色。

2. 双色提花面料

先将纱线染色，然后经提花织机织造而成，最后进行其他整理。一般色织提花面料上有两种颜色的纤维，一种颜色是底色，另一种颜色是花色，显示的图案为两种颜色。

3. 多色提花面料

多色提花面料特征是底色为一种颜色，而花纹色彩则是三种以上颜色，图案绚丽多彩，且花型具有很强的立体感，面料档次高。提花面料一般可用于设计制作中高档服装或者用作装饰。

第四节　特色面料

一、特色棉织物面料

（一）丝光灯芯绒面料

棉灯芯绒面料分为丝光灯芯绒和不丝光灯芯绒。丝光灯芯绒面料是指织造棉灯芯绒制品的纱线或者灯芯绒织物在有张力的条件下，用浓的烧碱溶液处理一段时间，从而使织造出来的面料除了有灯芯绒的原有效果外，还获得了像丝一样的光泽。棉布丝光灯芯绒面料除有好的光泽外，还有良好的染色性与尺寸稳定性，面料强力和延伸性也很好，这种面料可用来设计与制作休闲中高档服装。不丝光灯芯绒就是普通灯芯绒。

（二）碱缩泡泡纱面料

泡泡纱面料主要分为织造泡泡纱面料、不同性能纤维收缩形成的泡泡纱面料与碱缩泡泡纱面料。前面已讲述织造泡泡纱面料的形成，主要通过局部纱线在织造过程中的纱线张力来实现；不同性能纤维收缩的泡泡纱面料采用两种收缩性能不同的纤维分别纺成纱线，通过设计进行间隔排列后织造和染整加工，在布面上形成凹凸不平的泡泡效果。

采用特殊方法形成的碱缩泡泡纱面料，也叫作泡泡棉面料，是因为棉平布经过压轧浸泡后，在面料的表面上形成了均匀分布的泡泡立体效果，这些泡泡看上去不仅奇特，而且其加工的服装在穿着过程中可以让面料不贴身，保持了衣内微环境的空气流通性，尤其在人体出汗时，由于汗液不容易黏着人体表皮，使得人体形象保持美观。具体操作是先将纯棉细特平纹织物坯布染色或者印花，再根据设计要求，将浓碱液印制在面料局部或者服装某处面料表面，使面料表面形成有碱液和无碱液两个部分，有碱液的布面产生碱缩，无碱液的布面不收缩而保持原状,最后形成了凹凸不平的泡泡棉效果。

随着环保意识的加强,人们越来越喜欢纯棉产品,所以产品的后整理技术需要进一步提高,快速创造出更多天然的新型服装面料。

二、特色真丝织物面料

真丝面料是以桑蚕丝为原料,将若干根茧丝抱合胶着缫制而成的长丝织造成的面料。白茧缫的丝称白丝,用次茧缫制的丝称土丝,精练脱胶后的丝为熟丝,而未精练的丝叫生丝。真丝在我国发展较早,其面料丰富多彩,如绫、罗、绸、缎等13种织物组织形式是我国重要的真丝文化遗产。真丝织物形式多样,面料光滑柔软,富有光泽,穿着舒适。真丝面料有的薄如蝉翼,富有弹性,常用来制作衬衣、连衣裙;有的厚实挺括,光泽柔和,耐磨性能较好,可设计与制作西服、礼服、外套等。随着科技的发展,蚕丝可加工成鲜艳的色彩,并织造出不同厚度和不同风格的面料。

(一)真丝绫

真丝绫面料属于斜纹丝织物。由于丝织物面料表面图案为不同斜向纹路或者阶梯形等花纹形状而被称为绫。它主要以桑蚕丝或者人造丝为原料,质地比缎类稍薄些。该品种分为素绫和提花绫,素绫表面除具有简单的斜纹纹路外,还具有山形、条格形、阶梯形等几何图案;提花绫的花纹与地料相互衬托,很别致,图案主要有盘龙、对凤、环花、麒麟、寿团等民族传统纹样,织物柔和,质地细腻,穿着舒适。广绫面料具有斜向纹路,面料看起来有点硬,光泽亮丽,可作为女装镶嵌用料或服饰面料;采芝绫面料,质地比广绫面料厚实,其表面的图案感觉是小提花的风格味道,可用于设计与制作春秋冬服装。

(二)真丝罗

真丝罗面料是全部或部分采用罗组织织造而成的丝织物。一般采用合股丝作经纬纱织成绞经织物,表面可看见由绞纱形成的孔眼,呈现出有规律的横条或直条纱孔。面料特点是风格优雅,质感紧密,外观挺括,手感滑爽,透气性好,穿着凉爽,耐洗涤,适宜设计与制作夏季男女衬衫、休闲服装等。该面料有杭罗、花罗等。杭罗面料,其表面呈现横罗的横条特征,原料以桑蚕丝为主;花罗呈现直罗的直条特征。

(三)真丝绸

真丝绸的组织可以是平纹或斜纹变化组织,原料主要是桑蚕丝或棉丝,特点是质感细密,薄如蝉翼,其厚度比真丝纺稍大,但仍属于薄型面料。真丝塔夫绸面料其风格是绸面光滑,质地细洁,紧密挺括,光泽柔和,视觉美观,但折叠重压后容易起皱；真丝绵绸面料，风格粗犷，质地厚实，富有弹性；真丝大红绸面料，料质柔和顺滑，光泽亮丽；真丝斜纹绸面料，印花面料更显得立体逼真。真丝绸面料适用于设计与制作各种女装礼服、裙子、男女衬衣与配件等。

（四）真丝缎

真丝缎面料是典型的缎纹组织面料，花纹鲜艳，光泽亮丽，质地厚实，手感柔软，是我国古代重要的真丝品种。随着织造技术的发展，真丝缎面料有许多种类。

（五）真丝锦

真丝锦是指三种以上颜色的缎纹织物，图案多为"福、禄、寿、喜"等字样或者是龙、凤、仙鹤和梅、兰、竹、菊等民族特色图样，是我国丝绸的主要代表品种之一。锦面料的花纹精致古朴，具有明显的乡间味道，同时质地丰满，显得富丽堂皇。锦类是我国高水平纺织技术的体现。

一般织锦面料主要用来制作各种男女中式服装、民族袍子及领带、腰带等。

真丝锦最出名的品种是云锦、蜀锦、宋锦和壮锦四大名锦。云锦是南京的特色织锦，至今已有 1600 年的历史，为中国四大名锦之首，体现了中国锦的最高水平。云锦是元、明、清三朝指定的皇家御用贡品，具有丰富的文化内涵，被公认为"东方瑰宝""中华一绝"。其特点是用料考究，织造精细，图案精美，格调高雅。

蜀锦大多数是以经向彩条为基础起彩进行彩条添花。蜀锦的图案主要是格子花、纹莲花、龟甲花、联珠、对禽与对兽等。蜀锦面料具有图案繁华、织纹精细、质地丰满、配色典雅等特点。

壮锦面料的特点是在几何纹的底色上用植物图案装饰，形成多层次极具浮雕感的复合图案；或者在平纹上织造出二方连续和四方连续的几何花纹；或者用多种大小不同几何纹结合织造出繁密有韵律的复合几何图案。

（六）真丝绢

真丝绢是用桑蚕丝或者桑蚕丝与人造丝交织的平纹织物，手感轻柔，质地轻飘，因古代主要用来制作手绢而得名。

（七）真丝绡

真丝绡的地组织是平纹组织，与纱组织织物相同，是形成有孔眼状的轻薄透明织物，显示出轻薄飘逸与滑爽透气的效果。它的纤维原料可以是桑蚕丝、人造丝、合纤丝与金银丝等，花色品种有素绡、条格绡、剪花绡与烂花绡等，可用于设计围巾、披肩、婚纱、礼服、舞裙等。

（八）真丝纺

真丝纺一般采用平纹组织，特征是经纬丝不加捻或弱捻，密度比真丝绡、真丝纱类大，具有布身细密轻薄、光滑平整、厚实坚牢、手感爽滑等特点，看起来飘逸自然，光泽柔和，穿起来舒适凉爽。其原料可以是桑蚕丝、绢丝、再生纤维等。真丝纺面料适用于制作男女衬衫、便装、外衣等。

（九）真丝绉

真丝绉面料是由纯桑蚕丝的紧捻纱织造而成的平纹织物，面料表面有很明显的皱纹效果。单当面料的表面皱纹非常细小，不易看出，用手摸有纱粒的感觉，主要用于女装、裙子等；双当面料表面具有隐隐约约的细皱纹，面料平整，表面光亮，质感轻柔，富有弹性，但易缩水，主要用于女装衣裙、衬衫等；碧当面料表面具有均匀分布的螺旋状粗斜纹闪光皱纹，比双绉面料厚实些，光泽较好，质地柔软，手感爽滑，弹性优良，主要用于男女衬衫、外衣与便装等。

（十）真丝纱

真丝纱是采用加捻的桑蚕丝织成的面料，其表面具有清晰而均匀分布的纱孔，面料质感轻薄，摸起来有纱粒的感觉，看起来透明飘逸。常见的产品有乔其纱、香云纱、芦山纱等。纱类织物透气性好，纱孔清晰、稳定，透明度高，具有轻薄、爽滑、透凉的特点。该面料可用于高档裙子，如晚礼服、夏季连衣裙、短袖衫及高级窗帘等。珍珠纱摸起来有粒粒珍珠的感觉，是高档礼裙的理想面料。

（十一）真丝葛

真丝葛面料的正面可以是平纹、经重平或急斜纹，反面有缎背，横向有凸纹。一般经密大，纬密小，因为经纱比纬纱细。葛类织物有提花葛、素葛两类。提花葛面料结构中可以嵌有粗且蓬松的填芯纬纱，或用闪烁的金银丝装饰，使面料闪光炫目；素葛用作西装驳领贴面，素葛面料整体特点是地纹表面光泽少，横棱凹凸明显，厚实坚牢，质地细致，纹路清晰，一般用于设计男女衬衫、裙子和少数民族服饰等。

（十二）真丝绨

真丝绨面料是采用蚕丝或人造丝做经纱，棉纱做纬纱织造而成的。一般是用平纹或平纹做地组织的提花面料，小提花图案较常见，也有格花、团龙、团凤等大提花图案，小提花面料可用作衣料或装饰绸料，大提花面料可用作服装用料等。面料质地粗厚，表面光滑，坚牢耐用，吸湿性好，透气性优良，且价格便宜。常见品种有素线绨、花线绨与蜡线绨等。真丝花绨面料，主要用作夹衣、棉袄、高级服装面料与里子绸料等。

（十三）真丝绒

真丝绒面料主要是用桑蚕丝与人造丝交织的起毛真丝面料，其表面有耸立的绒毛，毛感质密，面料厚实，富有弹性。雪纺绒面料，面料厚实；金丝绒面料光泽亮丽；立绒真丝面料，毛绒耸立，显得厚实，丰厚如毛呢，如羊毛面料。

（十四）顺花毛呢

顺花毛呢面料看上去像毛织物，有四维呢、大伟呢、博士呢等，其实是一种真丝织物。其表面光泽柔和，质感丰满厚实，坚韧耐穿，有毛型感，但用手摸却感觉松软。面料大多为素色织物，也有少部分可印花，如果染成深色更具有稳重感。这种面料多用于设计衬衫、套裙、夹克衫、两用衫及冬季棉袄等。

三、花式纱线机织面料

花式纱线的多样性，使得其面料也具有多样性。用花式纱线织成的面料外观新颖独特，质感厚重，设计制作的服装具有时尚感，很受消费者喜爱。但是花式纱线的捻度小，所以织造出的面料强力较低，耐磨性差，过去主要用于手工编织，而且容易起球和勾丝。通过设备改造和创新，花式纱线可以采用机织方式进行织造，使得面料的强力增强，为服装设计与创意提供了很好的材料。应用花式纱线机织面料可制作大衣、西服、外套衬衣（衫）与裙子等。

（一）花色格面料

由于花式纱线粗细不匀，所以织造时要求组织结构简单，常以平纹组织面料居多。主要利用彩段、彩点与彩虹色的花式纱线织造面料，面料特性是色彩形成的花纹随意、多变，而且若采用合成纤维，则易洗涤。

（二）仿裘皮面料

采用含有毛绒或绒球的花式纱线，可织造出仿裘皮面料，单色效果逼真自然，可以以假乱真。

（三）花色牛津面料

利用花式纱线的多彩色特点，将其与弹性纱线（如氨纶）一起使用，可织造出有弹力而且色彩漂亮的牛津面料。花色牛津面料可以用于现代感很强的紧身服装等。

（四）金线花色面料

利用花式纱线的多彩色特点，将其与金、银线一起使用，可织造出有光泽而且色彩漂亮的花式纱线面料，可以用于设计舞台服装、现代服装等。

（五）毛球面料

利用花式纱线中的圈圈线、竹节线、螺旋线与结子线等织造的面料，布面上看得见结节，视觉上可形成凹凸不平且具有粗糙感的花纹，整体上给人感觉很现代，具有时尚味道和灵活特性。

四、三维立体织造面料

三维立体织造面料是无缝服装出现的基础，而无缝服装出现的关键是无缝织机的诞生。虽然无缝织机出现后，诞生了一些针织立体服装或服饰配件，但三维机织立体面料还处于产品开发过程中。例如菲尔普斯穿的游泳服装，就属于典型的三维面料服装。该立体服装在游泳过程中可减少4%的水阻力，并可减少5%的氧气消耗，成绩可提高2%。一件"鲨鱼皮"四代高档泳衣经每次使用，其纤维材料都会产生磨损，而且其材质较为特殊，因而这类泳衣的最佳使用次数仅为六次。对第四代"鲨鱼皮"泳衣结构进行解析，可以发现泳衣的灰色部分是高弹力材质，包裹在几个主要的大肌群上，强有力地压缩运动员的躯干与身体其他部位，降低肌肉与皮肤震动，帮助运动员节省能量，从而提高成绩。

第七章　面料与辅料的创新应用

第一节　面料与辅料在正装设计中的创新应用

一、识别正装

正装，指正式场合（体现公众身份或职业身份的场合）的着装。

正装中，用于工作场合的职业装最多。通常，按照正装的穿着目的与用途的不同而具有不同的含义：一是指有些单位按照特定的需要统一制作的服装，如公安制服、交警制服等；二是指人们自选的正式场合，如参加聚会、观看大型演出等场合穿着的服装；三是指人们在工作场合穿着的服装，有时也称作上班服。

（一）正装的种类

人们穿着的正装主要包括西装、套装和衬衫等。

1. 西装

西装，一般指西式上装或西式套装，包括男西式套装以及与男西装式样类似的女式套装。西装根据其款式特点和用途的不同，一般可分为正规西装和休闲西装两大类：正规西装是指在正式礼仪场合和办公室穿用的西装；休闲西装是随着人们穿着观念的变化，在正规西装的基础上变化而来的，由于款式新颖时髦、穿着随意大方而深受青年人的喜爱。

2. 套装

套装是指两件套、三件套等多套组合的服装，与西装相比，既有差别又有相似之处，以女套装为主，可分为西装套装和时装套装两种。

3. 衬衫

衬衫也称衬衣，是人体上半身穿着的贴身衣服，指前开襟带衣领和袖子的上衣，一般可以分为正规衬衫和便服衬衫两大类。

男式正规衬衫的款式变化不多，设计重点一般放在衣领上。翻领衬衫、纽领衬衫和立领衬衫比较流行。

女式衬衫有端庄文雅的硬翻领衬衫、简洁明快的无领衬衫、秀气脱俗的立领衬衫、适用面广的开领衬衫等。

（二）正装的穿着礼仪及特征

服装穿着礼仪有如下原则：①注意场合。工作场合要求庄重保守，社交场合要求时尚个性，休闲场合要求舒适自然。②角色定位。要符合身份，体现个人的职业素质和风貌。③扬长避短。特别要避短，如脖子短不宜穿高领衫，X形身材的女性不宜穿短裤。

1. 西服特征

西服，是全世界最流行的服装，是正式场合着装的优先选择。居家、旅游、娱乐的时候，不必穿西装。根据国际惯例，参加正式、隆重的宴会，欣赏高雅的文艺演出时，应该穿着西装。

西装的主要特点是造型大方、选材讲究、做工精致，能够体现人们高雅、稳重、成功的气质，可以展示人们的职业、身份、品位。

一般来说，穿西装要遵循以下原则：①面料，一般选用纯毛面料或毛混纺面料。②色彩，一般为深蓝、灰、深灰等中性色。③花纹，男西装只能是纯色或暗而淡的含蓄条纹。④造型，这里指单排扣或双排扣。⑤领带，穿西装一般应配领带。⑥衬衫，着西装时，忌西装的袖子比衬衫长，忌衬衫下摆放在西裤外。

2. 套装特征

套装一般经过精心设计，有上下衣裤配套或衣裙配套，或外衣和衬衫配套，有两件套，也有加背心形成三件套。通常由同色同料或造型格调一致的衣、裤、裙等相配而成，其式样变化主要在上衣，通常以上衣的款式命名或区分。

配套服装过去多用同色同料裁制，现也采用非同色同料裁制，但套装之间的造型风格要求基本一致、配色协调，给人的印象是整齐、和谐、统一。

一般来说，穿套装要遵循以下原则：①尺寸适度，上衣最短可以齐腰，裙子最长可以至小腿中部，上衣袖长要盖住手腕。②注意场合，女士在各种正式活动中，一般以穿着套裙为好，尤其在涉外活动中。③与妆饰协调，穿着打扮，讲究的是着装、化妆和配饰风格统一，相辅相成。④兼顾举止，套裙最能够体现女性的柔美曲线、举止优雅和个人仪态等。⑤须穿衬裙，穿套裙时一定要穿衬裙，衬裙的裙腰不能高于套裙的裙腰。

3. 衬衫特征

衬衫有领有袖，穿在内外上衣之间，也可单独穿用。上衣衬衫包含贴身穿衬衫、外穿衬衫以及与西装等配套穿着的衬衫三种。

正装衬衫用于礼服或西服正装的搭配，便装衬衫用于非正式场合的西服搭配，家居衬衫用于非正式西服的搭配，度假衬衫则用于旅游度假。

二、正装面料的选用

随着人们生活质量的逐步提高，人们对纺织品的要求正向"现代、美化、舒适、保健"发展，着重崇尚自然、注意环保。在服装面料的选用方面，应注意以下几点：①纤维与纱线的种类、粗细、结构与服装档次一致；②面料结构上，男装强调紧密、细腻，女装注重外观、风格；③面料色彩和图案稳重、大方，适应面广；④面料性能与服装功能相吻合。

（一）正装面料的选用基本原则

1. 西装面料

（1）西装面料的总体选择。男式西装面料以毛料为佳，具体视穿着场合加以选择，精纺织物如驼丝锦、贡呢、花呢、哔叽、华达呢，粗纺织物如麦尔登、海军呢等。

（2）不同款式西装的面料选择。中高档面料适合制作合体的职业男西装，而毛、麻、丝绸等面料则多制成宽松、偏长的休闲样式。

（3）西装面料的图案与色彩选择。常用的图案有细线竖条纹，多为白色或蓝色。色彩的选用，深色系列如黑灰、藏青、烟火、棕色等，常用于礼仪场合穿着的正规西装，其中藏青最为普遍。当然，在夏季，白色、浅灰也是正式西装的常用色。

2. 套装面料

（1）套装面料的总体选择。女套装常用的面料有精纺羊绒花呢、女衣呢、人字花呢等。对于毛织物，选料的要求是挺、软、糯、滑。除毛织物以外，棉、麻、化纤面料也可选用，如窄条灯芯呢、细帆布、条纹布等。

（2）不同季节套装的面料选择。春、秋、冬季穿着的女式套装选用精纺或粗纺呢绒，常用精纺面料有羊绒花呢、女衣呢、人字花呢等，粗纺呢绒有麦尔登、海军呢、粗花呢、法兰绒、女士呢等。

夏季薄型套装面料主要为丝、毛、麻织物。丝哔叽、毛凡立丁、单面华达呢、薄花呢、格子呢是薄型女套装的理想用料。

（3）套装面料的色彩选择。色彩宜选素雅、平和的单色，或以条格为主，如蓝灰色、烟灰色、茶褐色、石墨色、暗紫色等。

3. 衬衫面料

（1）不同档次衬衫的面料选择。高档衬衫一般选用高支全棉、全毛、羊绒、丝绸等面料，普通衬衫一般选用涤/棉或进口化纤面料，低档衬衫一般选用全化纤面料或含棉量较低的涤/棉面料。

（2）男衬衫面料选择。男衬衫面料以全棉或涤/棉混纺为主，如全棉单面华达呢、凡立丁、花平布、条格呢、罗缎、细条灯芯绒和薄型涤/棉织物。全棉精梳高支府绸是正规衬衫用料中的精品，麻织物也常用作高档正规衬衫。中厚型衬衫可以选用真丝面料、全毛凡立丁、单面华达呢，也可以选用纯棉绒布和涤/棉织物。

（3）女式衬衫面料选择。质地轻柔飘逸、凉爽舒适的真丝织物是女式衬衫的理想面料，如真丝砂洗双绉、绸缎、软缎、电力纺、绢丝纺等。各种带新颖印花、提花及手绘花卉图案的真丝绸，更得女性青睐。棉、麻、化纤织物也是女式衬衫的常用面料，如府绸、麻纱、罗布、涤纶花瑶、涤/棉高支府绸、细纺及烂花、印花织物。

（二）面辅料在正装中的运用

1. 面辅料在西装中的运用

精纺毛料以纯净的绵羊毛为主，也可用一定比例的毛型化学纤维或其他天然纤维与羊毛混纺，通过精梳、纺纱、织造、染整而制成，是高档的服装面料。按面料的成分可分为纯毛、混纺、仿毛三种。

（1）纯毛面料。

①纯羊毛精纺面料。此类面料大多质地较薄，呢面光滑，纹路清晰，光泽自然柔和，有膘光，身骨挺括，手感柔软，弹性丰富。紧握呢料后松开，基本无折皱，即使有轻微折痕，也可在很短时间内消失。

②纯羊毛粗纺面料。此类面料大多质地厚实，呢面丰满，色光柔和而膘光足，呢面和绒面类不露纹底，纹面类织纹清晰丰富，手感温和、挺括而富有弹性。

（2）混纺面料。

①羊毛与涤纶混纺面料。阳光下表面有闪光点，缺乏纯羊毛面料柔和的柔润感，面料挺括，但有板硬感，并随涤纶含量的增加而增加，弹性较纯毛面料好，但手感不及纯毛和毛/腈混纺面料。紧握呢料后松开，几乎无折痕。

②羊毛与黏胶混纺面料。光泽较暗淡。精纺类手感较疲软，粗纺类则手感松散。这类面料的弹性和挺括感不及纯羊毛和毛/涤、毛/腈混纺面料。若黏胶含量较高，面料容易折皱。

（3）仿毛面料。传统的仿毛面料以黏胶、腊纶为原料，光泽暗淡，手感疲软，缺乏挺括感。由于弹性较差，极易出现折皱，且不易消退。此外，这类仿毛面料浸湿后发硬变厚。随着科学技术的进步，仿毛产品在色泽、手感、耐用性方面有了很大的进步。

高档西装的面料多选用质地上乘的纯毛花呢、华达呢、驼丝锦等容易染色、手感好、不易起毛、富有弹性、不易变形的面料；中档西装的面料主要有羊毛与化纤混纺织品，具有纯毛面料的属性，价格比纯毛面料便宜，洗涤后便于整理。

（4）西装辅料选择。西装辅料主要有里布、衬布、垫料等。其中，里布常用羽纱（绸缎中的斜纹织物）、美丽绸（牢度不及羽纱、细斜纹、有光彩软缎）、电力纺、纺绸。常用衬料有黏合衬、黑炭衬、马尾衬、牵带等。常用垫料有胸绒衬、垫肩（肩棉）、弹袖棉、领底呢。

此外，辅料选择受西装流派的影响。如美国型的特点是重视功能性，肩部不用过高的垫肩，胸部也不过分收紧，形态自然，而且多使用伸缩自如的针织或机织面料；欧洲型更重视服装的优雅性，肩垫、胸垫多使用较厚的面料，通常采用全里；英国型与欧洲型类似，但肩部与胸部不那么突出，穿起来有绅士味。

2. 面辅料在套装中的运用

（1）套西面料选用。套西面料主要选择精致高档的全毛面料，部分选用羊毛与丝混纺、羊毛与羊绒混纺及羊毛结合黑亮丝的时尚面料。

①羊毛面料：具有良好的回弹性、悬垂性和挺括性，轻薄、透气，手感舒适，表面光滑平直，富有光泽，织物结构紧密。

②羊毛与丝混纺的面料：光泽柔和明亮，回弹性良好，轻薄、透气，表面光洁细腻，具有良好的吸湿、散湿性能，手感滑爽柔软，质感饱满，高雅华贵。

③羊毛与羊绒混纺的面料：手感柔软、滑糯，质地轻薄，富有弹性，色泽柔和，吸湿、耐磨，且十分保暖。

④羊毛与涤纶混纺的面料：除具有羊毛的良好品质及柔软手感外，兼具涤纶优良的弹性和回复性，面料挺括，不起皱，保形性、耐光性好，强度高，弹性好。

（2）单西面料选用。

①全棉面料：具有良好的吸湿透气性，手感柔软，穿着舒适。棉的外观朴实，富有自然的美感，光泽柔和，染色性能好，可塑造丰富的肌理效果。

②棉与莫代尔混纺的面料：莫代尔纤维将天然纤维的舒适性与合成纤维的耐用性合二为一，与棉混纺，具有较好的染色效果，织物颜色明亮饱满，且手感舒适、柔软。

（3）套装辅料选用。穿套裙的时候一定要穿衬裙。特别是穿丝、棉、麻等薄型面料或浅色面料的套裙时，假如不穿衬裙，就很有可能使内衣"活灵活现"。

女式套装在面料选配方面较男式西装更为讲究。用于男式西装的面料均可用于女式套装，只是男装要求同色配套，而女式套装可以在不同色套之间进行搭配，不同颜色之间也可以互相映衬。

此外，具有垂顺感和舒适手感的面料已成为职业女装的新宠，它们都具有平整、易打理的特点。在面料上，采用水洗、免烫等休闲面料，可使服装外形坚挺又易于保养。在花色上，彩色、几何图案的运用，使整体风格显得自然随意。

3. 面辅料在衬衫中的运用

衬衫面料是衬衫用面料的总称，主要指薄而密的棉制品、丝绸制品等。男衬衫的常见面料主要有府绸、细平布、精纺高支毛型面料等。

（1）麻类面料。质朴，悬垂性较好，但有刺痒感。目前出现了高支麻纱，通过纺纱或后期整理工艺，麻类面料改变了以往粗、硬、厚及色彩单纯的特点，逐步形成了轻薄、柔软、细腻和花样丰富的风格，同时麻类服装具有凉爽透气、卫生保健的优点，市场应用越来越广，衬衣是其中之一。

（2）真丝面料。真丝面料质地轻柔飘逸、凉爽舒适，是女士衬衫的理想面料。如真丝砂洗双绉、真丝绉缎、软缎、电力纺、钢丝纺等，均有选用。各种印花、提花及手绘真丝绸，更得女性青睐。

（3）衬衫辅料选择。衬衫面料以纯棉、真丝等天然质地为主，讲究裁剪合体贴身，衣领和袖口内均有衬布，以保持挺括。

西式衬衫的衣领讲究而多变。领式按翻领前的八字形区分，有小方领、中方领、短尖领、中尖领、长尖领和八字领等。其质量取决于领衬材质和加工工艺，以平挺不起皱、不卷角为佳。用作领衬的材料有各种规格的浆布衬、贴膜衬、黏合衬和插角片等，其中以用双层黏合衬的平挺复合领为上品，其次为树脂衬加领角贴膜衬。

第二节　面料与辅料在休闲装设计中的创新应用

一、识别休闲装

休闲装又称便装，表达人们在现代生活中随意、放松的心情，风格简洁、自然，通常在轻松自如、自由自在的休闲生活中穿着。

休闲服装是用于公众场合穿着的，舒适、轻松、随意、时尚、富有个性的服装。由于休闲服装的风格特性不同，选用面料的要求也有所不同，总的原则是以轻盈、柔软、悬垂、质朴的风格为主。

（一）休闲装的种类

随着休闲活动内容的不断丰富，休闲服装的种类很多，按照风格特性可分为以下几种。

1. 前卫休闲装

运用新型质地的面料，风格偏向未来型。如用闪光面料制作的太空衫，是对未来穿着的想象。

2. 运动休闲装

运动休闲装具有明显的功能性，使人们在休闲运动中能够舒展自如，因良好的自由度、功能性和运动感而赢得了大众的青睐。如全棉 T 恤、涤/棉套衫、运动鞋等。

3. 浪漫休闲装

以柔和圆顺的线条、变化丰富的浅淡色调、宽宽松松的形象，营造出浪漫的氛围和休闲的格调。

4. 古典休闲装

构思简洁单纯，效果典雅端庄，强调面料的质地和精良的剪裁，显示一种古典美。

5. 民俗休闲装

运用民俗图案和蜡染、扎染、泼染等工艺，具有浓郁的民俗风味。

6. 乡村休闲装

乡村休闲装讲究自然、自由、自在的风格，服装造型随意、舒适，使用手感粗糙而自然的材料，如麻、棉、皮革等制作而成，是人们返璞归真、崇尚自然的真情流露。

（二）休闲装的特征

休闲服装的本质特点在于"休"与"闲"，具体表现如下。

1. 舒适与随意性

穿着时，舒适不刻板，突出服装整体设计的人性化。

2. 实用与功能性

实用性与功能性是休闲服装的最大特点。如服装可以挡风、防水、保暖；多层拉链，防浸水的口袋，可放可收的帽子等。

3. 时尚与多元性

面料的多元化使休闲服装具有基本实用功能的同时，不失时尚、流行性。

休闲服设计，应突出功能性，款式要求简洁、轻便、舒适。为了加强休闲气氛，服装造型要富有趣味性，可以大胆地发挥想象力，使造型结构丰富多变、活泼诙谐。服装轮廓常用几何形及仿生造型法进行设计。服装结构常使用拼接法、分割法以及领、袋、袖等部位的装饰法予以变化，以增添情趣与美感。休闲服应选择耐洗、吸湿性强的面料进行制作。面料的色彩图案需与活泼、轻松的悠闲气氛相协调，常采用大胆、鲜艳、明亮的原色系色彩，图案多取材于风景、贝壳鱼虫、花草水果等。

二、休闲服装面辅料的选用

根据穿着场合，休闲服可以分为休闲时尚服、休闲职业服、休闲运动服；根据季节可分为春秋季服装和夏冬季服装。在面辅料选用方面应注意以下几点：①面辅料应使用符合国际、国家、行业和地方标准规定的产品；②除特殊风格的产品，辅料应与面料配伍；③面料色彩应紧跟时尚，丰富多彩；④休闲运动服的面料应具有功能性。

（一）休闲服面料的选用基本原则

1. 休闲时尚服面料

（1）休闲时尚服面料的总体选择。休闲时尚服的面料丰富多样，如针织面料、机织面料、皮革、毛皮、人造革、非织造布等，以及经过涂层、闪光、轧纹等特殊处理的面料，体现时尚与前卫。可以单一组成，也可以拼接组合，但多以下一年度流行趋势的面料为主。

（2）不同季节休闲时尚服的面料选择。春、秋季节的气温比较适宜，应采用天然纤维（如棉、蚕丝、羊毛）及化学纤维面料，中高档的休闲服采用皮革、毛皮。

夏、冬季的气温差别较大，夏季应用吸湿放湿性和导热性较好、捻度高、手感挺爽的面料，如麻、棉、蚕丝、再生纤维素纤维和改性化学纤维制成的面料，针织面料的选用较机织面料多；冬季应用透湿透气性和保暖性好、手感柔软蓬松的面料，如棉、羊毛、羊绒和化学纤维制成的面料，外套类以机织面料为主，毛衫类以针织面料为主，填充物以絮用纤维或羽绒为主。

（3）休闲时尚服的色彩选择。休闲时尚服的色彩应用当季流行的元素。春秋季节多用暖色系，如红色、黄色、粉色等；夏季多用冷色系，如蓝色、绿色等；冬季多用暖色系，也可以用冷色系，如黑色、黄色等。

2. 休闲职业服面料

（1）休闲职业服面料的总体选择。休闲职业服常用的面料有：棉型面料，如卡其布、华达呢、斜纹布、灯芯绒等；麻型面料，如涤/麻混纺织物；毛型面料，如薄哔叽、凡立丁、派力司等；丝绸面料，如双绉、碧绉等；化学纤维面料，如莱赛尔、莫代尔、改性腈纶等。

（2）不同季节休闲职业服的面料选择。春、秋、冬季穿着的休闲职业服一般选用卡其布、华达呢、斜纹布、灯芯绒、摇粒绒等织物；夏季休闲职业服一般选用凡立丁、派力司、薄哔叽、双绉、碧绉等织物。

（3）休闲职业服面料的色彩选择。休闲职业服的色彩以近似色和同类色、对比色为主，多为浅亮明快的色彩，如淡蓝色。

3. 休闲运动服面料

休闲运动服一般选用针织面料和机织面料，其中针织面料的应用最为广泛，如平针织物、网眼织物、绒类织物等。

由于休闲运动服兼有休闲和运动两个特点，因而，在不同场合，有不同的功能性要求，如夏季户外运动时，面料应具有吸湿、速干、防紫外线等功能。

（二）面辅料在休闲服中的具体运用

1. 面辅料在日常休闲服中的具体运用

（1）T恤衫（夏季）。T恤衫的原料很广泛，一般有棉、麻、毛、丝、化纤及其混纺织物，尤以纯棉、麻或麻棉混纺为佳，具有透气、柔软、舒适、凉爽、吸汗、散热等优点。

T恤衫常为针织品，但由于消费者的需求在不断地变化，其设计也日益翻新。丝光棉质T恤，色泽鲜明光亮，质地自然，柔软舒适，吸湿透气，手感顺滑，悬垂性特强。麻质T恤有吸湿、散湿速度快的特点，芝麻、亚麻织物穿着凉爽、舒适。真丝面料轻薄、柔软，贴服舒适，受人推崇。仿真丝绸、砂洗真丝绸、绢纺绸也是T恤衫的理想面料。

（2）夹克、风衣类（春秋季）。夹克是春秋季较为普遍穿着的一类服装，深受男士的喜爱。夹克的真正含义是男人的一种自我表达、一种生活观念、一种工作态度。夹克比较常规的面料是涤/棉或全棉。将特殊面料融入夹克的设计，是夹克发展的一种趋势。现多采用记忆和仿记忆及涂层面料，涂层面料具有涂层紧密、防水功能优、抗皱能力强、衣服挺直的特性。

风衣是一种能遮风、挡雨、御寒的长外套。风衣向来是秋季时尚的主旋律，除其功能外，展现更多的是一种时尚。色彩上以卡其绿为基调，以藏青色、蓝色、灰色、米色、咖啡色为主，非常便于与正装搭配，塑造出稳重、亲切却不沉闷的感觉。面料采用以棉为主的混纺面料，既有棉的舒适性，又非常便于洗涤。

此外，为使服装具有更好的防风雨性能，除选择合适的面料外，还需在设计上下功夫，如在衣服接缝处压一层胶，防止雨水浸入；采用斜型口袋并带防雨翻盖；在袖隆下方增加拉链，以便运动时可以拉开透气；等等。在辅料选择上，一般选用保护性的魔术贴、带扣及单头闭尾拉链等。

（3）休闲裤、牛仔服。

①休闲裤：休闲裤，面料舒适，款式简约。对于一年四季都穿裤装的男士而言，休闲裤是首选服装。休闲裤的款型大体上分为三种。第一种是多褶型休闲裤，即在腰部前面设计数个褶。这种裤型几乎适合所有穿着者，无论体型胖瘦。第二种是单褶型休闲裤，即在腰部前面对称地各设计一个褶。相比前者，裤型较为流畅，并且具有一定的"扩容性"，较为流行。第三种是裤型休闲裤，即欧版裤型，即腰部没有任何褶，看上去颇为平整，显得腿部修长。现实生活中主要指以西裤为模板，在面料、板型方面比西裤随意、舒适，颜色更加丰富多彩的裤子。休闲裤面料以棉、天丝/棉、涤/棉为主，另有新型高科技面料，如吸湿排汗涤纶（凉爽玉）涤和全天丝的高档面料。

②牛仔服：牛仔服按是否经水洗工艺可分为原色产品和水洗产品。原色产品是指只经退浆、防缩整理，未经洗涤方式加工整理的服装；水洗产品是指经石洗、酶洗、漂洗、冰洗、雪洗等或多种组合方式洗涤加工整理的服装，不同的水洗工艺给牛仔服装带来不同的颜色和风格，让牛仔服装变得多姿多彩。一般而言，高档的牛仔服装质地柔软舒适，布面光洁，手感滑爽。牛仔服装的辅料主要有里布、衬布、纽扣、拉链、铭牌等。其中，纽扣常用四合扣、工字扣（俗称牛仔扣）、撞扣、撞钉等。

（4）棉服、羽绒服类（冬季）。棉服是在冬季严寒的环境下进行户外运动或去高原地区必备的保暖服装，指内部填充棉花、羽绒等物料，用于御寒的服装。棉服的面料一般采用具有防风性能的纯棉（高密织物）、涤纶、锦纶等面料。

羽绒服也是在冬季严寒的环境下进行户外运动或去高原地区必备的保暖服装。因此，保暖性对于羽绒服而言是首要的性能要求。羽绒服的保暖性体现在羽绒的品质上，填充料要选用含较多绒毛且蓬松度高的羽绒。羽绒服的面料应防风拒水、耐磨耐脏，还要能够防止细微的羽绒穿透外飞。对于要求质地紧密、平挺结实、耐磨拒污、防水抗风的羽绒服，面料宜选用手感较硬的织物，一般有高支高密的卡其、斜纹布、涂层府绸、尼丝纺以及各式条格印花布等。

2. 面辅料在休闲职业服针织衫产品中的运用

针织衫按成分可分为低含毛或仿毛类针织衫、高含毛类针织衫及羊绒针织衫，按纺织工艺可分为精梳针织衫、半精梳针织衫和粗疏针织衫，按织物组织可分为平针针织衫、罗纹针织衫、双反面针织衫、提花针织衫、镂空针织衫、经编针织衫等。

用于职业场合的针织衫，在款式设计上要突出面料的独有质感和优良的性能。为打造干练清爽的职场形象，应采用流畅的线条和简约的造型，强调针织衫特有的舒适自然。在此基础上，面料的选择非常重要。

（1）平针组织面料。平针组织面料的正面较为光洁，其反面较正面黯淡，因而一般利用平针组织的正面进行设计，但利用反面设计的休闲毛衫也很常见。为突出面料的特点，一般利用细针平针组织织纹不明显的特点来表现细腻感强、悬垂性好或打褶的面料风格，用粗针平针表现朴素粗犷的风格。

（2）罗纹组织和双反面组织布料。在平针、罗纹、双反面、双罗纹这四种基本组织中，横向延伸性最好的是罗纹，纵向延伸性最好的是双反面组织。利用这一特性，可以在针织衫的下摆、袖口、领子等边口部位以及其他容易拉伸的地方采用罗纹组织，在门襟、领子、下摆、袖口及局部的装饰部位采用双反面组织。

3. 面料在休闲运动服中的运用

休闲运动服采用较多的是针织面料，其次是机织面料。在成分上，化学纤维较天然纤维更为常用。由于休闲运动服多在运动时穿着，因此，面料的不同功能赋予运动服不同的特点。

（1）弹力休闲运动装。弹性织物依据含有弹性纤维的多少可分为高弹织物、中弹织物和低弹织物。目前，对弹力织物还无相关的国家或行业标准。依据杜邦公司规定：高弹织物是指拉伸率为 30%～50% 且回复率小于 5%～6% 的织物；中弹织物是指拉伸率为 20%～30% 且回复率小于 2%～5% 的织物；低弹织物是指拉伸率小于 20% 的织物。

（2）吸湿快干面料运动装。吸湿快干面料不仅具有优良的柔软手感和透气性佳等特性，而且具有快速导湿、散湿的特点，在运动量大时更能获得良好的舒适性。吸湿快干面料一般由四种方式获得：一是改变化学纤维结构；二是改变纤维的物理形态，如中空、沟槽、异形截面、超细化等纤维差别化技术的运用；三是合理的设计织物组织结构；四是采用适当的后整理技术（包括涂层整理加工）。

第三节　面料与辅料在运动装设计中的创新应用

一、运动装概述

从 20 世纪 80 年代起，运动服装市场迅速发展。运动服装既可在体育运动时穿着，也可在日常运动中穿着，其适用范围十分广泛，涵盖男装、女装和童装。

（一） 运动服装的种类

运动服装可以分三类：第一类是专业从事体育运动时穿着的服装，也叫体育运动服；第二类是日常运动时穿着的服装，叫作运动便装；第三类是户外运动时穿着的服装，称为户外运动服。

（二） 运动服装的特征

运动服装的所有特性必须适应运动时的需要，专业运动服装也需满足运动竞赛环境和观众欣赏的需求。

现在的运动服装更趋向于轻薄、柔软、耐穿且易洗快干和具有一定的功能性，主要表现在能最大程度提高服装的舒适性、保护性和功能性。概括起来，运动服装具有以下特征：①服装面料的舒适性和功能性。②服装款式的简约性。③服装色彩的鲜艳性。④服装造型的合体性。⑤服装结构的协调性。

（三） 运动服装的功能性

随着科技的发展，各种具有不同功能性的纤维和织物不断涌现。由于这些纤维和织物具有很好的实用性，又能很好地保护人体健康，而且能在运动时给人们带来舒适感，因此在运动服装上也得到了广泛应用。功能性面料具有某种特殊功能或适应某种特殊用途，主要通过纤维功能化和后整理而获得。一些功能介绍如下。

1. 吸湿速干、凉爽功能

吸湿速干、凉爽是一些运动服装的基本功能。对面料进行功能性整理或对纤维进行改性处理，使得服装在运动时有很好的吸湿速干或凉爽性。如春夏季节的气候潮湿闷热，人在运动时极易出汗，贴身衣物需要满足汗液快速蒸发及肌肤快速干爽的需求，吸湿速干服装就是很好的选择。

2. 面料的保暖性

在温度较低的环境下进行运动，服装的保暖性显得尤为重要。采用好的保暖面料，既可以帮助人们抵御寒冷，同时保护身体，又不显得臃肿，且便于运动。

3. 防水透湿功能

户外运动服装要求具有"呼吸"功能，能确保在户外活动时人体散发的汗液透过织物排出体外，同时可防止受到雨雪的侵袭，如 Gore-tex 的层压织物制成的防水透湿服装。

4. 高弹性和耐磨性能

人们在户外运动时，可能会做一些幅度较大的动作，高弹性的服装面料可以增大关节和肌肉活动的范围，提高运动的舒适性。聚氨酯弹性纤维就是户外运动服装中被广泛采用的人造弹性纤维。一些户外运动服装的耐磨性能也极为重要，如杜邦公司开发的 Cordura 纤维是一种喷气变形高强力锦纶，其产品质轻、抗磨、耐穿，耐磨性是一般喷气变形锦纶的 2 倍，非常适用于制作结实耐穿的户外运动服装。

5. 面料的防护性能

户外运动服装还应具备一些安全防护性能，如防静电、防辐射、防紫外线等。如在跳伞或携带有精密电子仪器的运动中，服装摩擦产生的静电可能会干扰运动，甚至带来严重后果。

6. 面料的抗菌性、防臭性

人们在运动时会产生大量的汗液，造成皮脂腺大量分泌，在适宜的温湿度环境下，微生物就会大量繁殖。抗菌面料、防臭面料的产生，使人们在享受运动的同时也能保证健康和身心愉悦。

二、运动装的面辅料构成与应用

运动服装面料，需满足人体需求，强调运动舒适性，以舒适、坚牢为原则。传统运动服装是通过放大尺寸等来增加穿着舒适度和透气性的。现在的消费者在选购运动装的同时更注重服装的品质和穿着的舒适性。在面辅料选用方面应注意以下几点：①运动服应注重面料的舒适性和功能性，要求根据不同的运动项目或穿着场合选择相适应的面料；②面料的色彩要鲜艳夺目，与运动员积极向上的精神面貌、健美的飒爽英姿相协调，同时便于比赛、表演时观看和区分；③除特殊风格的产品，辅料应与面料配伍；④面辅料的内在质量、外观质量和相应功能特点应符合国际、国家、行业和地方标准的规定。

（一）运动服装常用的纤维及其面料构成

1. 运动服装面辅料的选用基本原则

（1）运动服装面料的选用原则。由于各项体育运动之间的要求差别很大，选择面料时对性能的要求不同，大致有以下要求。

①力学性能：运动服装面料的力学性能中，最重要的是面料需要具有与运动量相适应的伸长能力和复原性。另外，顶破性、撕裂性、拉伸性、磨损性、断裂强力也是很重要的力学性能。

②舒适性：运动服装面料要有扩散体温、散发汗液的性能。针对不同发热点，使用不同的面料和工艺，可赋予身体的关键部位良好的散热效果。如腋下部位可拼缝网眼布料，以增加透气性。

③防护性：穿着运动裤在体育馆的地板上滑动时，裤子与地板剧烈摩擦后

会发热，如为合成纤维，则容易发生纤维熔融事故。此时，必须在运动服装的内层采用天然纤维织物，以防止灼伤人体。

④耐用性：运动服装的面料具有耐久性能，以保证在运动训练和比赛时面料性能和材质不变。面料耐用性能的选择，应根据多种机能综合性的变化全盘考虑，区分主次位置。

⑤根据运动特征选择面料：运动时，运动环境和运动本身的速度性、方向性，都对运动服装的面料选择有很大的影响。

（2）运动服装辅料的选用原则。

①专业运动服装的辅料选择：专业运动服的辅料主要是为了加强服装的力学性，因此辅料的选择从性能的角度出发，即以力学性能定辅料，主要包括里料、填充料、黏合剂、线带材、纽扣类、装饰料等。

②运动便装的辅料选择：运动便装的辅料选择主要考虑功能性和装饰性。功能性主要通过功能性辅料来实现，材料以塑料为主，以实现轻巧感；品牌标、拉链头辅料，往往更具有设计性和时尚性，起画龙点睛的作用。

2. 运动服装常用的功能性纤维及面料

各种各样的功能性纤维或面料运用于运动服装中，这些功能赋予运动服装诸多特殊的性能，使得使用者穿着时具有很好的舒适性、防护性、卫生性。

（1）运动服装中具有舒适性的功能性纤维及产品。

①远红外纤维及产品：远红外纤维是指向纤维基材中加入在常温下具有远红外辐射功能的陶瓷微粉制成的保暖纤维。纤维基材有聚酯纤维、聚酰胺纤维、聚丙烯纤维等合成纤维。添加的陶瓷微粉粒径通常为 $0.5\mu m$ 以下，一般都是金属氧化物或金属碳化物，如氧化铝、氧化锆、氧化镁、二氧化钛、二氧化硅、氧化锡、碳化锆等。

②蓄热调温纤维及产品：蓄热调温纤维是一种自动感知外界环境温度的变化而智能调节温度的高技术纤维。该纤维以提高服装的舒适性为主要目的。该纤维织物可以吸收、储存、重新分配和放出热量，在环境温度低时，自动调高服内温度，在环境温度高时，自动调低服内温度，使服内温度处于较舒适的范围。目前已较为成熟的蓄热调温纺织品制造工艺包括涂层整理工艺、复合纺丝工艺和微胶囊纺丝工艺等。因此说蓄热调温纤维及纺织品是将相变蓄热技术与纺织品制造技术相结合制造出的一种高科技纤维及纺织品。

③吸湿速干纤维及产品：吸湿快干技术选择合成纤维为基材，通过提高纤维的表面积，增强纤维的吸湿和快干的潜在能力，在纺织物理加工中，进一步改进集合体的传导效果；在染整化学加工中，再赋以纤维表面的亲水化，最终实现吸湿快干功能。

④防水透湿织物：也称为可呼吸织物，是指具有一定压力的水或者具有一定动能的雨水及各种服装外的雪、露、霜等，不能透过或浸透织物，而人体散发的汗液、汗气能够以水蒸气为主的形式传递到外界，不会积聚或冷凝在体表和织物之间而使人感觉到黏湿和闷热，从而实现了织物防水功能与织物热、湿舒适性的统一。它是世界纺织业不断向高档次发展的集防水、防风、透湿和保暖性能于一体的、独具特色的功能织物。

根据工业化生产技术的差异，防水透湿织物可分为高密度织物、涂层织物和层压织物三种类型。高密度织物指采用细棉纤维或细合成纤维长丝织成的织物，其纱线间的空隙小到不允许水滴通过。涂层织物由纺织品与聚合物涂层结合而形成。防水透湿型涂层织物是采用各种工艺技术，将具有防水、透湿功能的涂层剂涂覆在织物表面，使织物表面孔隙被涂层剂封闭或减小到一定程度，而得到防水性的。涂层织物可分为亲水涂层和微孔涂层织物两种。层压织物是将具有防水透湿功能的微孔薄膜或亲水性无孔薄膜或上述两种薄膜的复合膜，采用特殊的黏合剂，通过层压工艺与织物复合在一起形成防水透湿层压织物。根据压胶的情况，可分为两层压胶面料、三层压胶面料、两层半面料。

（2）运动服装中具有防护性的功能性纤维及面料。

①防紫外线纤维及产品：纺织品防紫外线的机理是通过对紫外线的吸收、反射完成的。要使纺织品具有满意的防紫外线效果，必须采用特殊的技术对其进行加工。具体方法：一是在纺丝过程中加入紫外线吸收剂或紫外线反射剂，其技术要求高。紫外线防护剂在纺织过程中引入纤维，不与皮肤接触，不会引起过敏反应，同时各项牢度良好。如抗紫外线涤纶就是采用在聚酯纤维中掺入陶瓷紫外线遮挡剂的方法制成的。二是采用后处理技术将紫外线防护剂附着于织物上。如对棉纤维可采用浸渍有机系（如水杨酸系、二苯甲酮系、苯并三唑系、氰基丙烯酸酯系等）紫外线吸收剂处理，以获得防紫外线功能。但这种方法制成的纺织品，其防紫外线性能的耐洗涤性很差。

②夜光纤维及产品：它是一种新型的功能型纤维材料，其科技含量高，在无光照时自身发出多种颜色的光。生产夜光纤维所采用的发光材料为碱土铝酸盐长余辉发光材料，该发光材料具有优良的发光性能，且不具有放射性，对人体和环境不会产生危害。夜光纤维的制造方法主要有熔融纺丝法、溶液纺丝法、高速流冲击法、键合法等，其纤维基质可选取涤纶、锦纶及氨纶等化学纤维，其物理化学性能与普通纤维相似，同时具有自发光的功能性，不但可以满足普通纤维服用性能的各种需求，还可以起到提醒和装饰的作用。将夜光纤维用于运动服装，可提高在夜间行走的安全性。

③防蚊虫纤维及产品：将含有各种蚊虫驱避剂和杀虫剂的处理物，在特定

的温度和时间等工艺条件下，通过黏合剂等使处理物与纤维结合在一起，在纤维表面形成不溶于水的一种有机溶剂的驱蚊药膜。这种药膜能散发出蚊虫厌恶的气味，使蚊虫不愿再含有防虫剂的织物上停留而逃走，同时蚊虫一接触织物就立即被击倒或杀死。

④抗静电纤维/导电纤维及产品：纺织材料大多数都容易产生静电，尤其是合成纤维在使用时可带 10kV 以上的高电位，因此不可避免地会产生吸灰尘、放电等现象。可通过生产抗静电纤维，如对纤维表面进行亲水处理或在纤维中加入亲水聚合物或者生产导电性纤维（它是全部或部分使用金属或碳的功能导电物质制成的纤维）来消除静电的影响。

（3）运动服装中具有卫生性的功能性纤维及面料。

①消臭纤维及产品：消臭纤维与抗菌防臭纤维不同，是用于消除周围环境中已发出的臭气。采用的方法主要是氧化法和吸收法。氧化法是利用纤维中含有的活性氧来氧化臭分子，如采用人造氧化酶就能取得显著效果。而吸收法是用碳素纤维制成的织物来吸收环境中的臭味，同样达到消除臭味的目的。使用的消臭材料有活性炭、氧化锌、二氧化硅、氧化铝、氧化镁、沸石、金红石、蛇纹石等。

②抗菌纤维及产品：指用相关技术将抗菌因子牢固地与纺织品纤维分子或织物结合，能有效地抑制来自各方附着于纺织品表面上的细菌。它主要由两种方法获得：直接采用抗菌纤维制成各类织物，或者将织物用抗菌剂进行后处理加工以获得抗菌性能。抗菌纤维可通过天然抗菌纤维制得，如甲壳素纤维、亚麻、芒麻等；或化学纤维加工制得，通过接枝法、离子交换法、湿纺方法、熔融共混纺丝法、复合纺丝法等方法对化学纤维进行处理获得抗菌纤维。常用的后处理方法有表面涂层法、树脂整理法、微胶囊法。

（二）运动服装面辅料的选择及应用

1. 普通运动服（运动便装）的面辅料选取

运动服是从事某项体育运动专用的服装，也包括旅游服和轻便工作服等。运动服应最大限度地满足具体的运动项目的要求。这类服装不仅靠设计和裁剪的技巧，还必须靠材料来弥补其不足，应选用有伸缩性的面料。材料的保温性、透气性、吸湿性和坚牢度，也需适应各种运动的环境与动作。

一般选择棉、毛、麻和化纤混纺或纯纺的针织物，有的用弹性织物。旅游服要求穿着轻便、不易起皱、活动方便，面料宜用坚牢、挺爽、厚实、色泽鲜艳的织物。登山服需应付高山容易变化的气象条件，具备保护生命的作用，设计上考虑穿脱容易，材料应有保暖性、透气性、耐洗、耐日晒、耐摩擦和牵拉，成衣轻盈、体积小、携带方便，还应经过防水防风整理，根据需要可增加辐射热反射层。

2. 体育运动装面辅料的具体运用

体育运动装根据体育运动项目可分为以下几类。

（1）田径装。田径运动员以穿背心、短裤为主。一般要求背心贴体，短裤便于跨步。有时为不影响运动员的双腿大跨度动作，在裤管两侧开衩或放出一定的宽松度。背心和短裤多采用针织物，也有用丝绸制作的。

（2）球类运动装。球类运动装通常为短裤配套头式上衣，需放一定的宽松量。篮球运动员一般穿背心，其他球类则多穿短袖上衣；足球运动衣习惯上采用 V 字领；排球、乒乓球、橄榄球、羽毛球、网球等运动衣则采用装领，并在衣袖、裤管外侧加蓝、红等彩条斜线；网球衫以白色为主，女子则穿超短连衣裙。

球类运动的时间较长，运动量大，人体会大量出汗，运动装的面料最好选用吸湿排汗功能的面料，辅料有网眼，以利于透气。

（3）水上运动装。从事游泳、跳水、水球、滑水板、冲浪、潜泳等运动时，主要穿紧身衣，又称泳装。男子穿三角短裤，女子穿连衣泳装或比基尼。对泳衣的基本要求是运动员在水下动作时不兜水，减少水中阻力，因此宜用密度高、伸缩性好、布面光滑的锦纶、腈纶等化纤类针织物制作，并戴塑料、橡胶类紧合兜帽式泳帽。潜泳运动员除穿游泳衣外，还配面罩、潜水眼镜、呼吸管、脚跳等。从事划船运动时，主要穿短裤、背心，以方便划动船桨。衣服颜色宜选用与海水对比鲜明的红、黄色，以利于比赛中出现事故时容易被发现。轻量级赛艇运动，为防止翻船，运动员需穿吸水性好的毛质背心。

（4）举重和摔跤装。举重比赛时，运动员多穿厚实坚固的紧身针织背心或短袖上衣，配背带短裤，腰束宽皮带，皮带宽度不宜超过 12cm。

摔跤装因摔跤项目而异。例如：内蒙古摔跤穿皮质无袖短上衣，又称"裕褂"，不系襟，束腰带，下着长裤，或配护膝；柔道、空手道穿传统中式白色斜襟衫，下着长至膝下的大口裤，系腰带；相扑习惯上赤裸全身，胯下系一窄布条兜裆，束腰带。

（5）体操服。体操服在保证运动员技术发挥自如的前提下，显示人体及动作的优美。男子一般穿通体白色的长裤配背心，裤管的前折缝笔直，裤管口装松紧带，也可穿连袜裤；女子穿针织紧身衣或连袜衣，选用伸缩性能好、颜色鲜艳、有光泽的织物制作。

（6）冰上运动服。滑冰、滑雪的运动服要求保暖，并尽可能贴身合体，以减少空气阻力，适应快速运动。一般采用较厚实的羊毛或毛混纺针织服，头戴针织兜帽。花样滑冰等比赛项目，更讲究运动服的款式和色彩，男子多穿紧身、潇洒的简便礼服，女子穿超短连衣裙及长筒袜。

（7）击剑服。击剑服首先注重护体，其次需轻便，由击剑上衣、护面、手套、裤、长筒袜和鞋配套组成。上衣一般用厚棉垫、皮革、硬塑料和金属制成保护层，以保护肩、胸、后背、腹部和身体右侧。按花剑、佩剑、重剑等剑种，运动服保护层的要求略有不同。花剑比赛的上衣，外层用金属丝缠绕并通电，一旦被剑刺中，电动裁判器即亮灯；里层用锦纶织物绝缘，以防止出汗导电；护面为面罩型，用高强度金属丝网制成；两耳垫软垫；下裤一般长及膝下几厘米，再套穿长筒袜，裹没裤管。击剑服应尽量缩小体积，以减少被击中的机会。

（8）登山服。竞技登山一般采用柔软耐磨的毛织紧身衣裤，袖口、裤管宜装松紧带，脚穿有凸齿纹的胶底岩石鞋。探险性登山穿保温性能好的羽绒服，并配羽绒帽、袜、手套等，面料采用鲜艳的红、蓝等颜色，易吸热，便于冰雪中被识别。此外，探险性登山可用腈纶制成的连帽式风雪衣，帽口、袖口和裤脚都可调节松紧，可防水、防风、保暖并保护内层衣服。

此外，时尚运动服越来越受到追捧。在面料选用上加入时尚元素，辅料的运用也使运动服装的细节设计越来越受到重视，变得越来越时尚。

第四节　面料与辅料在礼服设计中的创新应用

一、礼服概述

礼服，顾名思义，是指人们在正式社交场合穿着，表现一定礼仪并具有一定象征意味的礼仪性服装。

礼服在一定的历史范畴中作为社会文化和审美观念的载体，受到一定社会规范所形成的风俗、习惯、道德、礼仪的制约，具有一定的继承性和延续性。礼服的产生与人类早期的祭祀庆典等礼仪活动有关。随着社会的发展，礼服在社交礼仪中发挥着越来越多的作用。

（一）礼服的特性

1. 共同特性

通过礼仪服装，人们建立并构成了相应的社会交往秩序。在一定的历史阶段内，它蕴含了人们熟知的生活风俗及审美习性。它是约定俗成的，是社会成员之间的一种默契。在一定的社会环境中，人们的兴趣、爱好、志向的趋同性，用途、活动场所、使用目的的一致性，流行趋势的影响、传统习惯的作用等充分融入礼仪服装，使礼服在款式造型、图案色彩、材料质地、工艺制作、服饰配件等方面，均具有一定的共同性。

2. 传统特性

礼仪服装是人们表现人类的信仰、理想与情感的一种服装。通过传统的尊重与沿袭，在礼服的形式、色彩及工艺方面，都产生了一定程度的实用性与合理性相互矛盾的因素，更多地表现着传统的寓意及延伸，穿着方式继承了特定民族世代相传的习惯、风俗、寓意以及特别的文化内涵，集中反映、表现着人们在长期生活中所形成的传统文化、民族心态和社会生活习惯。

3. 标识特性

礼仪服装与其他服装相同，具有标识性。礼服对穿着者的身份、等级、职业、宗教信仰等，都有着明显的标识及限定作用。

（二）礼服分类及特点

礼服也叫社交服，是参加典礼、婚礼、祭礼、葬礼等郑重或隆重仪式时穿用的服装。随着生活节奏的加快，衣着观念的更新，人们对礼服的需求越来越多。

礼服根据不同情况可分类如下：①按出席礼仪场合的隆重程度分为正式礼服、准礼服和日常礼服。②按照穿着时间分为日礼服、晚礼服。③按出席场合的性质分为鸡尾酒会服、舞会服、婚礼服、丧礼服等。④按照风格分为中式礼服、西式礼服、中西合璧服。⑤按照穿着方式分为整件式（即连衣式）、两件套、三件套、多件组合式等。

军官礼服、仪仗队礼宾服、军乐团礼宾服、文工团演出服等，是军人参加阅兵、大会、晚宴等正式非战斗活动的军用服饰。军礼服用料考究、做工精美，体现军人的气质和功勋、身份。由领花、胸花、肩章、胸章、袖章等必备饰品和着装者本人获得的勋章等其他挂饰点缀礼服上衣，搭配的长裤、皮带、军靴和军帽也很讲究，根据军职、军衔、军功的不同，用料、外形及挂饰物品都有严格规定，不可随便乱套。

1. 男士礼服及特点

男士礼服的种类有燕尾服、平口式礼服、晨礼服、西装礼服、英乔礼服、韩版礼服等。不同的男士礼服在讲究合适搭配的同时，还要注重礼服与穿着时间、场合相适宜。

（1）燕尾服（正式礼服）。燕尾服是男士最正式的礼服，但是，在现在的社交生活中，已不作为正式晚礼服使用，只作为正式化的特别礼服。如古典乐队指挥、演出服，特定的授勋、典礼、婚礼仪式，宴会、舞会、五星级宾馆的服务生晚礼服等。

特点：前短后长，前身长度至腰际，后摆拉长，可显出修长的双腿，并有收缩腰身的效果。

搭配：除了配背心以外，也可以搭配胸巾和领巾，以增加正式华丽感。

适宜场合：正规的特定场合，如晚间婚礼、晚宴；适宜时间：下午六点以后。

（2）平口礼服。

特点：人称王子式礼服，又称为英国绅士礼服，单排扣和双排扣都可以，不及燕尾服与晨礼服正式，裁剪设计与西装较类似，适合较为瘦高的新郎穿着。

搭配：外套、衬衣、长裤，搭配领结、腰封。

适宜场合：婚宴、派对；适宜时间：晚间。

（3）晨礼服。

特点：剪裁为优雅的流线型，充满了贵族气，适合有书卷气或整体形象不错的新郎穿着。

搭配：外套、衬衣、长裤，搭配背心、领结。

适宜时间及场合：白天参加庆典、星期日的教堂礼拜以及婚礼活动，日间社交场合，贵族传统的体育赛事。

（4）西装礼服。

特点：将西服的戗驳领用缎面制成，即成为西装礼服，配领结和腰封（或背心）及胸前打褶皱设计的礼服衬衫。

搭配：外套、衬衣、长裤，搭配背心、领带。

适宜场合：隆重场合；适宜时间：午间和晚间。

（5）英乔礼服。它是中西结合的一种礼服，由中国设计师创立，英文为"Enjoy"，意为"享受"。

特点：把中华立领、唐装、苏格兰裙、韩版等元素进行融合。与传统礼服相比，英乔礼服的变化较多，领饰除了传统的领结、领巾之外，增加了新式改良的领带、领花等，增加了现代、时尚感，同时不失典雅庄重。是一种平民化的礼服，能被大多数人所接受。

搭配：外套、衬衣、长裤，搭配背心、领饰。

适宜场合：婚礼；适宜时间：午间和晚间。

（6）韩版礼服。

特点：顾名思义，韩版礼服是专为亚洲人设计的一种礼服。韩版礼服在胸、腰、袖、裤等位置做了一点收饰，比较适合体型瘦小的人穿着。很多人有一种误区，以为收身就是韩版，其实收身最早出现在欧版礼服中。

搭配：外套、衬衣、长裤，配背心、领带。

适宜场合：较隆重的场合；适宜时间：午间和晚间。

2. 女士礼服及特点

女士最为正式的礼服为晚礼服，准礼服是正式礼服的简装形式，如鸡尾酒会服、小礼服。

（1）晚礼服（正式礼服）。晚礼服是下午六点以后穿用的正式礼服，是女士礼服中档次最高、最具特色的礼服样式，可分为传统晚礼服与现代晚礼服。

女士的正式礼服应该是无袖、露背的袒胸礼服，奢华气派，质地十分考究，以透明或半透明、有光泽的丝质、锦缎、天鹅绒等面料为主，色彩高雅、豪华，印度红、酒红、宝石绿、玫瑰紫、黑、白等色最为常用，配合金银及丰富的闪光色，更能加强豪华、高贵的美感，再配以相应的花纹，以及珍珠、光片、刺绣、镶嵌宝石、人工钻石等装饰，充分体现晚礼服的雍容与奢华。

（2）日装礼服（昼礼服）。日装礼服是在日常的非正式场合穿用的礼服，形式多样，可自由选择。

日装礼服是午后正式访问宾客时穿的礼服，还可在音乐会、茶会、朋友聚会等场合穿用，稍加修饰也能参加朋友的婚礼、庆典仪式等，具有高雅、沉着、稳重的风格，多为素色，以黑色最正规，如女士穿着的局部加有刺绣装饰、精工制作的裙套装、裤套装、连衣裙及雅致考究的两件套装等。

（3）鸡尾酒会服（准礼服、半正式礼服）。鸡尾酒会是下午 3 点至 6 点朋友之间交往的非正式酒会。女性的礼服比较短小精干。鸡尾酒会礼服所用的面料比较广泛，悬垂性较好、精致美观、华丽大方的都适用，如真丝绸、锦缎、塔夫绸及各种合成纤维的混纺、精纺面料等。一些新型面料也广泛用于此类礼服。

（4）婚礼服（婚纱）。婚纱是结婚时的专用服装，即结婚仪式和婚宴时新娘穿着的西式服装。婚纱可单指身上穿的服装和配件，也可以包括头纱、捧花等部分。婚纱的颜色、款式等视各种因素而定，包括文化及时装潮流等。婚纱来自西方，有别于以红色为主的中式传统裙褂。

二、典型礼服及面料应用

礼服作为社交服装，具有豪华精美、标新立异等特点。礼服的面料选用应该根据款式的需要确定，面料的材质、性能、光泽、色彩、图案等均需要符合款式的特点和要求。在面辅料选用方面应注意以下几点：①由于礼服注重于展示豪华富丽的气质和婀娜多姿的体态，因此，多用光泽面料，柔和的光泽或金属般闪亮的光泽都有助于显示礼服的华贵感，使人的形体更加动人；②面料的柔软、厚薄、保形、悬垂等性能与礼服的轮廓造型、风格相匹配；③做工精致。辅料中的缝线缩率和缝纫性能应与面料、里料配伍；④面料色彩和图案应根据穿用场合确定。

（一）礼服面辅料的选配原则

礼服，尤其是女士礼服，大多以光泽优雅、轻柔飘逸的真丝面料为最佳选择。面料的色彩选择要求颜色高贵、华丽、端庄，如黑色、紫色等，并且与珠宝等配饰相结合，更好地展示女性的高贵气质。男士礼服面料可以参考正装面料进行选择。

1. 选取合适的礼服面料

礼服的常用面料有欧根纱、网纱、素绉缎、弹力网眼布、真丝/化纤雪纺、化纤弹力色丁、真丝双宫绸、真丝提花缎、醋酸纤维面料、真丝/化纤塔夫、双色缎、蕾丝、真丝/化纤印花布、烂花绡等。

2. 礼服的款式与面料相协调

礼服的传统廓形有蓬裙、鱼尾裙、A 型裙等。塑造蓬裙或较大裙脚的鱼尾裙等，需要借助粗网，硬挺的上身要加鱼骨，裙脚、衫脚等边缘的特殊效果采用马尾衬、鱼丝线等辅料而获得。礼服的造型像一个立体雕塑，在适合人体的前提下，采用分割、打褶、缩褶等工艺，巧妙地利用不同面料的特性，设计不同的款式，在确定基本板型的基础上，在全身或局部进行图案设计。

3. 礼服的图案

采用钉珠、机绣、雕空、蕾丝铺花、画染、手绣、车骨、车绳、车丝带、手勾、吊穗等工艺，形成不同风格的图案。

4. 礼服的色彩

不同类型的礼服，采用不同风格的颜色。如春夏季的婚礼上，妈妈的礼服主要采用冰粉红、冰灰、浅咖啡、壳粉、香槟等素雅的色彩；PROM（美国中学生毕业典礼上女学生的礼服）则采用大红、玫红、湖蓝等较明快的色彩。

礼服不同于西装，需要一定的光泽度，也更需要笔挺，最稳重的颜色是藏青或灰黑色，咖啡、深棕都不太适合正式场合穿着。

（二）常见的礼服面料

1. 真丝面料

常见的真丝面料有双绉、重绉、乔其、双乔、重乔、桑波缎、素绉缎、弹力素绉缎和经编针织物等。

真丝面料，有着与众不同的光泽感，质地轻薄，手感柔软顺滑，带有最天然的高贵气息，是夏季婚礼服的首选面料。既适合款式简洁时尚的直身或鱼尾款，也适用于希腊式直身款婚纱或装饰简单的宫廷式。

2. 缎面面料

光滑的厚缎，有分光缎、厚缎（欧版和日韩版）、双色缎，是婚纱礼服的最常用面料，其质感和光泽度深受设计师和穿着者的喜爱。面料质地较厚，悬垂性好，有质量感，保暖性强，适合春秋季和冬季举行婚礼时选用。适合着重体现线条感的 A 字和鱼尾款的婚纱，能够表达隆重感；带珠光感觉的宫廷式或大拖尾款式的婚纱也常用厚缎制作。

3. 纱面面料

纱面面料用途多样，可用作主要面料，也可作为辅料应用在局部，质地轻柔飘逸，特别适合在上面排蕾丝、缝珠和绣花，能够表现出浪漫朦胧的美感，适合各种季节。渲染气氛的层叠款式、公主型宫廷款式，也可单独大面积地使用在婚纱的长拖尾处，如果是紧身款式，可作为简单罩纱覆盖在主要面料上。

4. 纱网面料

透明或半透明的硬丝或合成纤维，与绢的感觉类似，但手感比绢光滑。相对廉价的水晶纱，有光泽，质感较好，增加清纯、朦胧的效果。通常在厚缎面料外附着多层欧根纱，高档婚纱礼服还会有刺绣和精致蕾丝装饰。

5. 蕾丝（主辅料）

蕾丝是指有刺绣效果的面料，分软蕾丝、车骨蕾丝，是精致婚纱的常用面料，其特有的制作工艺特别适合配合缝珠，展现贵族气质。蕾丝原本作为辅料使用，有着精雕细琢的奢华感和体现浪漫气息的特质，目前作为主料的频率上升。

（三）面辅料在各类礼服中的运用

1. 男士礼服的面料选择与运用

由于礼服来自西方国家，对于不太习惯的东方人，礼服的概念相对模糊。一般而言，礼服比较正式，西方男性在出席正式宴会时，多被规定必须穿着礼服，在婚礼、婚宴上，穿着正式的礼服可以说是一种公认的礼仪。

（1）燕尾服。燕尾服多采用黑色或深蓝色的礼服呢，也可以选用与西装相近的精纺呢绒面料，重点突出服装的简洁与大方、高贵与正式。

燕尾服的制作是全手工的，这决定了它不可忽视的内部构造和工艺技术传统。里料以高级绸缎为总里、袖里用白色杉绫缎，是其规范；袖筒在肋下内侧与袖窿相连处附加两层三角垫布，以减轻腋下的摩擦，同时兼顾吸汗的作用；其他里部附属品（衬、牵条等）都要与外部面料风格一致。

为了在胸部形成漂亮的外观和自然的立体效果，使用加入马尾毛的马尾衬，以增加弹性，并产生容量感；翻领处采用八字形镇纳缝；从背部到燕尾部分的衬布，采用宽幅平布或薄毛毡，以不破坏整体的体积感（前后统一）。缝制的重点是丝缎驳领和上袖。

这种全手工的传统工艺适用于所有高品质的礼服制作，如晨礼服、塔士多礼服、董事套装、黑色套装、三件套装等。

（2）昼礼服。这种礼服具有高雅、沉着、稳重的特点。传统的日礼服选择不透明、无强烈反光的毛料、丝绸、呢绒、化纤及混纺棉料制作。与午服相配的外套称为午后外套，面料选用较厚的绸缎或上好的精纺毛呢料。日装礼服根据场合的不同，可有与之相适应的搭配方式，如男士用的黑色外套。

传统的日礼服多用素色，以黑色最为正规，特别是出席高规格的商务洽谈、正式庆典等隆重的场合，黑色最能表现庄重、自尊、大方。出席庆典活动的时候，如朋友生日聚会、开张典礼等，气氛热烈而欢快，此时的礼服色彩应鲜亮而明快。

2. 常见女士礼服的面料选择与运用

（1）女士晚礼服。女士晚礼服是女士礼服中档次最高、最具特色、最能展示女性魅力的礼服。晚礼服以夜晚的交际为目的，为迎合豪华而热烈的气氛，采用丝绒、锦缎、绉纱、塔夫绸、欧根纱、蕾丝等闪光、飘逸、高贵、华丽的面料，与周围环境相适应，色彩上也是引人注目，极尽奢华。

随着科学技术的不断进步，晚礼服所选用的面料品种更加广泛，如具有优良悬垂性能的棉丝混纺面料、丝毛混纺面料、化纤绸缎、新型的雪纺、乔其纱、有弹力的莱卡面料等，以及高纯度的精纺面料（如羊绒、马海毛等）。

此外，在礼服外搭配与丝质感超强的礼服有着强烈对比的厚重、温暖的裘皮面料，可在简洁大方之余增加礼服亮点，引领时尚潮流。

（2）旗袍。旗袍被称为近代中国妇女的"国服"。旗袍属于上下连属的衣服，基本要素为立领、窄袖、收腰、胸褶、下摆开衩、盘纽，在20世纪上半叶，是中国妇女最主要的服装。旗袍作为中国妇女的传统服装，既有沧桑变幻的往昔，更拥有焕然一新的现在。

旗袍面料的选择很广泛。日常穿用的旗袍，夏季可选择纯棉印花细布、印花府绸、色织府绸、各种麻纱、印花横贡缎、提花布等薄型织品；春秋季可选择化纤或混纺织品（如闪光绸、涤丝绸及薄型花呢等织物），虽然吸湿性和透气性差，但其外观比棉织品挺括平滑、绚丽悦目，很适宜在不冷不热的季节穿用。

礼宾或演出时穿用的旗袍是十分考究的。夏季穿用，应选择双绉、绢纺、电力纺、杭罗等真丝织品，质地柔软，轻盈不黏身，舒适透凉；春秋季穿用，应选择缎和丝绒类，如织锦缎、古香缎、金玉缎、绉缎、乔其立绒、金丝绒等，这些高级面料制作的旗袍能充分展现东方女性的形体美，丰韵而柔媚，华贵而高雅，如果在胸、领、襟稍加点缀修饰，更为光彩夺目。

（3）婚纱。白色的婚纱是西方女性十分宠爱的礼服形式，婚纱的造型多沿袭过去的形式，以表现女性形体的曲线美为目标，尽可能地尊重传统习俗。圆领或立领、长袖、收腰、紧身合体的胸衣配合大而蓬松的拖地长裙，是婚纱的主要造型。

婚纱面料多选择细腻、轻薄、透明的纱、绢、蕾丝，或采用有支撑力、易于造型的化纤缎、塔夫绸、山东绸、织锦缎等材料。在工艺装饰手段上，运用刺绣、抽纱、雕绣、镂空、拼贴、镶嵌等手法，使婚纱产生层次感及雕塑效果。

新娘的婚纱是婚礼的主体和亮点，要表现新娘的优雅气质。松紧程度、收放得体的造型是婚礼服成功的关键。对于婚纱面料的选用，目前往往强调面料的平挺、光亮、透明，而忽略或不重视面料的舒适性能，常使用的婚纱面料有乔其纱、绡、塔夫绸、缎、针织网眼布和蕾丝面料。

第五节　面料与辅料在童装设计中的创新应用

一、儿童服装概述

童装是指未成年人的服装，包括婴儿、幼儿、学龄儿童、少年儿童等的着装。

儿童服装，除了通常所指的儿童身上所穿的衣服外，还包括头上戴的帽子、脚上穿的鞋子以及手套和袜子等穿戴用品；按穿着特点可分为内衣与外衣。

（一）儿童服装的种类——内衣

1. 贴身衣裤

此类衣裤作为贴身衣物，讲究舒适透气，可使用厚薄不同的棉针织面料制成。

2. 睡衣、睡裤

通常采用保暖的全棉绒布或滑爽的真丝及人造丝面料、细亚麻布、白棉细布制作。

3. 睡袍

春、夏、秋季睡袍的面料为细亚麻布或薄棉布；冬季睡袍用薄棉布，内衬腈纶棉，并缉缝明线图案。

4. 女童睡裙

使用薄棉布、细亚麻布或绸制作，滑爽而适体，常缀以蕾丝花边与刺绣装饰。

(二) 儿童服装的种类——外衣

1. 婴儿服

婴儿时期的服装称为婴儿服。婴儿的身体发育快，体温调节能力差，睡眠时间长，排泄次数多，活动能力差，皮肤细嫩。婴儿装必须注重卫生和保护功能，应具有简单、宽松、便捷、舒适、卫生、保暖、保护等功能。

2. 幼儿服

幼儿服为1~3岁的幼儿穿着的服装。幼儿时期的儿童行走、跑跳、滚爬、嬉戏等肢体行为，使儿童的活动量加大，服装容易弄脏、划破，因此幼儿装要求穿脱方便和便于洗涤。另外，由于幼儿对体温的调节不敏感，常需要成人帮助及时加减衣物，因此幼儿常穿背带裤、连衣裙、连衣裤等。

3. 幼儿园服

这类服装主要作幼儿园校服，面料以质轻、耐洗、耐磨、不缩水的棉织物为主。

4. 少年装 (学生装)

学生装主要是小学到中学时期的学生着装。考虑到学校的集体生活需要，能够适应课堂和课外活动的特点，款式不宜过于烦琐、华丽，一般采用组合形式的服装。学生装的服用功能主要体现在具有生气、运动功能性强、坚牢耐用等方面。

5. 运动装、休闲服

运动装、休闲服在运动或日常休闲时穿着。款式要求简洁、方便、轻松、舒适，面料选择耐洗、吸湿性强的面料，图案和色彩需与活泼、轻松的气氛相协调。

6. 盛装

盛装的主要用途是参加重要活动。盛装的风格有华丽、简洁、保守等类别。儿童盛装也是较为华丽、正式的服装，用于参加表演、庆祝等活动。

二、儿童服装的典型面辅料

儿童天真，活泼可爱。服装的合体会增加儿童的质朴与纯真，给人们带来愉悦的心理感受。通常，儿童服装具有以下特点和要求：①服装的款式造型简洁，便于儿童活动；②服装的图案充满童趣，色彩欢快、明亮；③服装具有良好的功能性、舒适性；④服装面料的耐用性能主要体现在洗涤、耐磨方面；⑤儿童的自理和自卫能力差，因此，儿童服装面料要考虑防火和阻燃等功能。

（一）儿童服装的面辅料选择原则

1. 以天然纤维构成的面料作为首选面料

针对儿童的生理特点，面料的选择上有一定的特殊性，尤其在舒适、柔软、轻盈、防撕、耐洗等方面要求很高。儿童服装面料宜选用吸湿性强、透气性好、对皮肤刺激小的天然纤维织造，最适宜选用棉纤维，其次是麻、丝、毛类纯纺或混纺织物。

儿童比较顽皮，所以面料的耐磨性非常重要；毛衫的领口、袖口等直接接触孩子皮肤的地方，不应有刺痛的感觉，以免伤害孩子柔嫩的皮肤。

2. 以绿色环保型面料来提高服装的档次和安全性

童装面料的要求比成人更严格。面料和辅料越来越强调天然、环保。针对儿童的皮肤和身体的特点，多采用纯棉、天然彩棉、毛、皮毛一体等无害面料；款式上则追求时尚，亮片、刺绣、喇叭形裤腿、荷叶边等流行元素，在童装设计中均有所体现。

3. 以面料舒适、柔软、服用性能强为功能要求

人们在崇尚面料舒适度的同时，对童装的悬垂性、抗皱性等方面的要求也在提高。纺织科技的突破和创新，使各种混纺、化纤面料具有与天然纤维相似的舒适度和透气性，有些甚至在防皱、防褪色及色彩、花型、造型等方面更胜一筹。

4. 正确选取辅料，注重辅料的安全问题

根据童装款式和面料的特性，合适选取辅料，装饰点缀服装，以表现儿童活泼、天真的特性，同时关注辅料的安全性。

婴儿服很少用纽扣，以防止小孩误服带来危险；注意童装上的各种辅料、装饰物的质地，如拉链是否滑爽、纽扣是否牢固、四合扣是否松紧适宜等；要特别注意各种纽扣或装饰件的牢度，以免儿童轻易扯掉并误服；有黏合衬的表面部位如领子、驳头、袋盖、门襟处，有无脱胶、起泡或渗胶等现象。

（二） 童装面辅料的选用

1. 机织物

（1） 棉织物。棉织物的柔软性、触感和吸湿性好，织物表面对皮肤无刺激，穿着舒适。常用种类如下。

①平纹织物：细平布的表面平整光洁，有细腻、朴素、单纯的风格。

②斜纹织物：包括斜纹布、劳动布、卡其、华达呢等。

③绒类织物：包括绒布、条状起绒的灯芯绒织物。

④绉类织物：表面用烧碱处理后呈泡状起皱的泡泡纱或超绉织物。

（2） 麻织物。麻织物的主要原料为亚麻和芒麻。芝麻织物突出的特点是强度高，吸湿、散湿快，透气性好，具有清爽的感觉和坚固的质地。常用种类如下：亚麻织物，芒麻织物，纯纺、混纺或交织。

（3） 毛织物。毛织物保暖厚实，多用于儿童秋冬装。常用种类如下。

①粗纺毛织物：织物厚实粗重，表面多茸毛，以多色毛纱混纺为特色，主要品种有粗花呢、麦尔登、法兰绒、学生呢等。

②精纺毛织物：精梳毛纱以长纤维为原料，经精梳工序纺成，纤维在纱线中排列更整齐，纱线更细，粗细更均匀。

③长毛呢绒：混纺织物，羊毛与混纺线编织制成的织物。

（4） 丝织物。真丝织物由蚕丝纺织而成，主要包括桑蚕丝和柞蚕丝等。常用种类如下。

①雪纺：布面光滑、透气、轻薄，可用作儿童衬衫、连衣裙、睡衣裤等。

②双绉：布面呈柔和波纹状绉效应，柔软而滑爽，可用作儿童衬衫、连衣裙等。

③塔夫绸：富有光泽，揉搓时手感挺爽，有丝鸣声，可用作儿童礼仪服和表演服装等。

（5） 化纤面料。

纯化纤面料具有吸湿性差、穿着闷热、易带静电、易沾污等缺点。用纯化纤面料制作童装，不利于儿童身体健康，应少使用，尤其是儿童内衣。

2. 针织物

针织物的伸缩性强，具有保暖、吸湿、舒适、透气、穿脱方便及不易变形等特性，是逐渐流行的一种服装材料，花色品种日益丰富。

制作儿童服装的品种有四季可穿用的针织内衣、针织外套，如背心、内裤、裙子、外衣、风衣、薄羊毛衫、厚羊毛衫、毛衫外套等。

3. 绒面织物

织物表面有绒毛，主要品种有灯芯绒、平绒、绒布等，均适宜制作儿童秋冬装。

灯芯绒是割绒起绒、表面形成纵向绒条的棉织物。灯芯绒由一组经纱和两组纬纱织成，其中一组纬纱（称为地纬）与经纱交织成固结绒毛的地布，另一组纬纱（称为绒纬）与经纱交织构成有规律的浮纬，割断后形成绒毛。因绒条像一条条灯草芯，所以称为灯芯绒。灯芯绒的质地厚实，保暖性好。

平绒是采用起绒组织织制，再经割绒整理而成，其表面具有稠密、平齐、耸立而富有光泽的绒毛。平绒的经纬纱均采用优质棉纱线。绒毛丰满平整，质地厚实，手感柔软，光泽柔和，耐磨耐用，保暖性好，经染色或印花后，外观华丽。

绒布是指经过拉绒后表面呈现丰润绒毛状的棉织物，分为单面绒和双面绒两种。绒布布身柔软，穿着贴体舒适，保暖性好，宜制作冬季的内衣、睡衣等。

（三）面辅料在童装中的运用

1. 面辅料在儿童内衣中的运用

内衣贴身穿着，面料需要具备吸湿、舒适、透气的性能，因此棉针织面料是童装的首选；真丝是纯天然、绿色环保产品，穿着滑爽、舒服、亮丽，而且对人体肌肤有保护作用。儿童服装的面料讲究童趣，自然、质朴、舒适、童真的面料适合。

2. 面辅料在儿童外衣中的运用

童装面料多为全棉卡其、斜纹布、劳动布（蓝丁尼布）、印花棉布、化纤布。婴儿服应易洗、耐用，多使用柔软而透气性好的纯棉布、绒布制作。1~3岁的幼儿服，使用透气性强、柔软易洗的纯棉布、绒布和灯芯绒，冬季可使用化纤混纺面料及呢绒面料。

3. 面辅料在幼儿园服、校服中的运用

校服以学校集体生活为主题，应具有简洁、统一的风格，没有过分华丽或烦琐的装饰。色彩定位上，校服的色彩要给人清新大方的印象，不宜采用强烈的对比色调，以免绚丽的色彩分散学生的注意力；面料选用上，耐脏、耐磨、耐洗、透气、质地舒适、富有弹性的面料较为适宜。

4. 面辅料在运动服中的运用

运动服多选用耐洗、吸湿的纯纺或混纺面料，如纯棉起绒针织布、毛巾布、尼龙布、纯棉及混纺针织布。

5. 面辅料在盛装中的运用

女童春、夏季盛装的基本形式是连衣裙，面料宜用丝绒、平绒、纱类、化纤仿真丝绸、蕾丝布、花边绣花布等，再配以精致的刺绣装饰。

男童盛装类似男子成人盛装，面料多为薄型斜纹呢、法兰绒、凡立丁、苏格兰呢、平绒等，再配以精致的刺绣花纹；夏季则用高品质的棉布或亚麻布。

第八章　服装面料的艺术再造设计

第一节　服装面料艺术再造的理论基础

一、服装面料艺术再造的概念

（一）服装面料艺术再造的定义

服装面料艺术再造即服装面料艺术效果的二次设计，是相对服装面料的一次设计而言的，它是为提升服装及其面料的艺术效果，结合服装风格和款式特点，将现有的服装面料作为面料半成品，运用新的设计思路和工艺改变现有面料的外观风格，是提高其品质和艺术效果，使面料本身的潜在美感得到最大限度发挥。

作为服装设计的重要组成部分，服装面料艺术再造不同于一次设计，其主要特点就是服装面料艺术再造要结合服装设计去进行，如果脱离了服装设计，它只是单纯的面料艺术。因此，服装面料艺术再造是在了解面料性能和特点，保证其舒适性、功能性、安全性等特征的基础上，结合服装设计的基本要素和工艺，强调个体的艺术性、美感和装饰内涵的一种设计。服装面料的艺术再造改变了服装面料本身的形态，增强了其在艺术创造中的空间地位，它不仅是服装设计师设计理念在面料上的具体体现，更使面料形态通过服装表现出巨大的视觉冲击力。

服装面料再造所产生的艺术效果通常包括：视觉效果、触觉效果和听觉效果。

视觉效果是指人用眼就可以感觉到的面料艺术效果。视觉效果的作用在于丰富服装面料的装饰效果，强调图案、纹样、色彩在面料上的新表现，如利用面料的线形走势在面料上造成平面分割，或利用印刷、摄影、计算机等技术手段，对原有形态进行新的排列和构成，得到新颖的视觉效果，以此满足人们对面料的要求。

触觉效果是指人通过手或肌肤感觉到的面料艺术效果，它特别强调面料出现立体效果。得到触觉效果的方法很多，如使服装面料表面形成抽缩、褶皱、重叠等；也可在服装面料上添加细小物质，如珠子、亮片、绳带等，形成新的触觉效果；或采用不同手法的刺绣等工艺来制造触觉效果。不同的肌理营造出的触觉生理感受是不同的，如粗糙的、温暖的、透气的等。

听觉效果是指通过人的听觉系统感觉到的面料艺术效果。不同面料与不同物体摩擦会发出不同响声。如真丝面料随人体运动会发出悦耳的丝鸣声。而很多中国少数民族服装将大量银饰或金属环装饰在面料上，除了具有某种精神含义外，从形式上讲，也给面料增添了有声的节奏和韵律，"未见其形先闻其声"，在人体行走过程中形成了美妙的声响。

这三种效果之间是互相联系、互相作用、共同存在的，常常表现为一个整体，使人对服装审美的感受不再局限于平面的、触觉的方式，而更满足了人的多方面感受。

（二）服装面料艺术再造与面料一次设计的区别

服装面料艺术再造与面料一次设计既有联系又有区别，后者是前者的技术基础。服装面料艺术再造是在服装面料一次设计基础上效果的升华与提炼。服装面料艺术再造与面料一次设计的区别主要有以下几点。

1. 强调的侧重点不同

面料一次设计，是运用一定的纤维材料通过相应的结构与加工手法构成的织物，强调面料的成分、组织结构，通常通过工业化的批量生产实现，其最终用途具有多样性。而服装面料艺术再造更多的是从美学角度考虑，在面料一次设计的基础上，通过设计增强面料的美感和艺术独创性，它非常强调艺术设计的体现，与特定服装的关联度很强。

2. 设计主体不同

通常，面料一次设计由面料设计师完成，服装面料艺术再造主要由服装设计师完成。

3. 主要设计目的不同

服装面料艺术再造在一定程度上也采用面料一次设计时的方法，如涂层、印染、镂空等，但它是以服装作为最后的展示对象，因此它重点强调的是经过再造的面料呈现出的艺术性和独创性；而面料一次设计主要解决怎样赋予一种面料新的外观效果。例如，需要生产一种镂空效果的面料，在一次设计时解决的是如何更好地表现出镂空带来的美感，而在服装面料艺术再造时则重点考虑怎样将这种美感更好地在服装上体现出来。

4. 在服装上的运用不同

面料一次设计是实现服装设计的物质基础，大多数服装都离不开面料一次设计。而服装面料艺术再造具有可选择性，也就是说，不是所有的服装都要进行面料艺术再造，而应根据服装设计师所要表现的主题和服装应具有的风格，在必要的时候运用适当地再造，以实现更为丰富和优美的艺术效果。

5. 适用范围不同

面料一次设计应用的范围不确定。因为不同人对面料的理解不同，使得其采用的形式和范围具有多样性，同样的面料可以被用于不同的服装甚至是家居产品。而面料艺术创造的最终适用范围明确，并极具独创性和原创性。

（三）服装面料艺术再造的影响因素

归纳起来，服装面料艺术再造的效果主要受到以下因素的影响。

1. 服装材料的性能

服装材料是影响服装面料艺术再造的最重要也是最基本的因素，服装面料艺术再造离不开服装材料。服装材料的范围很广、分类很多，根据有无纤维成分，可将服装材料分为纤维材料和非纤维材料两大类。

服装面料艺术再造所用的材料可以在服装面料的基础上适当扩展，但都是以服装面料为主体，因为必须保证再造的面料具有一定的可穿性、舒适性、功能性和安全性等特点。

作为服装面料艺术再造的物质基础，服装材料的特征直接影响着服装面料再造的艺术效果。服装材料自身固有的特点对实现服装面料艺术再造有重要的导向作用。不同的工艺处理手段产生不同的视觉艺术效果，但同样的手段在不同材料上有不同的适用性。例如，用无纺布和用金属材料分别进行服装面料艺术再造，其艺术效果有天壤之别；涤纶面料具有良好的热塑性，这个性能决定了它可以比较持久地保持经过高温高压而成的褶裥艺术效果；根据皮革具有的无丝缕脱散的特征，可以通过切割、编结、镂空等方法改变原来的面貌，使其更具层次感和变化性。总之，包括服装面料在内的服装材料是影响服装面料艺术再造的最基本的因素。

2. 设计者对面料的认知程度和运用能力

设计者对面料的认知程度和运用能力是影响服装面料艺术再造的重要主观因素，它在很大程度上决定了服装面料再造的艺术效果表现。对于一个好的设计师来说，掌握不同面料的性质，具备对不同面料的综合处理能力是成功实现服装面料艺术再造的基本前提。优秀的服装设计师对服装面料往往有敏锐的洞察力和非凡的想象力，他们在设计中，能不断地挖掘面料新的表现特征。被称为"面料魔术师"的著名日本时装设计师三宅一生（Issey Miyake）对于各种面料的设计和运用都是行家里手。他不仅善于认知各种材料的性能，也善于利用这些材料特有的性能与质感进行创造性运用。从日本宣纸、白棉布、针织棉布到亚麻，从香蕉叶片纤维到最新的人造纤维，从粗糙的麻料到织纹最细的丝织物，根据这些面料的风格和性能，他可以创造出自己独特的再造风格。而被誉为"时装设计超级明星"的克里斯汀·拉克鲁瓦（Christian Lacroix）也善于巧妙地运用丝绸、锦缎、人造丝及金银铝片织物或饰有珠片和串珠等光泽闪亮的面料，他擅长运用褶裥、抽褶等技术，增强面料受光面和阴影部分之间的对比度，使服装更富有立体感。世界时装设计大师约翰·加里亚诺（John Galliano）有着相当高超的对各种面料的搭配能力，这是他进行服装面料艺术再造的法宝，也是使其服装自成一体，引导时尚的独特能力之一。

3. 服装信息表达

服装所要表达的信息决定了服装面料再造的艺术风格与手段。进行服装面料艺术再造时，要考虑服装的功能性、审美性和社会性，这些都是服装所要表达的信息。由于创作目的、消费对象和穿着场合等因素的差别，设计者在进行服装面料艺术再造时一定要考虑服装信息表达的正确性，运用适合的艺术表现和实现方法。如职业装与礼服在进行服装面料艺术再造时通常采用不同的艺术表现，前者应力求服装面料艺术再造简洁、严谨，常常是部分运用或干脆不用；而后者则可以运用大量的服装面料艺术再造得到更为丰富的美感和装饰效果。

4. 生活方式和观念

人们生活方式和观念的更新影响人们对服装面料艺术再造的接受程度。随着生活水平的提高和生活方式的不断变化，人们审美情趣的提高给服装面料艺术再造提供了广阔的存在和发展空间，同时人们的审美习惯深深地影响着服装面料艺术再造的应用。如服装面料艺术再造中常采用的刺绣手法，通常根据国家和地区风俗的不同，有着各自自成一体的骨式和色彩运用规律。在中式男女睡衣中，主要是在胸前、袋口处绣花，并左右对称。门襟用嵌线，袖口镶边，色彩淡雅，具有中国传统工艺的特色；而日本和服及腰袋的刺绣则大量使用金银线；俄罗斯及东欧国家的刺绣以几何形纹样居多，以挑纱和钉线为主要手法。因此，在服装面料艺术再造的过程中，不能只考虑设计师的设计理念，还应该注意人们生活方式与理念的不同。

5. 流行因素、社会思潮和文化艺术

流行因素、社会思潮和文化艺术影响着服装面料艺术再造的风格和方法。20世纪60年代，西方社会的反传统思潮使同时期的服装面料上出现了许多破坏完整性的"破烂式"设计；到了20世纪90年代，随着绿色设计风潮的盛行，服装面料艺术再造运用了大量的具有原始风味和后现代气息的抽纱处理手法，以营造手工天然的趣味，摒弃"机械感"。

服装面料艺术再造的发展一直与各个时期的文化艺术息息相关，在服装面料艺术再造发展史上可以看到立体主义、野兽派、抽象主义等绘画作品的色彩、构图、造型对服装面料艺术再造的重大影响。同样，雕塑、建筑的风格也常影响服装面料艺术再造。流行因素、社会思潮和文化艺术既是服装面料艺术再造的灵感来源，也是其发展变化的重要影响因素。

6. 科学技术发展

科学技术的发展影响着服装面料艺术再造的发展，它为服装面料艺术再造提供了必要的实现手段。历史上每一次材料革命和技术革命都促进了服装面料再造的实现。19 世纪 40 年代，制作花边、网纱的机械问世，这使花边在相当一段时期内一直是服装面料艺术再造的主体。大工业时代面料的生产迅速发展，多品种的面料为服装面料艺术再造的实现提供了更为广阔的发展空间。三宅一生独创的"一生褶"就是在科学技术发展的前提下实现的面料艺术再造。它在用机器压褶时直接依照人体曲线或造型需要调整裁片与褶痕，不同于我们常见的从一大块已打褶的布上剪下裁片，再拼接缝合的手法。这种面料艺术再造突破了传统工艺，是科学技术发展的结果。

7. 其他因素

社会生活中的诸多因素都会对服装面料艺术再造产生不同程度的影响，如战争、灾难、政治变革、经济危机等无可预知的因素都会带来服装面料艺术再造的变化。20 世纪上半叶的经济危机导致时装业低潮的同时，也使人们无暇思考面料的形式美感，服装面料艺术再造似乎被人们抛弃和遗忘。而后的经济复苏使服装面料艺术再造得到重新重视，如多褶、在边口处镶皮毛或加饰蝴蝶结等细节形式再次被服装面料艺术再造所运用。

以上的众多因素都影响着服装面料艺术再造的变化和发展，也正是由于它们的存在，使得服装面料艺术再造不断呈现出丰富多彩的姿态，在研究与发展服装面料艺术再造的时候，这些因素是不容忽视的。

二、服装面料艺术再造的作用及意义

（一）服装面料艺术再造的作用

服装面料是设计作品的重要载体，服装面料的艺术再造更是现代服装设计活动不可缺少的环节，具有不可忽视的作用。

1. 提高服装的美学品质

服装面料艺术再造最基本的作用就是对服装进行修饰点缀，使单调的服装形式产生层次和格调的变化，使服装更具风采运用面料艺术再造的目的之一，就是给人们带来独特的审美享受，最大限度地满足人们的个性要求和精神需求。

2. 强化服装的艺术特点

服装面料艺术再造能起到强化、提醒、引导视线的作用。服装设计师为了特别强调服装的某些特点或刻意突出穿着者身体的某一部位，可以采用服装面料艺术再造的方法，达到事半功倍的艺术效果，提升服装设计的艺术价值。

3. 增强服装设计的原创性

设计的主要特征之一就是原创性。服装应以人体为造型基础，并为人体所穿用，故在形式、材料乃至色彩的设计上有一定的局限性，要显出其所特有的原创性，在服装材料上的再造便是较为常用和便捷的途径之一。

4. 提高服装的附加值

由于一些面料艺术再造可以在工业条件下实现，因此在降低成本或保持成本不变的同时，其含有的艺术价值使得服装的附加值大增。例如，普通的涤纶面料服装，经过压皱、注染、晕染等再造手段，将大大提升服装的附加值。

(二) 研究服装面料艺术再造的意义

当今服装面料呈现出多样化的发展趋势，而服装面料艺术再造更是迎合了时代的需要，弥补和丰富了普通面料不易表现的服装面貌，为服装增加了新的艺术魅力和个性，体现了现代服装的审美特征和注重个性的特点。

现代服装设计界越来越重视服装面料的个性风格。这主要是因为当今的服装设计，无论是礼服性的高级时装设计，还是功能性的实用装设计，造型设计是"依形而造"还是"随形而变"，都脱离不了人体的基本形态。服装材料（面料）艺术再造作为展现设计个性的载体和造型设计的物化形式还有广阔的发展空间。

简洁风、复古风、回归风等多种服装设计风格并存或交替出现之后，人们开始重新审视装饰风，而服装面料艺术再造的主要作用之一是强化服装的装饰性。

服装面料艺术再造不仅是一种装饰，也体现着现代生产技术的水平，也在一定程度上促进了服装工艺及生产水平的不断发展，并已被市场广泛接纳，今后还有很大的发展空间。

第二节　服装面料艺术再造的实现方法

一、服装面料的二次印染处理

这是指在服装面料表面进行一些平面的、图案的设计与处理。通常是运用染色、印花、手绘、拓印、喷绘、轧磷粉、镀膜涂层等方法对面料进行表面图案的平面设计，达到服装面料艺术再造的目的。其中以印花和手绘最为普遍，常用于现代服装中的"涂鸦"艺术基本是这些手段的沿用。

（一）印花

用印花的方法可以比较直接和方便地进行服装面料艺术再造。通常有直接印花、防染印花两大类。

1. 直接印花

直接印花，指运用辊筒、圆网和丝网版等设备，将印花色浆或涂料直接印在白色或浅色的面料上。这种方法表现力很强，工艺过程简便，是现代印花的主要方法之一。世界许多知名设计师都有自己的面料印花设备（Fabric Front Line），根据所设计的服装要求，自己设计并小批量生产一些具有特殊风格的面料。

2. 防染印花

防染印花，是在染色过程中，通过防染手段显花的一种表现方式，常见的有蓝印花布、蜡染、扎染和夹染。这些方法是我国传统的印染方法，也是实现面料艺术再造的常用方法。

（1）在蓝印花布的制作中，先以豆面和石灰制成防染剂，然后通过雕花版的漏孔刮印在土布上起防染作用，再进行染色，最后除去防染剂形成花纹。蓝印花布的图案多以点来表现，这主要是受雕版和工艺制作的限制。

（2）蜡染是将融化的石蜡、木蜡或蜂蜡等作为防染剂，绘制在面料和裁成的衣料上（绘制纹样可使用专用的铜蜡刀，也可用毛笔代替），冷却后将衣料浸入冷染液浸泡数分钟，染好后再以沸水将蜡脱去。被蜡覆盖过的地方不被染色，同时在蜡冷却后碰折会形成许多裂纹，经染液渗透后留下自然肌理效果，有时这种肌理效果是意想不到的。蜡染的染色方法常用的有两种：浸染法和刷染法。浸染法是把封好蜡的面料投入盛有染液的容器中，按所使用染料的工艺要求进行浸泡制作。而刷染法是用毛刷或画笔等工具蘸配制好的染液，在封好蜡的面料表面上下直刷，左右横刷或局部点染，得到多色蜡染面料。一般漂白布、土布、麻布和绒布都可运用蜡染实现服装面料艺术再造，所用染料主要有天然染料和适合低温的化学染料。

（3）扎染是通过针缝或捆扎面料来达到防染的目的。各种棉、毛、丝、麻以及化纤面料表面都可运用扎染方法进行服装面料艺术再造。经过扎染处理的面料显得虚幻朦胧，变化多端，其偶然天成的效果是不可复制的。扎染的最大的特点在于水色的推晕，因此，设计时应着意体现出捆扎斑纹的自然意趣和水色迷蒙的自然艺术效果，扎染的染色方法包括单色染色法和复色染色法。前者是将扎结好的面料投入染液中，一次染成。后者是将扎结好的面料投入染液中，经一次染色后取出，再根据设计的需要，反复扎结，多次染色，以形成色彩多变、层次丰富的艺术效果。

扎染工艺的关键在于"扎"，扎结的方法在很大程度上决定了其最后得到的艺术效果。归纳起来，有以下三种扎结方法。

撮扎是在设计好的部位，将面料撮起，用线扎结牢固。经染色后，因防染作用，在扎线间隙处会出现丰富多变的色晕，形成变化莫测的抽象艺术效果。

缝扎是用针线沿纹样绗缝，将缝线扎牢抽紧。经染色后，即产生虚无缥缈、似是而非的纹样。

折叠法是将面料本身进行多种不同的折叠，再用针线以不同的技法进行缝针牢固，染色后便形成新的艺术效果。

（4）夹染是通过板子的紧压固定起到防染作用。夹染用的板子可分为三种：凸雕花板、镂空花板和平板。前两者是以数块板将面料层层夹住，靠板上的花纹遮挡染液而呈现纹样，这种夹染能形成精细的图案；后者是将面料进行各种折叠，再用有形状的两板夹紧，进行局部或整体染色来显现花纹，这种方法形成的图案抽象、朦胧，接近扎染效果。

3. 拔染印花

拔染印花，是在染好的面料上涂绘拔染剂，涂绘之处的染色会退掉，显出面料基本色，有时还可以在拔后再进行点染，从而形成精细的艺术效果。拔染印花的特点是面料双面都有花纹图案，正面清晰细致，反面丰满鲜亮。这种方法得到的面料适用于高档服装。

4. 转移印花

转移印花，是先将染料印制在纸面上，制成有图案的转印纸，再将印花放在服装需要装饰的部位，经高温和压力作用，将印花图案转印在面料上。另外，还可以将珠饰、亮片等特殊装饰材料通过一定的工艺手段转移压印在面料上，形成亮丽、炫目的面料艺术效果。转移印花在印后不必再经过洗涤等后处理，工艺简单，花纹细致。

5. 数码印花

数码印花是印染技术和电脑技术的完美结合，它可进行2万种颜色的高精密图案印制，大大缩短了从设计到生产的时间。

近年来，随着纺织品数码印花技术的不断进步和发展，设计师通过数码印花技术把花形图案喷绘在服装面料上，赋予服装面料新的内涵，为面料艺术和成衣设计提供了新的技术指导。传统印花技术可以通过化学和物理手段产生许多风格效果，如烂花、拔染、防染、打褶等。数码印花虽然采用直接喷绘和转移印花的技术原理，但是它不仅可以达到传统印花的效果，而且还能达到传统印花技术不能达到的效果。这种特殊的、新型的面料花型效果是数码艺术和数码技术的产物，它符合人们新的审美观念和个性化的需求。

数码印花技术下的数码花型具有广阔的色域。数码印花技术相对于传统印花技术而言，最大的优越性在于理论上可以无限地使用颜色，换言之，数码花型的颜色数量不受限制。任何能在纸上打印的图像都能在面料上喷绘出来。传统印花由于工艺的局限和资金的影响，它的套色数量是一定的，而数码印花突破了传统印花的套色限制，印花颜色能够相对匹配，无须制版，尤其适合精度高的图案。同时，不断更新的墨水、颜色管理软件和数码印花机又为广阔色域和高品质印花质量提供了有效的保证，可实现面料纹样的多样风格和多种视觉效果。

数码印染技术改变着传统的设计理念和设计模式，设计师应该在掌握这一高科技技术的基础上，实现更为丰富的面料艺术再造效果。

（二）手绘

手绘在古代称为"画花"，即用笔或者其他工具，将颜料或染料直接绘制于织物上的工艺。手绘的最大特点是不受花型、套色等工艺的限制，这使得设计构思和在面料上的表现更为自由。常用的手绘染料包括印花色浆、染料色水以及各种涂料、油漆等无腐蚀性、不溶于水的颜料。涂料和油漆类不适合大面积使用，它们会导致面料发硬，因而影响面料的弹性和手感。常用的手绘工具有各种软硬画笔、排刷、喷笔、刮刀等。各种棉、毛、丝、麻以及化纤面料表面都可运用手绘方法实现面料艺术再造。一般在浅色面料上手工绘染，可使用直接性染料，在深色面料上则用拔染染料，也可用涂料或油漆做一些小面积的处理。从着色手法上讲，在轻薄的面料上，不妨借鉴我国传统的山水画的技法，以色彩推晕的变化方法取得高雅的、带有民族情趣的艺术效果，而在朴素厚实的面料上则可运用水彩画或油画的技法与笔触，得到粗犷的艺术效果。通常在进行手绘时，还借用一些助绘材料，如树叶、花瓣、砂粒、胶水等与面料并无直接关系的物质，采用拓印、泼彩、喷洒等手法来表现某些特殊的肌理。

二、服装面料结构的再造设计

根据工艺手段的不同以及产生的效果，服装面料结构的再造可分成结构的整体再造（变形设计）以及结构的局部再造（破坏性设计）。

（一）服装面料结构的整体再造——变形设计

服装面料表面结构的整体再造也称为面料变形设计，它是通过改变面料原来的形态特性，但不破坏面料的基本内在结构而获得，在外观上给人以有别"原型"的艺术感受。常用的方法有打褶、折叠、抽纵、扎结、扎皱、堆饰（浮雕）、扎花、表面加皱、烫压、加皱再染、印皱加皱再印等。

打褶是将面料进行无序或有序的折叠形成的褶皱效果；抽纵是用线或松紧带将面料进行抽缩；扎结使平整的面料表面产生放射状的褶皱或圆形的凸起感；堆饰是将棉花或类似棉花的泡沫塑料垫在柔软且有一定弹性的衣料下，在衣料表面施以装饰性的缉线所形成的浮雕感觉。值得一提的是经过加皱再染、印皱加皱再印面料的方法形成的服装面料在人体运动过程中会展现出皱褶不断拉开又皱起的效果，如果得到色彩的呼应，很容易造就变幻不定、层次更迭的艺术效果。

面料结构的整体再造设计一般采用易于进行变形加工的不太厚的化纤面料、一旦成形就不易变形。面料变形可以通过机械处理和手工处理得到。机械处理一般是通过机械对面料进行加温加压，从而改变原有面料的外观。这种方法能使面料具有很强的立体感及足够的延展性。以褶皱设计为例，面料通过挤、压、拧等方法成形后再定形完成，形成自然且稳定的立体形。原来平整的面料经过加工会形成意想不到的艺术效果。手工处理的作品更具有亲和力，通常是许多传统工艺（如扎皱）的重新运用。

（二）服装面料结构的局部再造——破坏性设计

面料结构的局部再造又称面料结构的破坏性设计，主要通过剪切、撕扯、磨刮、镂空、抽纱、烧花、烂花、褪色、磨毛、水洗等加工方法，改变面料的结构特征，使原来的面料产生不完整性和不同程度的立体感。剪切可使服装产生飘逸、舒展、通透的效果；撕扯的手法使服装具有陈旧感、沧桑感；镂空是在面料上采用挖空、镂空编织或抽去织物部分经纱或纬纱的方法，它可打破整体沉闷感，创造通灵剔透的格调；抽纱也会形成镂空效果，常见的抽纱手段为抽掉经线或纬线，将经线或纬线局部抽紧，部分更换经线或纬线，局部减少或增加经纬纱密度，在抽掉纬线的边缘处作"拉毛"处理。这些方法会形成虚实相间的效果。褪色、磨毛、水洗等方法常被用在牛仔裤的设计上。

14世纪西方出现的切口手法属于对面料进行破坏性设计。它通过在衣身上剪切，使内外衣之间形成不同质地、色彩、光感的面料的对比和呼应，形成强烈的立体艺术效果。其形式变化很多，或平行切割，或切成各种花样图案。平行切割的长切口多用在袖子和短裤上，面料自上而下切成条状，使豪华的内衣鼓胀出来；小的切口多用在衣身、衣边或女裙上，或斜排、或交错地密密排列。切口的边缘都用针缝好，有的在切口两端镶嵌珠宝。

20 世纪六七十年代破坏性设计手法十分流行，当时一些前卫派设计师惯用这种手法表达设计中的一些反传统观念。被称为"朋克之母"的英国设计师韦斯特伍德（Vivienne Westwood）常把昂贵的衣料有意撕出洞眼或撕成破条，这是对经典美学标准进行突破性探索而寻求新方向的设计。西方街头曾出现的嬉皮士服装、流浪汉式服装、补丁服和乞丐服都采用典型的服装面料的破坏性设计手法营造这种风格。川久保玲推出的 1992~1993 年秋冬系列中的"破烂式设计"，以撕破的蕾丝、袖口等非常规设计给国际时装界以爆炸性的冲击。这种破坏性的做法并不一定能得到所有人的认可，但作为一种服装面料艺术再造的手法，在创作上还是有值得借鉴之处的。

面料的破坏性设计相比面料的变形设计而言，在面料选择上有更加严格的要求。以剪切手法来说，一般选择剪切后不易松散的面料，如皮革、呢料。对于纤维组织结构疏松的面料应尽量避免采用这种方法，如果采用，在边缘一定要进行防脱散的处理。

三、服装面料添加装饰性附着物设计

在服装面料上添加装饰性附着物的材料种类繁多，在取材上没有过多的限制，在设计时要充分利用其各自的光泽、质感、纹理等特征。

（一）补花和贴花

在现有面料的表面可添加相同或不同的质料，从而改变面料原有的外观。常见的附加装饰的手法有贴、绣、粘、挂、吊等。例如，采用亮片、珠饰、烫钻、花边、丝带的附加手法，以及别致的刺绣、嵌花、补花、贴花、造花、立体花边、缉明线等装饰方法。补花、贴花是将一定面积的材料剪成形象图案附着在衣物上。补花是用缝缀来固定，贴花则是以特殊的黏合剂粘贴固定。补花、贴花适合于表现面积稍大、较为整体的简洁形象，而且应尽量在用料的色彩、质感肌理、装饰纹样上与衣物形成对比，在其边缘作切齐或拉毛处理。补花还可以在针脚的变换、线的颜色和粗细选择上变化，以达到面料艺术效果再造的最佳效果造花是将面料制成立体花的形式装饰在服装面料上。造花面料以薄型的布、绸、纱、绡及仿真丝类面料为多，有时也用薄型的毛料，也可以通过在面料夹层中加闪光饰片、在轻薄面料上添缀亮片或装点花式纱，或装饰不同金属丝和金属片，产生各种闪亮色彩的艺术效果，来实现服装面料艺术再造。

同样，在服装面料上运用皮带条、羽毛、绳线、贝壳、珍珠、塑料、植物的果实、木、竹或其他纤维材料，也属于服装面料的附加设计的范畴。

（二）刺绣

在现代服装设计作品中，以刺绣手法展现出来的面料艺术再造的作品占比很大，特别是近几年来，珠片和刺绣被大量地运用在面料及不同种类的服装上，并有突破常规思维的设计出现，使得这一古老的工艺形式呈现出新风貌。

众所周知，刺绣的加工工艺可分彩绣、包梗绣、雕绣、贴布绣、绚带绣、钉线绣、抽纱绣等。彩绣又分平绣、条纹绣、点绣、编绣、网绣等。包梗绣是将较粗的线作芯或用棉花垫底，使花纹隆起，然后用锁边绣或缠针将芯线缠绕包绣在里面。包梗绣可以用来表现一种连续不断的线性图案，立体感强，适宜于绣制块面较小的花纹与狭瓣花卉。雕绣，又称镂空绣，它是按花纹修剪出孔洞，并在剪出的孔洞里以不同方法绣出多种图案组合，使实地花与镂空花虚实相衬。用雕绣得到的再造多用于衬衣、内衣上。贴布绣也称补花绣，是将其他面料剪贴、绣缝在绣面上，还可在贴花布与绣面之间衬垫棉花等物，使之具有立体感，苏绣中的贴绫绣属于这种，这种工艺在童装中运用很广。在高级时装设计中，以精美的图案进行拼贴，配合彩绣和珠绣更显豪华富丽。钉线绣又称盘梗绣或贴线绣，是将丝带、线绳按一定图案钉绣在面料上，中国传统的盘金绣与此相似。钉珠绣是以空心珠子、珠管、人造宝石、闪光珠片等为材料，绣缀在面料上，一般应用于晚礼服、舞台表演服和高级时装。绚带绣又称饰带绣，是以丝带为绣线直接在面料上进行刺绣。由于丝带具有一定宽度，故一般绣在质地较松的面料或羊毛衫、毛线编织服装上。这种绣法光泽柔美，立体感强。

从成衣生产的角度看，刺绣又可分为机绣、手绣和混合刺绣。机绣是以缝纫机或专用绣花机进行刺绣。特点是精密准确、工效高、成本低，多用于大批量生产。运用手绣得到的面料由于功效低、成本高，多用于中高档服装之上。对服装面料进行刺绣时，还可以采用机绣和手绣混合的方法。一般面料上的大面积纹样使用机绣，而在某些细部以手绣进行加工、点缀，这种方式既可提高工效、降低成本，又可取得精巧的效果。

各种棉、毛、丝、麻、化纤面料以及皮革都可运用刺绣方法得到面料艺术再造。但由于不同面料对刺绣手法的表现有很大影响，因此在进行设计前，必须根据设计意图和面料性能特点，选用不同的技法进行刺绣，这样才能取得最令人满意的服装面料艺术再造效果。

四、服装面料的多元组合设计

（一）拼接

服装面料的多元组合指将两种或两种以上的面料组合进行面料艺术效果再造。此方法能最大限度地利用面料，最能发挥设计者的创造力，因为不同质感、色彩和光泽的面料组合会产生单一面料无法达到的效果，如皮革与毛皮、缎面与纱等。这种方法没有固定的规律，但十分强调色彩及不同品种面料的协调性。有时为达到和谐的目的，可以把不同面料的色彩尽可能调到相近或相似，最终达到变化中有统一的艺术效果。实际上许多服装设计师为了更好地诠释自己的设计理念，已经采用了两种或更多的能带来不同艺术感受的面料进行组合设计。

服装面料的多元组合设计方法的前身是古代的拼凑技术，例如兴于中国明朝的水田衣就属于这种设计。现代设计中较为流行的"解构"方法是其典型代表，例如通过利用同一面料的正反倒顺所含有的不同肌理和光泽进行拼接，或将不同色彩、不同质感的大小不同的面料进行巧妙拼缀，使面料之间形成拼、缝、叠、透、罩等多种关系，从而展现出新的艺术效果。它强调多种色彩、图案和质感的面料之间的拼接、拼缝效果，给人以视觉上的混合、多变和离奇之感。

在进行面料的拼接组合设计时，设计者可以应用对比思维和反向思维，以寻求不完美的美感为主导思想，使不同面料在对比中得到夸张和强化，充分展现不同面料的个性语言，使不同面料在厚薄、透密、凸凹之间交织、混合、搭配，实现面料艺术效果再造，从而增强服装的亲和力和层次感。

拼接的方法有很多，比如有的以人体结构或服装结构为参照，进行各种形式的分割处理，强调结构特有的形式美感；有的将毛、绒面料的正反向交错排列后进行拼接，有的将面料图案裁剪开再进行拼接；有的将若干单独形象或不同色彩的面料按一定的设计构思拼接。除了随意自由的拼接外，也有的按方向进行拼接，形成明显的秩序感。这些方法都会改变面料原来的面貌而展现出服装面料艺术再造带来的新颖和美感。

（二）叠加

在多元组合设计中，除了拼接方法外，面料与面料之间的叠加方法也能实现服装面料艺术再造。著名服装设计师瓦伦蒂诺（Valentino Garavani）首先开创了将性质完全不同的面料组合在一起的先河。他曾将有光面料和无光面料拼接在同一造型上，其艺术效果在服装界引起了轰动，而后性质不同的面料的组合方法风靡全球，产生了不少优秀作品。

进行面料叠加组合时应考虑面料是主从关系，还是并列关系。这影响服装最后的整体感受。以挺括和柔软面料组合来说，应考虑是在挺括面料上叠加柔软面料，还是在柔软面料上叠加挺括面料，抑或是将两者进行并列组合，其产生的再造艺术效果大有区别。在处理透明与不透明面料、有光泽与无光泽面料的叠加组合时，也需要将这些考虑在其中。多种不同面料搭配要强调主次，主面料旨在体现设计主题。

以上提到的部分方法在面料一次设计时也会涉及，这与再造时再次采用并不矛盾，因为再造的主要目的就是要实现更为丰富和精彩的艺术效果。

服装面料艺术再造的方法并不限于上述这些，在设计时可由服装设计者在基本原则的基础上自由发挥，在利用现有工艺方法的同时，加入高科技的元素，主动寻求新的突破点。在实际设计中，根据服装所要表达的意图，通常会综合采用不止一种方法，以产生更好的服装面料艺术再造效果。

五、服装面料艺术再造的风格分类

服装设计可以呈现不同的外观风格，面料艺术再造也是如此。面料再造设计的艺术风格是指一系列造型元素通过不同的构成方法表现出来的独特形式，它蕴涵了设计的意义与社会文化内涵，是设计本身外在形式和内在精神的统一。艺术风格在瞬间传达出设计的总体特征，具有强烈的艺术感染力，易使人产生精神共鸣。面料再造的艺术风格的形成是设计师对面料选择的独特性、对主题思想理解的深刻性、对塑造方式驾驭性的综合体现，同时也是实现服饰产品创新设计的重要来源。在这里，我们把面料艺术再造风格分为下面六类。

（一）休闲风格

休闲风格呈现随意、轻松、自然、舒适的视觉效果，面料材质多为棉、麻、针织等天然材质，面料色彩以含蓄单纯的低纯度色为主，多采用大面积纯色与少量点缀色的组合，给人以亲切、轻松、活泼的感受。面料装饰注重和谐感与层次感，能够增添休闲与轻松的情趣。

（二）民族风格

民族风格借鉴了世界各民族的艺术元素，如色彩、图案、装饰等精神和理念，并用新的面料与色彩表现较强的地域感与装饰感，具有复古气息。如婉约含蓄的东方风格，粗犷奔放的美国西部风格，自然活泼的苏格兰风格等。民族风格较注重面料色彩与图案的塑造。

（三）田园风格

现代工业的污染、自然环境的破坏、繁华城市的喧哗、快节奏生活的竞争等都容易给都市人群造成种种精神压力。这使人们不由自主地向往精神的解脱与舒缓，追求平静单纯的生存空间，向往大自然的纯净。田园风格崇尚自然，追求一种原始的、纯朴的自然美。不表现面料强光重彩的华美，而是推崇返璞归真自然朴素。设计师们从大自然中汲取灵感，将植物、花卉、森林、海滩等自然景观成为明快清新、具有乡土风味的面料装饰，为人们带来休闲浪漫的心理感受。

（四）优雅风格

优雅风格是指造型简练、大方，色彩单纯、沉静，能给人以高贵、成熟、高雅感受的服装及其面料艺术作品，常用于一些高级时装、礼服的风格定位。优雅风格的服装面料一般比较柔软、悬垂性强且具有较好的光泽度，以塑造弧线造型或装饰，突出女性成熟优雅的气质。

（五）前卫风格

前卫风格是指独特、夸张、另类、新奇、怪诞的面料艺术再造，常塑造出带有特殊肌理效果的面料形式，有时会选用非常规面料以突出新奇感。面料塑造形式复杂、变化多样，局部造型夸张，或采用多种面料混搭，产生强烈的对比效果。

（六）未来风格

未来主义风格的特点是反传统，但又不是前卫风格的燥热感。色彩单纯统一，多以银、白两色为主调，面料以涂层、透明塑料、金属、闪光为主，富有纯净感，以叛逆大胆的设计颂扬运动、速度、力量和科技的日新月异，使人们在惊异之余体会设计师宁静和淡泊的心境。许多设计师用前瞻的视野、高科技的手段、透明的塑胶、光亮的漆皮塑造出轻快、摩登的风格，给人超越时空的想象。

第三节　服装面料艺术再造的设计实践

一、面料再造的手法运用

面料再造（材料塑造）的设计方法可基本归纳为加法、减法和综合法。

加法的原则，主要通过添加的手法，使原有的服装材料呈现出分量感或很强的体积感，使原有的服装材料在质感和肌理上起较大变化。减法的原则，主要通过减少的手法，如剪、烧、挖洞、腐蚀等，使原有的服装材料在质感和肌理上起变化。综合法，即同时运用两种或两种以上的方法，不拘泥于一种方法的运用，使服装呈现出独特的效果。

（一）服装材料塑造的加法

服装材料塑造的加法的表现形式多种多样，有填、坠、叠、堆、饰、贴、绣、染、绘、印等。下面介绍几种常用的加法塑造法。

1. 填充法

填充法是将布、棉絮、纸、线、水、沙、空气等材料填充在服装材料之内，形成凸起效果的服装材料塑造技法。

2. 堆饰法

堆饰法是将一种或多种材料进行堆积、塑造，形成具有立体装饰效果的服装材料塑造方法。

3. 叠加法、贴补法

叠加法是一个物体对另一物体的遮挡。在服装材料塑造中，叠加法是把材料与材料之间的部分遮挡，前面材料与后面材料在色彩、形状和肌理上的对比关系而完成材料塑造手法。贴补法是将色彩、图案、形状、材质相同或不同的服装材料重新组合，并拼接或贴补在一起的服装材料塑造技法。

4. 刺绣法、珠绣法

刺绣俗称绣花，是指用针、线在面料上进行缝纫，由缝迹形成花纹图案的加工方式。刺绣工艺在中国有悠久的历史，包括彩绣、十字绣、缎带绣、雕绣等。刺绣法的运用，使服装材料表面呈现精致细腻的美感，有很强的艺术感染力。珠绣法指用针线绕缝的方式，将珠片、珠子、珠管等材料钉缝或缝缀在服装材料上，组成规则或不规则的图案，形成具有装饰美感的一种服装材料塑造技术。

5. 线饰法、绳饰法、带饰法

线饰法、绳饰法、带饰法是指在服装材料上装饰规则或不规则的不同种类的线、绳、带，形成花纹或抽象图案，从而赋予新颖美感的服装材料塑造技法。

6. 其他技法

对服装材料进行加法塑造的方法还有扎蜡染法、手绘法、褶饰法等其他技法。

扎蜡染法，是线绳结扎防染、手工染色与封蜡防染、手工染色单独使用或混合使用的材料塑造技法。手绘法是用不易脱色的专用颜料，手工将花纹、图案绘制于服装材料上，形成自然、淳朴的特殊效果。褶饰法是利用服装材料本身的特性，以规则或不规则的褶皱加以装饰的材料塑造方法。

（二）服装材料塑造的减法

减法原则是经过抽、镂、剪、烧、烙、撕、磨、蚀、扯、凿等手法，将原有的材料除去和破坏局部，使其具有一种独特肌理效果的方法。

1. 剪切法

剪切法是指采用剪、刻、切等手法，将皮、毛、布、纸、塑料等材料的局部切开，有创意地"破坏"，形成抽象或具体图形的工艺。由此改变材料原有的平庸、贫乏的呆板效果，使制作的服装更具有层次感和美感。

2. 破损法

破损法是指用剪损、撕扯、劈凿、磨、烧、腐蚀等方法，使材料破损、短缺的工艺。操作中可造成一种残相，这种痕迹可部分保存和利用，产生层次感，效果粗犷。

3. 镂空法

镂空法是指将"孔"设计成花纹图案的形式，再通过机械热压或手工镂空的工艺。此方法根据风格的需要，在服装上刻出不同造型的图案，如花、动物、文字、几何等，颇具剪纸的效果。镂空的地方可重叠显现底层面料，或在镂空处添加其他创意设计，使制作的服装更具有生动性、层次性和唯美效果。

二、面料再造与服装设计具体应用

（一）面料设计理念

根据服装设计的理念定位，为突出或强调某一局部的变化，增强该局部面料与整体服装面料的对比性，针对性地进行局部面料的再造设计，主要部位有领部、肩部、袖子、胸部、腰部、臀部、下摆或边缘等。如在服装的领部、袖口部位采用填充绗缝，使该部位变得立体、饱满，与服装的整体平整性形成对比。设计师用镂空的织法赋予毛线新的含义，在胸部、腰部和领部等位置进行巧妙搭配，用纯手工的技法，编织出层叠的类似宫廷服饰的褶皱效果和皮草的奢华质感，构筑起新的时尚空间。

（二）再造面料在服装局部设计中的应用

服装令人惊艳之处常常在某些局部设计，局部的细节表现通常是点睛之笔。一般来说，服装材料的塑造可应用在服装的各个部位，但所有的要素必须服从整体设计思想，统一在整体造型和风格中。

服装材料塑造在服装局部的应用包括边缘、中心和点缀三大类型。

1. 在服装边缘的应用

（1）在领部的应用。衣领最靠近人的脸部，而人与人交流的关键部位是人的脸部，有人将衣领称为"服装的窗户"，它不仅引人注目，而且起到保护颈部、装饰颈部、肩部、背部、平衡协调服装整体的效果。

领部因其位置的重要性，在设计中经常会采用一些服装材料塑造的手段，起强调、画龙点睛的作用，还常与袖口、口袋协调一致，相互呼应。

（2）在门襟的应用。门襟是指衣服、裤子、裙子朝前正中的开口，又称搭门和止口，是服装的重要组成部分。它不仅具有穿着方便的作用，也大大地丰富了服装的款式，在服装设计中影响着服装整体的风格。

（3）在下摆的应用。下摆通常是指上衣和裙子的下部边缘。下摆线是服装造型布局中一条重要的横向分割线，在服装的整体韵律中表达着间歇和停顿的美感。

上衣按开襟的形式，摆角可分为圆摆、直摆和尖摆。一般衣服的下摆造型应按其轮廓造型的要求进行刻画和变化。如：Y型、O型、V型的服装，其下摆显示为收缩型；A型、X型的服装则显示为扩张型，下摆线可呈水平线形、弧线形、曲线形、斜线形等。

在下摆的设计中，运用材料的塑造技巧，给服装增添韵味的同时，还能增强稳健和安定感，并起到界定和提示服装边缘的作用。

（4）在其他部位的应用。运用于裤侧缝、臂侧缝、口袋边等，强调服装的轮廓感、线条感，具有修长、细致的特点。

2. 在服装中心部位的应用

这里的中心部位主要指服装边缘以内、面积较为集中的地方，如胸部、背部、腰部、腿部、肘部、膝盖等部位。在这些部位，利用材料的塑造技巧进行装饰，能够增强服装的个性特点，具有醒目、集中的效果。

（1）在胸部的应用。胸部是服装设计中最为频繁强调的部位，其视觉地位仅次于人的脸部，具有强烈的直观效果。因此，其地位格外突出，易形成鲜明的艺术感染力。

（2）在背部的应用。服装背部很适宜材料塑造技巧的运用。此处宽阔、平坦，所受制约较少，因此表现起来较为自由，既可以与正面形式相呼应，也可以不同。

（3）在其他部位的应用。在臀部、肘部、膝部等部位应用服装材料塑造，能体现出运动感，随着四肢的运动，会呈现出灵活多变的空间效果；而在肩部、腹部等部位应用，不但具有设计特色，还可突出男性的阳刚、女性的妩媚。

3. 再造面料在服装配件中的应用

服装配件是指与服装相关的配饰，如胸花、鞋帽、手套、围巾、包袋等。材料塑造在局部应用中的点缀效果在此最为突出。服装配件与服装呼应或对比，有利于营造丰富多变的视觉效果。一般来说，它们与服装总体基调相适应，起到画龙点睛的作用。

4. 再造面料在整体设计中的应用

面料再造在服装整体设计中的应用，可大致分为创意服装设计、成衣服装设计、高级定制服装设计。

（1）在创意服装设计中的应用。服装材料的设计及再塑造在创意服装设计中是必不可少的设计手段之一。服装材料的质地、肌理、色彩、形状、细节等表现元素，都围绕着创意服装设计的风格和款式展开。实现完整的服装材料塑造在创意服装设计中的应用，需进行两个定位：①服装材料总体形象定位。创意服装的风格多种多样，或简洁含蓄，或另类前卫，或性感冷艳，或古典优雅等。服装材料的效果应与之相配，服装材料的再造方法因定位不同而不同。②服装材料基本元素定位。创造出服装独特新奇的意境，离不开服装材料塑造的基本元素，如褶皱、珠绣、抽纱、堆饰、填充等，多个基本元素的组合形成创意的整体形象。

（2）在成衣服装设计中的应用。成衣是运用机械化，依据尺码批量生产的服装。它是相对于高级定制服装，成本及价格较低的大众化服装。成衣根据批量大小、服装材料的档次和工艺的复杂程度可分为高级成衣和大众成衣。

成衣的消费属于大众消费。成衣的设计和生产一般分为四个过程：市场调研，成衣设计定位；确定成衣设计方案；确定服装材料，制作服装样板；制作成衣，批量生产。

服装材料的选择与设计是成衣设计的重要环节。随着服装材料的创新与发展，多种多样的材料在成衣设计中被采用，但原始材料的直接应用远远满足不了成衣设计的需要，对服装材料进行二次加工成为必要，现已作为服装设计的重要手段，依据成衣设计生产的特点进行合理使用。

（3）在高级定制服装设计中的应用。高级定制服装，也称高级时装，法语为"Haute Couture"，意为"高超水平的女装缝纫业"。高级定制服装的特点是使用高档服装材料，具有独具匠心、充满艺术感的精心设计，每一件服装均为量身定制，用精致的手工缝制而成。

在高级定制服装设计中，礼服设计占有非常大的比例，礼服的面料与款式设计有着密切的联系，其质感、性能、色彩、图案等决定着礼服的效果。打破传统观念，运用钉珠、刺绣、镂空、镶边、抽褶等手法，对服装材料进行二次加工，采用多种材料混搭，是礼服设计的趋势。服装材料塑造使礼服呈现出高贵华丽、美轮美奂的艺术魅力。

第九章　生态纺织服装绿色创新设计

第一节　生态纺织品和低碳服装

一、生态纺织品的概念和内涵

（一）生态纺织品

20 世纪 80 年代后期，为适应全球环保战略和"绿色浪潮"的消费时尚，欧洲的一些国家，借助一些高灵敏度、高精度的仪器设备研究纺织服装中残留的有害物质与人体疾病的关系，使人们对环境友好的生态纺织品引起了广泛的关注和重视。

广义上讲，生态纺织品是一种绿色产品或环境意识产品（ECP），也可以说"生态纺织品"是采用对环境无害或少害的原料和生产过程，所生产的对人体健康无害或少害的纺织品。

目前，世界上对生态纺织品的认定存在两种观点。

一种观点是以欧盟"Eco-label"为代表的"全生态纺织品"概念，认为生态纺织品在生命周期全过程中，从纤维原料种植或生产未受到污染，其生产加工和消费过程不会对环境和人体产生危害，纺织服装产品在使用后所产生的废弃物可回收再利用或自然条件下降解。

另一种观点是以国际纺织品生态学研究与检测协会为代表的"有限生态纺织品"概念，认为生态纺织品的最终目标是在使用过程中不会对环境和人体健康造成危害，但对纺织服装产品上的有害物质应进行合理范围的限定，以不影响人体健康为限度原则，同时建立相应的纺织服装品质的质量控制体系和方法。

"全生态纺织品"是一种理想化的生态纺织品概念，但是在目前科技水平下很难完全达到"全生态"的要求；"有限生态纺织品"是在现有科学技术水平下可以实现的生态纺织品要求。随着经济发展、科技进步，"有限生态纺织品"的限量标准及监控手段会得到逐步提高，进而向"全生态纺织品"方向发展。

生态纺织品必须符合以下几方面要求：①在生态纺织品的生命周期中，符合特定的生态环境要求，对人体健康无害，对生态环境无损害或损害很小；②从面料到成品的整个生产加工产业链中，不存在对人体有危害，服装面料、辅料及配件不能含有对人体有害的物质，或这种物质不得超过相关产品所规定的限度；③在穿着或使用过程中，纺织品或服装产品不能含有可能对人体健康有害的分解物质，或这类中间体物质不得超过相关产品所规定的限度；④在使用或穿着以后的纺织品或服装产品废弃物处理不得对环境造成污染；⑤纺织品或服装产品必须经过法定部门检验，具有相应的环保标志。

（二）生态纺织品的内涵

在生态纺织服装的原料获取、生产加工、储存消费、回收利用的过程中，都应有利于对资源的有效利用，对生态环境无害或危害最小，不产生环境污染或污染很小，不对人体健康或安全产生危害。因此，生态纺织品应具备以下内涵。

1. 友好的环境属性

要求企业在生产过程中，利用符合环保要求的清洁化的生产工艺，确保消费者在使用产品时不产生对环境的污染或将污染程度最小化，废弃物处理过程中产生的废弃物少或可被重复利用。

2. 节省的资源属性

要求在产品设计中，在满足服饰功能的前提下，避免使用对人体健康有害的原料、辅料、配件，款式结构倡导简约和服饰的可搭配性，有明确且科学的原辅料消耗指标、生产经营管理经济学指标以及信息资源费用指标计划。

3. 节约的能源属性

要求在生态纺织服装生命周期中，能源消耗低，倡导节能减排新技术和新能源的应用，包括生产过程中能源类型和清洁化程度、再生能源的利用程度、能源利用效率、废弃物处理能耗等能源属性。

4. 健康的生命属性

要求在产品生命周期全过程中对人体健康无损害，对动植物、微生物等危害程度小或无害。

5. 绿色的经济属性

要求了解产品绿色设计费用、生产成本费用、使用费用、废弃物回收利用处理费用等费用指标。

可以说，生态纺织服装是一种采用生态环保的原辅料，通过绿色设计、清洁化加工生产、绿色包装、绿色消费的节能、低耗、减污的环境友好型纺织服装产品。这是生态纺织服装区别于一般纺织服装产品的主要特征。

生态纺织服装的生态学评价，体现在生态纺织服装产品生命周期的全过程中，包括生态纺织服装生命周期的设计、原辅料获取、生产加工、消费使用外，还包括废弃物的回收、再利用和废弃物处理环节，是一个包括产品生命周期各环节的闭环控制系统。这也是"生态纺织服装"和一般纺织服装产品开环式生命周期的重大区别。

二、生态纺织品的类别

（一）生态纺织品分类

按产品（包括生产过程各阶段的中间产品）的最终用途，生态纺织品可分成四大类。

1. 婴幼儿用品

年龄在 36 个月及以下婴幼儿使用的产品。

2. 直接接触皮肤用品

在穿着或使用时，其大部分面积与人体皮肤直接接触的产品（如衬衫、内衣、毛巾、床单等）。

3. 非直接接触皮肤用品

在穿着或使用时，不直接接触皮肤或小部分面积与人体皮肤直接接触的产品（如外衣等）。

4. 装饰材料

用于装饰的产品（如桌布、墙布、窗帘、地毯等）。

装饰材料因性能、加工工艺和染料不同，对人体所带来的潜在风险也有所不同。除此之外，由于最终产品的用途不同，对人体的危害程度在很大程度上与使用状况相关，因此根据用途对产品进行分类并规定不同的要求也是极具必要性与合理性的。

目前，国际上现有一些法规、标准或标签都是按产品的用途进行分类的，并规定了不同的控制标准。虽然其中的分类方法各不相同，但绝大部分是按照产品与皮肤的接触程度不同进行分类的，并把婴幼儿产品单独列出，采用了更为严格的控制标准。

（二）关于分类的说明

1. 纺织产品

以天然纤维和化学纤维为主要原料，经过纺、织、染等加工工艺或再经缝制、复合等工艺制成的产品。从定义上看，除服装外，纺织产品还涉及从纱线开始的各种后序的产品和制品。

2. 基本安全技术要求

基本安全技术要求是为保证纺织品对人体健康无害而提出的最基本的要求。这是一个相对的概念，由于纺织产品上所可能涉及的有害物质种类繁多，对人体造成的危害也各不相同，作为适用范围较广的基本技术规范，从法律、技术、经济发展程度、可执行程度等各方面看，"求全"不是该规范的基本出发点。严格来讲，产品满足规范要求并不意味着对人体的绝对安全。

3. 婴幼儿用品

年龄在 36 个月及以下婴幼儿使用的纺织产品，这项规定与其他许多国家通行的"36 个月及以下"的标准一致。在标准的执行中，对婴幼儿纺织用品的判定依据将是产品的特点、型号或规格，以及在产品使用说明、产品广告或销售时明示使用对象为婴幼儿产品。

4. 直接接触皮肤的产品和非直接接触皮肤的产品

纺织服装产品在穿着或使用时，产品的大部分面积与皮肤接触，或者穿着使用时，小部分面积与皮肤接触。由于没有量化的标准，对这两个定义的把握有一定难度。通常情况下，直接与皮肤接触的产品通常是内衣类或其他大面积与皮肤接触的产品；而非直接接触皮肤的产品通常是外套或很少与皮肤接触的产品。但对服饰的搭配而言，这种分类并没有严格的界限，还是应从实际情况出发，做出灵活的判断。

（三）生态纺织服装的生态性

生态纺织服装的生态性评价是一个复杂的系统工程，它必须从产品整个生命周期产业链的各个环节去综合分析评价产品的生态性。

一般把生态纺织服装的生态级别分为：全生态纺织品、生态纺织品、次生态纺织品、劣生态纺织品。

1. 全生态纺织品服装

产品的各项生态性能指标均优于国际或国家关于生态纺织品服装的各项法规和技术标准要求，并达到各项标准的极限值，可评为全生态纺织品服装产品。

2. 生态纺织品服装

产品的各项生态性能指标均达到国际或国家关于生态纺织品服装的各项法规和技术标准要求及各项标准的极限值，可评为生态纺织品服装。

3. 次生态纺织品服装

产品的各项生态性能指标，达到国际或国家生态纺织品服装的各项法规和技术标准及各项标准的极限值的 95% 以上，并且不存在严重危害人体健康和污染环境条款项，可评为次生态纺织品服装。

4. 劣生态纺织品服装

产品的各项生态性能指标，接近国际或国家生态纺织品服装的各项法规和技术标准及各项标准极限值 90%，但不存在严重危害人体健康和污染环境条款项，可评为劣生态纺织品服装。

这种评价还是以相关法规和技术标准为评价依据的定性评价。随着科学技术的发展，评价体系和评价标准将会更加科学和准确。

三、低碳服装

"低碳经济" 是一种以低能耗、低排放、低污染为基础的经济发展模式，其实质是调整能源结构、提高能源利用效率、利用节能减排技术，通过技术创新和制度创新及人类生存发展观念创新，引导生产模式、生活方式和价值观念的深刻变革。随着低碳经济的发展，纺织服装业掀起了追求健康、安全、舒适的绿色低碳生活理念的高潮，"低碳服装" 就是这种生活理念和追求绿色生活方式的物化表达。

（一）低碳服装的概念和内涵

1. 低碳服装的概念

低碳服装是一个很宽泛的生态环保服装概念，泛指在服装生产和消费全过程中产生碳排放总量较低的服装，它包括选用可循环利用的服装材料、提高服装利用率、降低服装碳排放总量的方法等。

从科学角度来看，低碳服装是在服装的整个生命周期中，从原辅料选择、生产加工、消费使用、回收处理等环节均要符合相关的质量标准和生态环保标准，并在生产和消费过程中二氧化碳排放低的服装。

2. 碳足迹

低碳经济的起点是统计碳源和 "碳足迹"。服装产品 "碳足迹" 可以定义为：服装产品从原材料获取、加工生产、储存运输、消费使用、废弃回收的产品生命周期过程中的温室气体排放总量。

"碳足迹" 通常用产生二氧化碳的吨数来表示。通过对服装产品碳足迹的分析，企业可以明确在产品的整个生命周期过程中的碳排放源及排放比重，从而制定绿色生态化设计方案。此外，服装产品的碳足迹核算也为计算环境成本和环境绩效提供了依据。

3. 碳标签

产品 "碳标签" 是将产品生命周期的温室气体排放总量用量化的指数标出来，以标签的形式告知消费者产品的碳排放信息。

消费者可根据产品"碳标签"所标识的碳排放量，选择低排放的产品，达到刺激低碳产品生产、鼓励低碳消费的目的。

碳足迹的计算准则是以生命周期的评估方法为主，碳标签所标注的信息有：二氧化碳当量、低碳标识、碳中合产品标识、产品碳等级、制造商碳等级标识等。

服装"碳标签"，是将服装产品在整个生命周期过程中所产生的二氧化碳气体排放总量，用量化的数据和标签的形式，向公众和消费者告知产品的碳排放信息的商业性标志。

在国际上，欧盟、美国、日本等工业发达国家为减少温室气体排放，推广服装原辅料、成衣生产和消费过程中的节能减排新技术，扩大绿色环保原辅料和新型能源的应用领域，并要求企业把服装生产和消费过程中产生的二氧化碳排放量用"碳标签"量化的形式进行标识。

（二）低碳服装的绿色设计

从低碳服装的定义和碳足迹分析来看，产品生命周期的绿色设计方法和生命周期的评价方法，构成了低碳服装绿色设计的主要技术路线。

在低碳服装的设计和制造过程中，低碳服装除满足服装的功能性、实用性、审美性的设计要求外，还要坚持生态环保原则，即减少污染、再生利用、节约能源、回收再利用、环保采购，并真正把生态环保原则落实到低碳服装产品生命周期的各环节中去，按照低碳服装生命周期各环节，建立低碳服装的绿色技术路线。

（三）我国低碳产品认证的建立和发展

我国对低碳产品的认证尚处于起步阶段，借鉴国际经验，按照全面考虑环境保护和低碳经济协同发展关系，按着轻、重、缓、急顺序，在我国已颁布的环境标志和环保政策法规框架内开展低碳产品认证工作。

2013年3月19日，我国颁布了《低碳产品认证管理暂行办法》，对低碳产品的概念进行了重新界定，"低碳产品是指与同类产品或者功能相同的产品相比，碳排放量值符合低碳评价标准或技术规范要求的产品"。规定，在我国建立统一的低碳产品认证制度、低碳产品目录、认证标准、技术规范、认证规则，实行统一的认证证书和认证标志。

目前，在纺织服装产品低碳认证方面，因为在产品生命周期中，各个阶段的碳足迹涉及的不确定因素多，彼此之间边界相互影响，加工中涉及诸多变量，所以碳足迹数据难以精确计算。制造商碳认证，对所收集的数据具有全面性、真实性、准确性、规范性及复杂、长周期、高投入的特点，中小型企业很难承担。

国际上关于低碳产品项目仅计算了产品生命周期过程中的碳排放，并根据相应的碳足迹数据标识"碳标签"，但对纺织服装而言，低碳和生态环保是两个相对独立的概念，纺织服装除要求在产品生命周期中节能减排、低排放，同时要求对生态环境和人体健康要符合相关生态技术要求。

中国环境标志低碳产品的认证，是把低碳和环境有机结合起来的一整套认证评价体系，它以综合性的环境行为指标为基础，低碳指标为特色，服务于国家低碳经济发展。

第二节　生态纺织服装的绿色设计和设计基本原则

一、绿色设计的定义

绿色设计是指产品在满足基本功能的基础上，同时具有优异的节能、环保、节约资源等特性，为实现这种目标所开展的设计活动即为绿色设计。

绿色设计，通常也称为生态设计、环境设计、生命周期设计等。

生态纺织服装的绿色设计，是建立在生态纺织品技术要求原则下所进行的生态纺织服装的产品设计。绿色设计要求在产品的整个生命周期内，要充分考虑生态纺织服装的生态属性，在保证产品的功能性、审美性、质量、成本等因素的同时，要满足产品的环境属性、生态属性、可回收性、重复利用性等生态纺织服装设计要素。通过设计师运用生态环保理念、美学规律和科学的设计程序，设计出舒适、美观、安全、环保的生态纺织服装。

生态纺织服装的绿色设计，是实现生态纺织服装产品绿色生态化要求的设计，其目的是克服传统纺织服装设计的不足，使所设计的生态纺织服装不仅符合生态纺织品的技术要求，同时能满足消费者对绿色生态纺织服装的消费需求。

二、绿色设计的内涵

生态纺织服装绿色设计的内涵包括设计理念和方法创新、产品生命周期系统设计的整体性、产品创新的动态化设计和创新型的设计人才四部分主体内容。

（一）设计理念和方法创新

1. 设计理念的创新性

生态纺织服装绿色设计理念的构建，是设计理念创新和纺织服装科技创新相结合的过程，也是纺织服装业的科学技术和服饰艺术发展水平的综合反映。

生态纺织服装设计，这种从原辅料、生产、销售、消费、回收利用整个产品生命周期全过程实现生态化、精细化、清洁化的绿色设计模式，是我国纺织服装业界必须面对的新课题。

在生态纺织服装绿色设计过程中，我们必须把新材料、新工艺和节能减排新技术与纺织服装的设计密切结合起来，并用生态环保的设计理念和创新的艺术技巧去开拓生态纺织服装市场。

2. 绿色设计是针对产品生命周期的设计

绿色设计是把生态纺织服装产品的整个生命周期中的绿色程度作为设计目标。在设计过程中，要充分考虑到生态纺织服装从原辅料获取、加工生产、销售贮运、消费使用、废弃回收等过程中对生态环境的各种影响。

3. 绿色设计体现了多学科交叉融合的特点

绿色设计是产品整个生命周期的设计，所以设计是"系统设计"的概念，体现了"系统设计、清洁制造、生命周期过程、多学科交叉融合"的特点。

资源、环境、人口是现代人类社会面临的三大问题，绿色设计是充分考虑到这三大问题的现代产品设计模式。从生态纺织品的观点来看，绿色设计是一个充分考虑纺织服装业的资源、环境和人体健康的系统工程设计。

当前，世界的纺织服装业正在实施可持续发展战略，绿色设计实质上是可持续发展战略在纺织服装业中的具体体现。

4. 绿色设计的经济和社会效益特征

21世纪是生态经济的时代，绿色设计的实施要求纺织服装企业既要考虑企业的经济效益，同时要考虑社会效益。在现代经济条件下，企业环境效益是企业可持续发展的基本条件，绿色设计是纺织服装业实现企业经济效益和社会效益协同发展的重要途径。

（二）产品生命周期系统设计的整体性

生态纺织服装的绿色设计是一项系统工程，构成产品生命周期各环节的子系统都把产品的生态环保程度作为设计目标，其中某一生态环节的缺失，都将对整个生命周期系统产生影响。该系统由四个基本环节组成。

1. 原辅料的生态化

在生态纺织服装原辅材料选择设计阶段，无论利用的是天然纤维材料或者合成纤维材料，设计师都应对设计产品所用的原辅料的生产过程对生态环境的影响进行分析评价，因为选用不同的原辅料对生态环境的影响有很大区别。

即使产品所用的是天然纺织纤维原料，如棉、毛、丝、麻等，纤维在种植或生长过程中普遍施用农药、化肥等农业助剂，天然纤维不可避免地受到农药残留或土壤中重金属离子的污染，这些有毒、有害物质会对环境和人体健康产生危害。

化学合成纤维，大部分是利用不可再生资源，如石油、天然气、煤等生产的，必然会消耗大量的自然资源并对生态环境造成一定的破坏。所以，应更多地考虑利用可降解的合成纤维，积极开发利用不污染或少污染的生态纺织纤维。

在服装加工生产中，所采用辅料、各种黏合剂、纽扣、金属扣件、拉链等都可能含有对人体健康有害的物质，在绿色设计中均应做出生态学评价。

在纺织服装的绿色设计中，所选用的原辅料的自身生产过程应满足低能耗、低排放、低污染、低成本、易回收、不产生有毒、有害物质并符合相关的质量标准和生态标准。

2. 生产加工清洁化

在生产加工阶段，应对生产生态纺织服装的生产加工工艺过程对生态环境的影响和资源的消耗进行分析评价。因为在纺织服装生产加工环节，特别是印染、漂洗、整理等工序采用的染料、化学助剂和其他化学药品，会使纺织服装中残留对人体有害的物质，同时在这些工序中也将会产生噪声污染及大量废气、废水，严重污染环境。

绿色设计要求在纺织服装生产加工阶段，不产生对环境污染和人体健康有害的因素，减少废弃物的排放量、降低环境污染、降低生产成本、合理利用资源。因此，在生态纺织服装的生产加工工序，采用清洁化生产技术是发展生态纺织服装业的重要技术措施。

3. 消费过程绿色化

消费过程，包括绿色包装设计、消费对生态环境的影响程度、废弃物回收利用等环节对环境的影响和资源消耗进行评价。同时，在纺织服装产品的使用和消费阶段，要对产品消费过程中各种排放物对环境的影响和资源的消耗做出评价，从而判断产品设计的合理性。

在绿色设计中，产品的适应性、可靠性和服务性是设计的重要内容，纺织服装的可搭配性设计与模块化设计是延长服装使用寿命、增强服装功能的有力措施。

服装废弃后，并不意味着所有的废弃服装都是废品，其中部分废弃服装可以搭配其他服装，或清洗消毒后通过结构改造再利用，也可回收后重新利用。

在产品设计时，要考虑到产品的回收利用率、回收工艺和回收经济性，这样才能在产品废弃后处理阶段对环境影响和资源的消耗进行评价，为绿色设计方案提供依据。

4. 评价标准科学化

生态纺织服装的绿色设计是一个渐进的过程，在绿色设计的过程中要不断对设计进行分析和评价。

随着世界各国生态纺织品标准的不断完善，绿色设计中的分析与评价越来越有针对性，生态纺织服装的绿色设计与绿色认证都受到了政府和企业的高度重视。科学的绿色设计评价体系应包括以下三个方面。

（1）建立生态纺织服装参考标准。建立的标准应符合国家或行业的相关标准要求，依据设计数据和参照标准比较分析确定环境影响因素的权重，进而制定相应的参考标准，使生态纺织服装产品生命周期各环节的生态环境评价均有相关的技术标准和严格可控的检验方法，为产品的评价提供可靠的依据。

（2）具有判断产品完善能力。在绿色设计评估后，应能识别产品在功能性、审美性、技术性、经济性和环境协调性方面存在的问题，并判断对其改善的可能性。

（3）设计方案的研究比较。在概念设计时利用绿色设计评估方法对备选方案进行预评估，实现绿色设计方案初选。在产品详细设计过程中进行绿色评估，应及时发现设计中存在的生态性能欠缺并对设计进行相应地修改。

（三）产品创新的动态化设计

生态纺织品服装的绿色设计是一个从简单到复杂、从部分到整体、从局部创新到产品创新的动态设计过程。

生态纺织服装绿色设计可分为四个阶段，第一阶段为产品性能提高，第二阶段为产品再设计，第三阶段为产品功能提高创新，第四阶段为产品系统创新。

这种动态设计过程要求设计者在生态纺织服装生命周期中，关注产品在各环节中的生态环保性能价值的实现，最终达到产品的总价值目标，而这种价值体系就是人与自然的和谐统一。

绿色设计分为三个层次：第一层次为治理技术和产品设计，如"可回收性设计""为再使用而设计""可拆卸设计"等，其目标是减少、简化或取消产品废弃后处理过程和费用；第二层次为清洁预防技术与产品的设计，如"为预防而设计""为环境而设计"等，目标的设置目的是减少生命周期各阶段的污染；第三层次是为价值而设计，目标是可以提高产品的总价值。

（四）创新型的设计人才是绿色设计的主体

生态环保和节能减排是我国纺织服装产业的重要任务，它不仅关系到我国纺织服装产业的结构调整、产业技术发展方向和服装市场消费时尚的流行趋势，同时也将对我国纺织服装业的技术走向产生深远的影响。

我国生态服装产业发展过程面临两个必须克服的问题，即"绿色技术壁垒"和"绿色碳关税壁垒"，创新型的服装设计人才是攻克"壁垒"、抢占纺织服装产业制高点的主力军。

现代高新技术的发展，使纺织服装行业在面料生产、染织工艺改进、加工工艺的进步、设计理念和方法创新、消费时尚的更新等领域都发生了巨大变化。

这要求服装设计师要从过去单纯创意的范畴向引领绿色生态服装潮流的引导者和创造者的角色转变，服装设计师必须主动地去适应这种社会和经济发展的需求。

生态纺织服装设计是把绿色环保生活方式的文化内涵与生态环保时尚相融合，去体现人们崇尚自然、追求健康、安全舒适的生活理念的物化表达。

这种绿色低碳生活方式、审美理念、消费趋势赋予了设计师新的使命和挑战。设计师是绿色设计的主体，他们必须是掌握绿色设计知识和设计技能的创造性人才，才能满足生态纺织服装产业发展的需求。

三、生态纺织服装绿色设计与传统设计的关联性

传统的纺织服装设计是绿色设计的基础。纺织服装的功能性、审美性、质量品质、经济性是任何纺织服装产品设计的基础，绿色设计是在传统设计基础上的补充和完善，也是随着现代科学技术发展和生态消费理念兴起的新的设计方法。只有把生态环境设计理念和设计技术融入传统设计中，才能使设计的纺织服装产品满足市场的消费需求。

但是，纺织服装的绿色设计在设计策划、设计目标、设计本质、设计方式、设计内容等方面与传统纺织服装设计有很大的不同。纺织服装的绿色设计与传统服装设计相比，无论是所涉及的知识领域、方法，还是过程等方面都比传统服装设计要复杂得多。

生态纺织服装的绿色设计涉及服装设计、纺织材料学、化学化工、生态学、环境科学、管理科学、信息科学等诸多学科的知识内容，具有明显的多学科交叉的特征。所以，仅靠单一学科的知识和经验的传统设计方法难以实现真正的生态纺织服装绿色设计。

可以说生态纺织服装的绿色设计综合了服装设计、生态环保、并行工程、生命周期设计等多种设计要素，是实现集产品功能、质量、审美和生态绿色属性为一体的设计系统。在产品设计的创意策划阶段，生态纺织服装的绿色设计就要把涉及产品生命周期的生态环境、有毒有害物质限定、加工生产环境、废弃物处理等生态环境因素进行评价，与保证产品的功能性、审美性、质量和成本因素等综合考虑作为产品的设计目标，并要求在设计中把可能出现的生态问题采用绿色设计的技术手段和措施使产品达到预期的生态纺织服装的技术标准要求。

四、生态纺织服装绿色设计的基本原则

生态纺织服装绿色设计是一门综合性的、集科学技术和造型艺术于一体的多学科交叉的新学科。目前，这一学科的理论研究和设计实践都还在发展和完善过程中，特别是我国纺织服装产业对绿色设计工作尚处于起步阶段。

因此，生态纺织服装绿色设计方法和设计准则，需要学习和参考发达国家的经验或其他行业绿色设计所遵循的基本原则，进而研究和制定生态纺织服装的绿色设计原则。

绿色设计的基本原则就是为了保证所设计的生态纺织服装产品的"生态环保性"所必须遵循的设计原则。

纺织服装的绿色设计缺乏设计所必需的知识、数据和方法，另一方面因绿色设计涉及产品的整个生命周期，具体的实施过程非常复杂。因此，目前比较有效的方法就是依据生态纺织品的标准要求，按产品生命周期过程系统地归纳和总结与绿色设计有关的准则，进而指导生态纺织服装的绿色设计。

（一）绿色设计的基本原则

随着对绿色设计的关注，许多专家、学者对绿色设计的基本原则进行了研究，产品绿色设计原则是一种有系统地在产品生命周期中考虑环境与人体健康的议题。在产品绿色设计中应考虑的八项原则：①产品生产过程中应避免产生有害废弃物；②产品生产过程中应尽量使用清洁的方法和技术；③应减少消费者使用产品排放对环境有害的化学物质；④应尽量减少产品生产过程中对能源的消耗；⑤产品设计应选择无害且可回收再利用的物质；⑥应使用回收再利用物质；⑦产品设计应考虑产品是否容易拆卸；⑧考虑产品废弃后可否回收与重复利用。

根据对绿色设计原则的内涵要求，生态纺织服装产品的绿色设计原则包括以下四个方面：一要满足生态纺织服装产品的功能性、实用性、审美性等服装

设计要求；二要重视服装产品的生态性、环境属性、可回收利用属性的设计；三要坚持五项原则：即减少污染、节约能源、回收利用、再生利用、环保采购；四是针对生态纺织服装产品，从初始原辅料选择阶段到产品完成，直至消费使用和回收利用，在产品生命周期全过程中均采用闭环控制系统并行设计方法。

生态纺织服装绿色设计的过程，实际上是实现产品功能、经济效益和生态效益平衡的过程。产品的绿色设计就是要提供一种加快经济和生态和谐发展的技术手段，促进企业实现创新发展。

根据生态纺织服装产品在产品生命周期中不同阶段的要求，将绿色设计的设计原则归纳如下。

1. 设计策划创意构思阶段

设计策划创意构思阶段有以下方面：①需要树立生态环保意识，采取立体性思维模式，用全方位、创新的视觉语言去构思产品。②用系统的观念审视产品生命周期中各环节的生态相关性，并用绿色设计语言进行充分的表达。③了解生态纺织服装的相关技术标准、法令、法规，并在设计中得以贯彻和实施。④要兼顾产品功能性、实用性、审美性、经济性和生态性的协调统一。

2. 原辅料选择设计阶段

原辅料选择设计阶段有以下方面：①选择适合产品使用方式的生态性原料和辅料。②原辅料不得含有超过限量的有毒、有害物质。③尽量使用可降解、可再生、可回收利用的原辅料。④节约原辅料用量，避免浪费资源。

3. 产品生产加工设计阶段

产品生产加工设计阶段有以下方面：①选择清洁化生产加工工艺。②减少生产加工过程中的废料和废弃物。③降低在生产加工过程中废水、废气、有毒有害气体排放和噪声污染。④尽量采用节能减排新技术、新能源。

4. 产品包装设计阶段

产品包装设计阶段有以下方面：①使用天然或无毒、易分解、可回收利用的生态性包装材料。②包装设计结构简单、实用，避免过度包装。③包装设计要考虑包装对环境的影响和消费者的安全。

5. 产品消费设计阶段

产品消费设计阶段有以下方面：①增加消费者对产品的实用性、审美性、经济性、生态性的满意度。②确保产品对消费者身体健康的安全性。③尽量减少消费过程的污染排放。

6. 产品废弃物处理设计阶段

产品废弃物处理设计阶段有以下方面：①建立完善的废弃物回收系统和处

理系统。②尽量促使资源回收利用。③选择不对生态环境造成污染的废弃物处理方式。

7. 与生态纺织服装相关的法律法规

与生态纺织服装相关的法律法规有以下方面：①国际贸易产品应遵循有关的生态纺织品法律法规和相关标准。②企业应尽量获得生态环保认证，产品应获得生态标志认证。③国内市场产品应符合国内相关产品的质量标准和生态标准。

（二）绿色设计基本原则的应用

生态纺织服装的绿色设计过程，也是正确、合理地利用绿色设计原则的过程。按设计程序要求，首先要明确产品的绿色生态属性，在此基础上确定设计目标，根据设计目标确定所选择的绿色设计原则和实施措施。

由于绿色设计原则关系之间的复杂性和关联性，所以要合理地确定设计目标和选择适宜的解决方案，在生态纺织服装绿色原则应用过程中应注意以下问题：①生态纺织服装的绿色设计原则不仅适用于生态纺织品，也适用于现有纺织服装产品的设计；②对于生态纺织品的某具体产品，并不是每一条设计原则都必须得到满足，设计者应根据产品的特点和市场的具体要求，对绿色设计原则进行取舍；③在绿色设计过程中，有些原则可能发生矛盾或冲突，设计者在原则之间进行协调处理是绿色设计原则应用的关键；④不同生态纺织服装对绿色设计原则的侧重点不同，如婴幼儿服饰对原辅料的有毒、有害物质的限度要求比成人的外用服装高很多；在牛仔服的生产加工过程中，绿色设计应关注污水排放对生态环境的污染。

第三节　生态纺织服装的绿色设计方法

一、生态纺织服装的绿色设计程序

第一步，根据需求确定设计方案。生态纺织服装的绿色设计源于市场对生态纺织品的需求，将市场需求和生态环境需求转化为绿色设计需求，规划出生态纺织服装产品的总体绿色设计方案。

第二步，总体方案确定后，按生态纺织服装产品的功能性、审美性、生态性、经济性要求进行产品生命周期中各环节的详细设计，得到产品设计方案。

第三步，通过对所设计的产品进行功能性、审美性、技术性、生态性、经济性、环境影响等综合评估，确定设计方案的可行性。

目前，研究和应用比较多的绿色设计方法主要有生命周期设计法、并行工程设计法和模块化设计法等。

生态纺织服装的绿色设计是一个复杂的过程，仅靠单一的方法难以实现，只有确立系统化解决方案即根据生态纺织服装在生命周期的不同环节采取最优化的设计策略，以实现产品最优化设计。

二、生态纺织服装的绿色设计策略

生态纺织服装的绿色设计策略应围绕产品本身和其生命周期各环节来设定，可以概括为以下几个方面。

（一）产品设计观念创新

1. 以市场需求规划产品设计方案

产品设计的依据源于市场的需求。根据不同的市场需求，在生态纺织服装产品的策划创意阶段应有明确的产品市场定位，并以此去策划设计方案。

2. 结构设计减量化

生态纺织服装减量化设计，包括自然、流畅、简洁的设计风格和简约化设计的服装结构。这种减量化设计是用非物质化的服装文化创意来减少对物质材料的使用，减少加工生产中废弃物的产生和消费过程中对能源的消耗。

消费者对纺织服装的需求，首先要满足产品所提供的功能，同时要满足生态环保性能的要求。在满足消费需求前提下，用创意设计提供的减量化设计是绿色设计的重要设计思路之一。

3. 模块化搭配设计

服装可搭配性设计可以提高服装产品的可更新性。设计要在服装样式变化、功能调整、宜人性等方面提高消费者对服装产品的长期吸引力，延长产品的使用寿命。

（二）优化利用原辅料

1. 选用生态原辅料

选用生态原辅料是生态纺织服装绿色设计中的重要工作，首先应按产品的设计要求选用清洁化原料、可再生材料或可循环再利用的原辅料。设计师应对原辅料在生产过程中的生态环境有充分的了解。

2. 减少原辅料的使用量

绿色设计应致力于原辅料用量的最小化和资源利用率的最大化。产品使用原辅料减少，产生的废弃料也将相应减少，这样在储运包装等环节对环境的影响就会减少，进而达到降低能耗和节约成本的目的。

（三）产品生产过程清洁化

1. 采用并行设计的思维

在生态纺织服装产品设计时应考虑到产品的生产加工工艺和加工生产部件与生态及环境的关系及标准要求，要求工艺生产环境友好、对加工生产过程的资源和能源消耗少、三废排放少。

2. 简化生产工艺环节

在产品生产过程中，工艺环节越多，对能源的消耗越大，废弃物和污染物的排放也会越多。减少生产工艺环节是提高能源利用效率和减少排放的有力措施。

3. 尽量使用清洁能源

推行节能管理方案，减少生产设备能耗，尽量采用清洁能源，如太阳能、风能、水能、天然气等。

4. 减少生产过程中化学助剂的使用

生产过程中，减少对各种化学试剂、印染剂、整理剂、添加剂等化学助剂的使用。在生态纺织服装产品的生产过程中，各种化学品是主要的污染源，减少使用或采用新工艺代替化学品，是控制污染的主要措施。

（四）降低产品消费使用过程中的能耗和污染

1. 减少在产品消费使用阶段的能耗

在产品设计过程中应考虑减少消费者在产品使用期内对能源、水、洗涤剂等的消耗。据研究，纺织服装产品在生命周期中能耗的70%来源于消费使用环节。

2. 减少消费过程中废弃物的产生

产品设计应考虑到消费者在产品使用过程中对环境产生影响的各种事项，并以简单、准确、清晰的标识告知，如产品状况、可回收性、洗涤保养方法、禁用消耗品等。

（五）回收处理系统优化

1. 提高产品的重复利用率

绿色设计必须考虑到产品弃用后的回收处理问题，所以在设计中应考虑产品的可回收性、再生性和重复利用性。

2. 废弃物处理措施设定

如果再利用和循环利用都无法实现，可采用焚烧回收热能的措施。

三、生命周期设计方法

（一）生命周期设计的概念

生命周期设计方法是指在生态纺织服装产品的策划创意阶段就考虑产品生命周期的各个环节，包括创意设计、结构设计、色彩设计、工艺设计、包装设计、消费设计及废弃物处理等，以保证生态纺织服装的绿色属性要求。

产品生命周期的各个环节可用产品生命周期设计图来描述。生态纺织服装产品的生命周期包括以下环节：创意策划、设计开发、生产加工、经营销售、消费使用及废弃物的回收处理。

在设计过程中，依据生态纺织品的技术标准和评价方法来评价产品的技术指标和生态性能指标，而评价指标必须包括企业策略、功能性及审美性、可加工性、生态属性、劳动保护、资源有效利用、生命周期成本等产品的基本属性。

产品生命周期的设计过程可以用三个层次来表达：设计层、评价层、综合层。

产品市场的用户及市场需求、设计开发、生产加工、经营销售、消费使用、回收处理六个阶段组成了产品的生命周期维，而设计层、评价层、综合层则组成了设计过程维。

1. 预见性设计

在设计阶段，尽可能预测到产品生命周期各环节可能出现的问题，并在设计阶段予以解决或预先设计好解决问题的途径和方法。

2. 经济成本预算

在设计阶段应对产品生命周期中各环节的所有费用进行经济预算，包括资源消耗和环境代价进行整体经济规划，以便对产品进行成本控制和提高企业经济效益及产品市场竞争力。

3. 资源和环境分析预测评估

在产品设计阶段对产品生命周期中各环节的资源和环境影响做出预测和评估，以便采取积极有效的措施合理利用资源、保护环境，提高产品的生态性能，从而促进企业可持续发展。

（二）生命周期设计的策略

生态纺织服装绿色生命周期的设计任务就是力图在产品的整个生命周期中达到功能性更完善、保证产品对人体健康的安全、资源能源优化利用、减少或消除对生态环境的污染等目的。产品生命周期的设计策略包括以下三个方面。

1. 产品的设计面向生命周期的全过程

从生态纺织服装创意设计阶段就应考虑从原辅料采集直至产品废弃处理全过程的所有活动。

2. 生态环境的需求

产品对生态环境的需求应在产品设计创意阶段进行，而不是在生态纺织服装已成型的末端处理。设计初期就要综合考虑功能、审美、生态、环境、成本等设计要素，对影响因素进行综合平衡后再做出合理的设计决策。

3. 实现多学科跨专业的联合开发设计

由于生态纺织服装生命周期设计的各个阶段涉及多学科、多种专业知识和技能，以及不同的研究对象，特别是随着现代科学技术的发展，生态纺织服装绿色设计涉及的专业和知识领域更加广泛和深入，因此，实现多学科、跨专业的合作是完成绿色生态纺织服装设计的有效措施。

(三) 生命周期设计步骤及过程

1. 设计目标的确定

在进行生态纺织服装产品生命周期设计时，首先应对产品的市场需求进行分析，在此基础上明确产品的设计目标。除产品的功能和审美需求外，更应侧重于产品的生态需求、环境要求、技术标准及政策法规等方面的要求。

2. 计划和组织实施

产品的绿色设计是一个系统设计，所以对设计边界的确定、技术保证、信息收集和设计计划的实施必须有强有力的保证措施。

3. 环境现状评价

对产品环境状况进行分析，可以找到改进产品系统性能的机会，也为企业制定长期或阶段性目标提供设计依据。环境现状评价可以通过生命周期清单分析、环境审计报告或检测报告来完成。

4. 需求分析

（1）环境要求。在环境方面，要求最大限度地减少资源和能源消耗，最大限度地减少废弃物产生，减少健康安全风险。

一般来说，设计所采用的标准优于现行产品的生态环境标准是有益的。在生态标准中，有的是以某种限度值为界限加以控制的，如对生态纺织品的甲醛（游离）含量要求。具体体现为：婴幼儿用品≤20mg/kg；内衣≤75mg/kg；外衣≤300mg/kg。但是，某些生态学指标是在禁止使用的范围，如可分解芳香胺染料、致癌致敏染料等有害染料的禁用范畴均在生态纺织品中。

在产品需求分析确定后，即可对产品生命周期中的各环节设计进行协调，从而达到产品的优化设计。

（2）功能要求。生态纺织服装的功能性要求，除满足实用功能、审美功能以外，还须考虑生态功能。产品的功能性要求，决定了产品的性能和实现产品性能的技术和设备水平，以及技术创新和设备等生产条件的改善，是完善产品功能性、提高产品性能、降低环境影响的有效途径。

（3）成本要求。产品在满足服用性能和环保功能要求外，还必须保证产品在价格上的市场竞争力。在产品设计阶段，具有能准确地反映产品环境成本与效益的成本核算体系，对于基于绿色设计的生态纺织服装产品是很重要的，有了完整的产品生命周期成本核算，许多环境影响低的设计就会显示出经济效益。

（4）文化要求。服装是一种文化的表达。消费者对生态纺织服装的款式、色彩、质地等的需求决定了产品的竞争力。同时，产品设计必须满足消费者在文化方面的要求。

可见，设计舒适、安全、美观大方、环境友好的纺织服装产品对设计师是一种挑战。

（5）标准和法规要求。我国和世界许多国家对生态纺织服装都制定了相应的法规、技术要求、质量标准和认证制度等法律文件。法规和标准的要求是设计要求的重要内容，也是绿色设计中必须遵循的设计依据。

根据上面的五项要求，设计师应根据生态纺织服装要求的重要性明确以下几点：①以上五点是必须达到的设计要求，即在设计中必须满足的设计要求。②以上五点要求的满足可提高产品的性能和市场竞争力，可帮助设计师寻找更佳的设计方案。③对于辅助性要求，在不影响主功能的基础上，其设计的要求取决于消费者的需求。

5. 设计对策选择

由于绿色设计的复杂性，在生态纺织服装的整个生命周期设计中，仅仅采用一种对策不可能达到改善环境性能的要求，更不可能满足生态环境、法律法规、产品性能等多项要求。因此，设计人员需要采取一系列的对策来满足这些要求。

6. 设计方案评价

对绿色设计方案的选择，必须从环境、技术、经济和社会四个方面进行综合评价，一般采用的是生命周期评价法。

四、并行绿色设计方法与流程

(一) 并行绿色设计的概念

1. 并行工程的概念

并行工程（CE）是一种现代产品开发设计中的系统的开发模式。它以集成、并行的方式设计产品和相关过程，力求使产品设计人员在设计初期就考虑到产品生命周期全过程的所有因素，包括功能、质量、生态、环保、经济、市场需求等，最终达到产品设计的最优化。

2. 并行绿色设计方法

为了实现生态纺织服装的高质量、低成本、节省资源、降低能耗、安全环保的绿色设计目标，并行工程设计方法与绿色设计方法的有机融合是实施绿色设计目标绿色化、集成化、并行化的重要技术支撑，这种融合的优势主要表现在以下五个方面。

（1）人员的整合集成。根据产品设计的需要组成由设计、工艺、生态环境、市场、用户代表等相关人员组成的"绿色设计协同工作小组"，采用协同、交叉、并行的方式开展工作。

（2）信息资源集成。把产品生命周期中的各种相关信息资源集成，建立产品信息模型和产品信息库管理系统。

（3）产业链过程集成。把产品生命周期中各环节的设计过程转化为统一系统考虑，从产品创意设计初期就可进行协调，同步设计，重点关注生态纺织服装产品的生态环保性。

（4）设计目标的统一集成。在生态纺织服装的绿色设计中，综合地考虑产品的功能性、实用性、审美性、生态性、经济性和环境属性等产品特征，使产品既符合生态纺织服装的功能性和生态性要求，又符合原料获取、生产加工、使用消费、废弃处理等方面的环保要求。

（5）设计方法多样化集成。生态纺织服装的绿色设计比一般的服装设计要复杂，所涉及的内容更丰富，如产品的款式设计、色彩设计、材料生态性评价、生产加工的环境评价、绿色消费设计、废弃回收设计、产品生态性评价等。

由于产品生命周期各阶段设计过程都是交叉并行的，因此，必须建立一个保证绿色设计系统运行的支持环境。

(二) 并行绿色设计流程

并行绿色设计与传统纺织服装设计相比，实现了产品生命周期各环节的信息交流与反馈，在每一环节的设计中都能从产品整体优化的角度进行设计，从而避免产品各环节设计的反复修改。

并行绿色设计将产品生命周期中的产业链全过程打造成一个从创意策划开始到产品回收处理过程的闭循环设计系统，满足了生态纺织服装绿色设计全过程对绿色环保特性的要求。

参考文献

［1］黄嘉，向书沁．服装设计［M］．北京：中国纺织出版社有限公司，2020.

［2］王荣，董怀光．服装设计表现技法［M］．北京：中国纺织出版社有限公司，2020.

［3］卢博佳．传承与创作传承服饰文化对现代服装设计的影响［M］．昆明：云南美术出版社，2020.

［4］赵亚杰．服装色彩与图案设计［M］．北京：中国纺织出版社有限公司，2020.

［5］周琴．服装 CAD 样板创意设计［M］．北京：中国纺织出版社有限公司，2020.

［6］陈丽华．服装材料［M］．北京：北京理工大学出版社，2020.

［7］杨永庆，杨丽娜．服装设计［M］．北京：中国轻工业出版社，2019.

［8］苏永刚．服装设计［M］．北京：中国纺织出版社有限公司，2019.

［9］柯宝珠．针织服装设计与工艺［M］．北京：中国纺织出版社有限公司，2019.

［10］李学佳．成形针织服装设计［M］．北京：中国纺织出版社有限公司，2019.

［11］黄嘉曦．影视艺术与服装设计［M］．长春：吉林美术出版社，2019.

［12］陈静．服装设计基础点线面与形式语言［M］．北京：中国纺织出版社有限公司，2019.

［13］王晓威．顶级品牌服装设计解读［M］．上海：东华大学出版社，2019.

［14］郑依依．民族民间文化在现代服装设计中的应用研究［M］．北京：中国纺织出版社，2019.

［15］袁大鹏．服装创新设计［M］．北京：中国纺织出版社有限公司，2019.

［16］韩阳．服装卖场展示设计［M］．上海：东华大学出版社，2019.

［17］肖军．服装造型立体设计［M］．北京：中国纺织出版社有限公司，2019.

［18］刘东．服装纸样设计［M］．4 版．北京：中国纺织出版社有限公司，2019.

［19］刘元风，胡月．服装艺术设计［M］．2 版．北京：中国纺织出版社有限公司，2019.

［20］陈彬．服装色彩设计［M］．沈阳：辽宁美术出版社，2019.

［21］许岩桂，周开颜．服装设计［M］．北京：中国纺织出版社，2018.

［22］王展．影视服装设计［M］．北京：中国电影出版社，2018.

［23］秦晓，朱琪．针织服装设计［M］．2 版．上海：东华大学出版社，2018.

［24］陈彬，臧洁雯．运动服装设计［M］．上海：东华大学出版社，2018.

［25］陈姝霖．解构主义在服装设计中的应用［M］．北京：中国纺织出版社，2018.

［26］刘丽丽，何钰菡．服装设计从创意到成衣［M］．北京：中国纺织出版社，2018.

［27］倪进方．服装专题设计与应用［M］．长春：吉林大学出版社，2018.

［28］李正，宋柳叶．服装结构设计［M］．2 版．上海：东华大学出版社，2018.

［29］吴小兵．服装色彩设计与表现［M］．上海：东华大学出版社，2018.

［30］王琦．服装结构设计［M］．银川：阳光出版社，2018.

［31］杨晓艳．服装设计与创意［M］．成都：电子科技大学出版社，2017.

［32］黄伟．服装设计基础［M］．北京：北京理工大学出版社，2017.

［33］常树雄，王晓莹．职业服装设计教程［M］．沈阳：辽宁美术出版社，2017.

［34］王勇．针织服装设计［M］．上海：东华大学出版社，2017.

［35］刘兴邦．服装设计表现［M］．长沙：湖南大学出版社，2017.